基礎工程數學

黃學亮　編著

全華圖書股份有限公司

作者序

　　工程數學對大多數工學院學生而言是一門相當艱深的學科，學生在這門課往往產生挫折感，甚至阻礙了他們專業課程學習品質的提昇，爲什麼會如此？我想其原因大概有二：一是一般學生對工程數學的預修課程 —— 微積分 —— 並未奠定良好的基礎，尤其是積分的運算都還未熟稔，以致於有時無法很順遂地達成學習目標，二是傳統工程數學中有許多章節在數學系裡都是獨立課程，如微分方程式、線性代數，如何濃縮在一本書裡，在編輯上便有所取捨，筆者有時看到一些完美主義傾向的作者，其編寫的書就讓許多教學者望書興嘆。因此一本淺顯易懂的工程數學或許對初學者能有所幫助，克服其學習上的挫折感。在此前提下，本書在寫作上儘量保持下列原則：

1. 避免過於繁瑣的定理證明、例題與習題：本書所有的定理證明即在讓讀者了解不同內涵的數學推理技巧而已，我相信會解 $2x + 1 = 3$ 的人也會解出 $3.054x + 5.111 = 7.896$，只要他夠細心(更重要的是信心)。本書的定理證明、例題與習題均屬基本的微積分運算，目的即在奠定讀者對工程數學學習上的信心，同時也能使讀者聚焦在有關的定義、定理之應用，而不必受複雜微積分運算的干擾。

2. 本書在各節例題後附有「隨堂練習」，這是近年來在國內數學教育常用的方式，老師們如果能夠善用，讓同學在課堂上練習，一則可使學生上課專注，二則也可藉此驗收成果，立刻指出其學習上的盲點。

本書在應用上，可供專科或技術學院工程數學教學之用，亦可供大學工學院工程數學或大一微積分之補充教材，本書亦適用於工業界在職訓練之用。

對本書讀友而言，拙著之微積分(全華出版)提供良好之參考資料。

本書係參考國內外工程數學教材之最新趨勢及個人教授數學經驗編寫而成，然因個人才疏學淺、資質魯鈍，謬誤、疏漏之處在所難免，尚祈諸先進專家不吝指正，俾供再版補正，不勝感謝。

黃學亮

編輯部序

　　「系統編輯」是我們的編輯方針，我們所提供給您的，絕不只是一本書，而是關於這門學問的所有知識，它們由淺入深，循序漸進。

　　工程數學對於大專工程科系的學生來講是極重要的課程，本書以精簡的文字來說明，避免一般工程數學用書的艱澀解說，本書內容包含常微分方程式、拉氏轉換、富利葉分析、向量分析、矩陣、複變數分析等等，涵蓋工程數學最基礎、最重要的部份，協助讀者在短期內對工程數學有一初步了解，而能立即應用在專業課程上。

　　同時，為了使您能有系統且循序漸進研習相關方面的叢書，我們列出了本公司出版，各有關圖書的書目，以減少您研習此門學問的摸索時間，並能對這門學問有完整的知識。若您在這方面有任何問題，歡迎來函聯繫，我們將竭誠為您服務。

相關叢書介紹

書號：06178007
書名：工程數學
編著：葉倍宏
16K/536 頁/540 元

書號：0289501
書名：工程數學(修訂版)
編著：溫坤禮、李雪銀
16K/312 頁/320 元

書號：0907401
書名：線性代數(第二版)
編著：董佳璋、張廷政、王焜潔
　　　王紀瑞、龔昶元
16K/320 頁/350 元

書號：06068
書名：線性代數(第二版)
英譯：江大成、林俊昱、陳常侃
16K/720 頁/750 元

書號：06114
書名：線性代數(第四版)
　　　(國際版)
英譯：周永燦、連振凱、曾仲熙
16K/568 頁/680 元

◎上列書價若有變動，請
　以最新定價為準。

流程圖

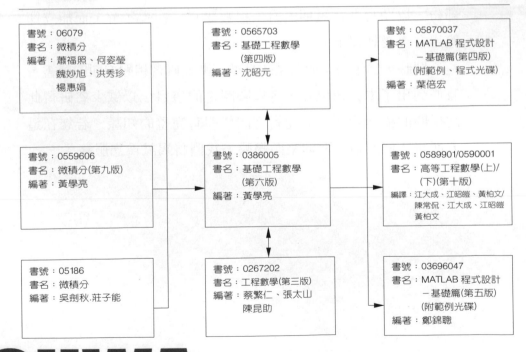

目 錄

一階常微分方程式

◆1-1 微分方程式簡介

　　微分方程式(Differential Equations)顧名思義是含有導函數、偏導函數的方程式，只含導函數者，如 $y' + 2y'' + y = 3e^x$，$\dfrac{dx}{dy} + xy = e^x$ 等稱為常微分方程式(Ordinary Differential Equations：ODE)，而含偏導函數者為偏微分方程式(Partial Differential Equations)，如 $U_{tt} = c^2 U_{xx}$，其中 $U_{tt} = \dfrac{\partial^2 U}{\partial t^2}$，$U_{xx} = \dfrac{\partial^2 U}{\partial x^2}$。本書之第一、二章先對常微分方程式之解法作一簡介。

　　微分方程式之最高階導函數對應之階數即為微分方程式之階數(Order)，而微分方程式經有理化後，其最高階導函數之次數即為微分方程式之次數(Degree)，例如：

- $\dfrac{d^2 y}{dx^2} = \dfrac{dy}{dx} + y = 3$ 爲二階一次常微分方程式

- $x^3 \left(\dfrac{d^2 y}{dx^2} \right)^4 + x \left(\dfrac{d}{dx} y \right) + y = 3$ 爲二階四次常微分方程式

- $\left(\dfrac{\partial^2 U}{\partial x^2} \right)^2 + \left(\dfrac{\partial^2 U}{\partial y^2} \right) = c$ 爲二階二次偏微分方程式

但 $y'' + (y')^3 = \ln y'$ 則是次數上無定義之例子。

微分方程式的解

因爲 $y = x^2 + c$，c 爲一任意常數時，滿足 $y' = 2x$，因而 $y = x^2 + c$ 是 $y' = 2x$ 之一個解。如果我們給定一個條件：$y(0) = 1$，那麼 $y(0) = 1$ 稱爲初始條件(Initial Condition)。這表示 $x = 0$ 時 $y = 1$，由初始條件便可決定 $y = x^2 + c$ 中之常數 c：$\because 1 = 0 + c$，$\therefore c = 1$，因而 $y = x^2 + 1$，在此 $y = x^2 + c$ 稱爲通解(General Solution)而 $y = x^2 + 1$ 稱爲特解(Particular Solution)。具體言之，n 階微分方程式含 n 個任意常數之解稱爲通解，在通解中給出一組特定值後所得之解是爲特解。

顯然，微分方程式的解是一個函數，它可能是隱函數，也可能是顯函數。一個 n 階微分方程式含有 n 個任意常數，如果要對 n 階微分方程式特定化，便需有 n 個初始條件。

ODE 解之形式可能有不同，例如：若甲求出 $y' = \phi(x)$ 之解爲 $\ln(1 + x) + \ln(1 + y) = c$，乙求出的解爲 $xy + x + y = c$，其實這兩個結果是相同的，因爲 $\ln(1 + x) + \ln(1 + y) = \ln(1 + x)(1 + y) =$

c，故 $e^{\ln(1+x)(1+y)} = e^c$，即 $(1+x)(1+y) = c'$ 或 $x+y+xy = c''$，$c'' = c' - 1$。

例 1　驗證 $y = xe^x + ce^x$ 微分方程式 $y' - y = e^x$ 的一個解

解：

$$y = xe^x + ce^x = (x+c)e^x$$

$$y' = 1 \cdot e^x + xe^x + ce^x = (1+x+c)e^x$$

$$\therefore y' - y = (1+x+c)e^x - (x+c)e^x = e^x$$

即 $y = xe^x + ce^x$ 是 $y' - y = e^x$ 的一個解。

隨堂練習

若一曲線之斜率函數(Slope Function)為 $y' = 3x^2$ 且該曲線過 $(-1,1)$ 驗證此曲線之方程式是 $y = x^3 + 2$。

微分方程式可能來自物理問題或幾何問題，但本書將只討論如何藉由消去方程式之常數以得到對應之微分方程式。

例 2　試消去指定常數以得對應之 ODE。

(a)$y = ae^{2x}$ 　　　　　　$[a]$

(b)$y = \sin(x+b)$ 　　　　$[b]$

(c)$y = a\sin(x+b)$ 　　　$[a, b]$

解：

(a)$y' = 2ae^{2x} = 2y$ $\therefore y' = 2y$

(b)$y' = \cos(x + b)$

   $\therefore y^2 + (y')^2 = [\sin(x + b)]^2 + [\cos(x + b)]^2 = 1$

(c)$y' = a\cos(x + b)$，$y'' = -a\sin(x + b)$，$(y')^2 + (y)^2 = a^2$

有人認為$y'' + y = 0$，亦為一個 ODE，

但習慣上取較低階數之 ODE

$\therefore$(c)以$(y')^2 + (y)^2 = a^2$較妥。

隨堂練習

試消去指定常數以得對應之 ODE。

$y = ae^x + b$，$[a, b]$

Ans：$y'' = y'$

例 3　求滿足下列條件之曲線族：

「曲線上任一點$(x，y)$，其切線之斜率為該點二座標和的

k倍。」

解：

依題意可得$\dfrac{dy}{dx} = k(x + y)$

例 **4** 求滿足下列條件之圓族的微分方程式：

「圓心在x軸，半徑為r之圓。」

解 :

圓心在x軸半徑為r之圓的一般方程式

$(x - a)^2 + y^2 = r^2$ ……………………………………………… (1)

$\therefore 2(x - a) + 2yy' = 0$ ………………………………………… (2)

由(2) : $x - a = -yy'$ …………………………………………… (3)

代(3)入(1)得

$(-yy')^2 + y^2 = r^2$ 或 $y^2(1 + (y')^2) = r^2$

◆ 作 業

1. 若一曲線之斜率函數 $y' = 2x$，且過$(1, 3)$，求此曲線方程式，又此曲線過$(-2, k)$，驗證$y = x^2 + 2$，$k = 6$。

2. 驗證 $y = ce^{x^2}$ 為方程式 $y' = 2xy$ 之解。

3. 驗證 $y = e^{-x}(x + c)$ 為方程式 $y' + y = e^{-x}$ 之一個解。

4. 試證與原點距離為 1 之直線方程式可表示為 $x \cos \theta + y \sin \theta = 1$ 之形式，從而求出其微分方程式之表示。

Ans : $1 + (y')^2 = (y - xy')^2$

5. 試消去下列指定常數以得一微分方程式

(a)$y = ax + \dfrac{b}{x} + c$ $[a,\ b,\ c]$

(b)$y = \dfrac{cx + d}{ax + b}$ $[a,\ b,\ c,\ d]$

(c)$y = a + bx + cx^3$ $[a,\ b,\ c]$

(d)$y = a\cos 2x + b\sin 2x$ $[a,\ b]$

Ans： (a)$xy''' + 3y'' = 0$ (b)$y'y''' = \dfrac{3}{2}(y'')^2$

      (c)$y^{(4)} = 0$ (d)$y'' + 4y = 0$

6. 試證 $y = \ln x$ 是 $xy'' + y' = 0$，在$(0,\ \infty)$之一個解，但不是在$(-\infty,\ \infty)$之一個解。

◆1-2 分離變數法

設一微分方程式 $M(x，y)dx + N(x，y)dy = 0$ 能寫成 $f_1(x)g_1(y)dx + f_2(x)g_2(y)dy = 0$ 之形式則我們可用$g_1(y)f_2(x)$遍除上式之兩邊，得：

$$\frac{f_1(x)g_1(y)}{g_1(y)f_2(x)}dx + \frac{f_2(x)g_2(y)}{g_1(y)f_2(x)}dy = 0$$

即 $\dfrac{f_1(x)}{f_2(x)}dx + \dfrac{g_2(y)}{g_1(y)}dy = 0$ ………………………………… *

逐項對*積分從而得到方程式之解答。這種解法稱之為分離變數法(Seperate Variable Method)。

例 1　求 $ydx + xdy = 0$；初始條件 $y(1) = 2$

解：

$ydx + xdy = 0$，兩邊同除 xy 得：

$\dfrac{y}{xy}dx + \dfrac{x}{xy}dy = 0$；即 $\dfrac{dx}{x} + \dfrac{1}{y}dy = 0$

$\displaystyle\int \dfrac{dx}{x} + \int \dfrac{1}{y}dy = c$

得 $\ln|x| + \ln|y| = c$，$\ln|x, y| = c$，即 $xy = e^c = c'$

代 $x = 1$、$y = 2$ 入上式得 $c' = 2$

$\therefore xy = 2$ 是為所求

讀者可驗證：

(1) $xdy + ydx = 0$

(2) $x = 1$ 時 $y = 2$

因此上述解答是正確的

例 2　設一曲線之軌跡滿足 $\dfrac{dy}{dx} = -\dfrac{x}{y}$，且已知此曲線過點 $(1, 2)$

試求此曲線方程式

解：

$\therefore \dfrac{dy}{dx} = -\dfrac{x}{y}$　$\therefore ydy = -xdx$，即 $ydy + xdx = 0$

兩邊同時積分

$$\int y\,dy + \int x\,dx = c$$

$$\therefore \frac{y^2}{2} + \frac{x^2}{2} = c$$

即 $x^2 + y^2 = c'$

又上述曲線方程式過(1,2)，則我們可求出 $c' = 1^2 + 2^2 = 5$

$\therefore x^2 + y^2 = 5$ 是為所求(此為以(0,0)為圓心，$\sqrt{5}$ 為半徑之圓)

隨堂練習

解 $y(y') = xe^{x^2+y^2}$

Ans：$e^{-y^2} + e^{x^2} = c$

★ 直交曲線

若一曲線 C 與某曲線族(Family of Curve)相交成直角時，則稱此曲線 C 為此曲線族之直交曲線(Orthogonal Trajectories)。

根據定義，若 $\dfrac{d}{dx}y = F(x，y)$ 表為曲線族，則此曲線族之直交曲線滿足 $\dfrac{dy}{dx} = \dfrac{-1}{F(x，y)}$。

例 3　求直線族 $y = cx$ 之直交曲線

解：

$$y = cx，y' = c = \frac{y}{x}$$

∴直交曲線滿足

$$\frac{dy}{dx} = \frac{-1}{y/x}$$

$xdx + ydy = 0$，或 $x^2 + y^2 = k$

即以(0，0)爲圓心，任意長爲半徑的圓系

例4　　求 $y^2 - x^2 = c$ 之直交曲線

解：

$y^2 - x^2 = c$，兩邊同時對 x 微分得

$2yy' - 2x = 0$，$y' = \dfrac{x}{y}$

直交曲線滿足 $\dfrac{dy}{dx} = \dfrac{-1}{x/y} = -\dfrac{y}{x}$，$xdy + ydx = 0$，二邊同除

xy 得 $\dfrac{dy}{y} + \dfrac{dx}{x} = 0$　　∴ $\ln|y| + \ln|x| = \ln|xy| = c$ 即 $xy = e^c = c'$

◆ 作　業

1.　解 $y\cos x dx + 2\sin x dy = 0$

Ans：$y^2 \sin x = c$

2.　解 $2ydx + xdy = 0$

Ans：$x^2 y = c$

3.　解 $ydx + (1 + x^2)dy = 0$

Ans：$y = ce^{-\tan^{-1}x}$

4.　設曲線之斜率函數為 $-\dfrac{x}{y^2}$，且過$(2, 0)$點，試求此曲線方程式

Ans：$\dfrac{x^2}{2} + \dfrac{y^3}{3} = 2$

5.　解 $y' = xe^{x-y}$，$y(0) = \ln 2$

Ans：$e^y = (x - 1)e^x + 3$

6.　求 $y = cx^2$ 之直交曲線

Ans：$x^2 + 2y^2 = k$

7.　解 $\sin ydx + \cos ydy = 0$

Ans：$x + \ln|\sin y| = c$

◆1-3　正合方程式

　　給定一微分方程式 $M(x, y)dx + N(x, y)dy = 0$，若存在一個二階連續函數 $U(x, y)$ 使得 $dU = M(x, y)dx + N(x, y)dy$ 則稱微分方程式 $M(x, y)dx + N(x, y)dy = 0$ 為正合方程式(Exact Equation)。

　　我們很難用上述定義判斷 ODE $M(x, y)dx + N(x, y)dy = 0$ 是否為正合，下列定理提供一個判斷途徑：

定理：ODE $M(x, y)dx + N(x, y)dy = 0$ 為正合之充要條件為 $\dfrac{\partial}{\partial y}M = \dfrac{\partial}{\partial x}N$ (即 $M_y = N_x$)

　　本定理之證明較為繁瑣，故證明從略。

$M(x, y)dx + N(x, y)dy = 0$為正合時可用下列步驟解之：

1° 取 $U(x, y) = \int M(x, y)dx + \rho(y)$

2° 令 $U_y = N(x, y)$，解出 $\rho(y)$

3° 由 1°，2° 得 $U(x, y) = c$ 是為所求。

或

1° 取 $U(x, y) = \int N(x, y)dy + \rho(x)$

2° 令 $U_x = M(x, y)$，解出 $\rho(x)$

3° 由 1°，2° 得 $U(x, y) = c$ 是為所求。

例 1　　$(2x + y)dx + (x + 2y)dy = 0$

解：

$M(x, y) = 2x + y$，$N(x, y) = x + 2y$

則　$M_y = 1$，$N_x = 1$，$M_y = N_x$

$\therefore (2x + y)dx + (x + 2y)dy = 0$ 為正合

(方法一)

取 $U(x, y) = \int (2x + y)dx + \rho(y)$

$$= x^2 + xy + \rho(y) \cdots\cdots\cdots\cdots\cdots\cdots\cdots\cdots\cdots\cdots \quad (1)$$

$$U_y = \frac{\partial}{\partial y}[x^2 + xy + \rho(y)]$$

$$= x + \rho'(y) = N(x, y) = x + 2y$$

$\therefore \rho'(y) = 2y$，即 $\rho(y) = y^2$（省去常數項）$\cdots\cdots\cdots\cdots$ (2)

代(2)入(1)得 $U(x, y) = x^2 + xy + y^2$

即 $x^2 + xy + y^2 = c$ 是為所求

(方法二)

取 $U(x, y) = \int (x + 2y)dy + \rho(x)$

$\qquad = xy + y^2 + \rho(x)$ ……………………………………… (3)

$\quad U_x = \dfrac{\partial}{\partial x}[xy + y^2 + \rho(x)]$

$\qquad = y + \rho'(x) = M(x, y) = 2x + y$

$\therefore \rho'(x) = 2x$，即 $\rho(x) = x^2$ ……………………………… (4)

代入(4)入(3)得

$U(x, y) = xy + y^2 + x^2$

即 $x^2 + xy + y^2 = c$ 是為所求

例 2　　解 $(2x \sin y + e^x)dx + (x^2 \cos y + 2y)dy = 0$

解：

$M(x, y) = 2x \sin y + e^x$

$N(x, y) = x^2 \cos y + 2y$

$\dfrac{\partial M}{\partial y} = 2x \cos y$，$\dfrac{\partial N}{\partial x} = 2x \cos y$

$\therefore \dfrac{\partial M}{\partial y} = \dfrac{\partial N}{\partial x}$

$\therefore (2x \sin y + e^x)dx + (x^2 \cos y + 2y)dy = 0$ 為正合

(方法一)

取 $U(x, y) = \int (2x \sin y + e^x) dx + \rho(y)$

$\qquad = x^2 \sin y + e^x + \rho(y)$ ·· (1)

$\dfrac{\partial U}{\partial y} = \dfrac{\partial}{\partial y} [x^2 \sin y + e^x + \rho(y)]$

$\qquad = x^2 \cos y + \rho'(y) = N(x, y) = x^2 \cos y + 2y$

$\therefore \rho'(y) = 2y$ 得 $\rho(y) = y^2$ ·· (2)

代(2)入(1)得

$U(x, y) = x^2 \sin y + e^x + y^2$

即 $x^2 \sin y + e^x + y^2 = c$ 是爲所求

(方法二)

取 $U(x, y) = \int (x^2 \cos y + 2y) dy + \rho(x)$

$\qquad = x^2 \sin y + y^2 + \rho(x)$ ································· (3)

$\dfrac{\partial U}{\partial x} = \dfrac{\partial}{\partial x} [x^2 \sin y + y^2 + \rho(x)]$

$\qquad = 2x \sin y + \rho'(x) = 2x \sin y + e^x$

$\rho'(x) = e^x \quad \therefore \rho(x) = e^x$ ·· (4)

代(4)入(3)得

$U(x, y) = x^2 \sin y + y^2 + e^x$

即 $x^2 \sin y + y^2 + e^x = c$ 是爲所求

正合方程式可用「集項法」(Group of Terms)獲得解答。這是一種視察法，有關技巧將在下列例子看出。

例 3　解 $(3x^2 + y^2)dx + 2xydy = 0$

解：

$$\begin{cases} M(x, y) = 3x^2 + y^2 , \dfrac{\partial M}{\partial y} = 2y \\[2mm] N(x, y) = 2xy , \dfrac{\partial N}{\partial x} = 2y \end{cases}$$

$$\therefore \frac{\partial M}{\partial y} = \frac{\partial N}{\partial x}$$

$\therefore (3x^2 + y^2)dx + 2xydy = 0$ 為正合

我們用集項法解之：

$(3x^2 + y^2)dx + 2xydy = 0$

$\therefore 3x^2\,dx + (y^2\,dx + 2xydy) = 0$ ……………………………… *

$3x^2dx + d(xy^2) = 0$

$\therefore x^3 + xy^2 = c$

例 3 之 *，我們將 $(3x^2 + y^2)\,dx + 2xydy = 0$ 分成 $3x^2dx + (y^2dx + 2xydy = 0$ 二部份，是因為 x^2dx 可直接積分之故。這個技巧在集項法中甚為重要，再看例 4 之 *，也是一樣的道理。

例 4　解 $(4x^3 + e^x \sin y)dx + (3y^2 + e^x \cos y)dy = 0$

解：

$$\begin{cases} M(x,y) = 4x^3 + e^x \sin y \text{ , } \dfrac{\partial M}{\partial y} = e^x \cos y \\ N(x,y) = 3y^2 + e^x \cos y \text{ , } \dfrac{\partial N}{\partial x} = e^x \cos y \end{cases}$$

$\therefore \dfrac{\partial M}{\partial y} = \dfrac{\partial N}{\partial x}$

$\therefore (4x^3 + e^x \sin y)dx + (3y^2 + e^x \cos y)dy = 0$ 為正合

我們用集項法解之：

$(4x^3 + e^x \sin y)dx + (3y^2 + e^x \cos y)dy = 0$

$4x^3 dx + (e^x \sin y dx + e^x \cos y dy) + 3y^2 dy = c$

$\therefore 4x^3 dx + d(e^x \sin y) + 3y^2 dy = 0$ ·························· *

即 $x^4 + e^x \sin y + y^3 = c$

例 5　解 $(2y + 3)dx + (2x + 1)dy = 0$

解：

本例之目的，在說明一個 ODE 可能有兩種以上不同之解法，以本例為例，我們發現它可用分離變數法，也可用正合方程式之技巧解之：

(方法一) 分離變數法

$(2y + 3)dx + (2x + 1)dy = 0$

$$\therefore \frac{dx}{2x+1} + \frac{dy}{2y+3} = 0$$

解之$\frac{1}{2}\ln|2x+1| + \frac{1}{2}\ln|2y+3| = c$

$$\therefore (2x+1)(2y+3) = c$$

(方法二)正合方程式法

$M(x,y) = 2y+3$，$N(x,y) = 2x+1$，$M_y = N_x = 2$

$\therefore (2y+3)dx + (2x+1)dy = 0$為正合

$3dx + 2(ydx + xdy) + dy = 3dx + 2d(xy) + dy$

得$3x + 2xy + y = c$

讀者可驗證兩者結果一樣。

隨堂練習

驗證$(y^2 - x)y' = y$之解為$\frac{1}{3}y^3 - xy = c$

◆ 作　業

1.　解$(e^x + y^2)dx + (2xy + ye^y)dy = 0$

Ans：$e^x + ye^y - e^y + xy^2 = c$

2.　解$(x^2 + y\sin x)dx + (y - \cos x)dy = 0$

Ans：$\frac{x^3}{3} + \frac{y^2}{2} - y\cos x = c$

3. 解 $2x\ln y\,dx + \dfrac{x^2}{y}dy = 0$

Ans： $x^2\ln y = c$

4. 解 $xy^2dx + x^2ydy = 0$

Ans： $x^2y^2 = c$

5. 解 $(xe^y - 1)dy + e^ydx = 0$

Ans： $xe^y - y = c$

6. 解 $(3x + 4y)dx + (4x - 3y)dy = 0$

Ans： $\dfrac{3}{2}x^2 - \dfrac{3}{2}y^2 + 4xy = c$

7. $(e^x + y)dx + (\sin y + x)dy = 0$

Ans： $e^x + xy - \cos y = c$

8. $y(y + 2x)dx + x(x + 2y)dy = 0$

Ans： $x^2y + xy^2 = c$

◆1-4　齊次方程式

　　在討論齊次方程式前，我們以二變數函數為例，什麼是齊次函數，讀者可自行推廣到 n 個變數之情形。

齊次函數

　　若一函數 (x, y) 滿足 $f(\lambda x, \lambda y) = \lambda^t f(x, y)$，其中 λ 為任一實數，則稱函數 f 為 t 階齊次函數(Homogeneous function of order t)。

　　例如：

1. $f(x, y) = \sqrt[3]{x^2 + y^2}$；$f(\lambda x, \lambda y) = \sqrt[3]{(\lambda x)^2 + (\lambda y)^2} = \lambda^{\frac{2}{3}} \sqrt[3]{x^2 + y^2}$ 為齊次函數。

2. $f(x, y) = \tan^{-1} \frac{y}{x}$；$f(\lambda x, \lambda y) = \tan^{-1} \frac{\lambda y}{\lambda x} = \tan^{-1} \frac{y}{x}$ 為齊次函數

3. $f(x, y) = e^{\frac{3x}{x+2y}}$；$f(\lambda x, \lambda y) = e^{\frac{3\lambda x}{\lambda x + \lambda 2y}} = e^{\frac{3x}{x+2y}}$ 為齊次函數

4. $f(x, y) = \frac{\sin y}{x}$；$f(\lambda x, \lambda y) = \frac{\sin \lambda y}{\lambda x}$；不存在一個 t 使得

   $f(\lambda x, \lambda y) = \lambda^t f(x, y)$，故不為齊次函數

零階齊次方程式之解法

微分方程式 $\frac{dy}{dx} = f(x,y)$ 中之 $f(x,y)$ 為零階齊次函數時，我們可

令 $y = \lambda x$ 則 $\frac{dy}{dx} = \lambda \frac{dx}{dx} + x \frac{d\lambda}{dx} = \lambda + x \frac{d\lambda}{dx}$，而可寫成 $\frac{d\lambda}{dx} = g(\lambda, x)$

$= h_1(\lambda) h_2(x)$ 之型式，如此便可用變數分離法解之。

例 1　解 $\frac{dy}{dx} = \frac{y-x}{x+y}$

解：

$f(x,y) = \frac{y-x}{x+y}$，則 $f(\lambda x, \lambda y) = \frac{\lambda y - \lambda x}{\lambda x + \lambda y} = \frac{y-x}{y+x}$ 為零階齊次函

數，令 $y = \lambda x$，則 $\frac{dy}{dx} = \lambda + x \frac{d\lambda}{dx}$，代入原方程式得

$\lambda + x \frac{d\lambda}{dx} = \frac{\lambda x - x}{\lambda x + x} = \frac{x(\lambda - 1)}{x(\lambda + 1)} = \frac{\lambda - 1}{\lambda + 1}$

$$\therefore x\frac{d\lambda}{dx} = \frac{\lambda - 1}{\lambda + 1} - \lambda = -\frac{\lambda^2 + 1}{\lambda + 1}$$

$$\frac{dx}{x} + \frac{\lambda + 1}{\lambda^2 + 1}d\lambda = 0$$

$$\int \frac{dx}{x} + \int \frac{\lambda + 1}{\lambda^2 + 1}d\lambda = c$$

$$\int \frac{dx}{x} + \int \frac{\lambda}{\lambda^2 + 1}d\lambda + \int \frac{1}{\lambda^2 + 1}d\lambda = c$$

$$\therefore \ln x + \frac{1}{2}\ln(1 + \lambda^2) + \tan^{-1}\lambda = c$$

又 $y = \lambda x$，即 $\lambda = \dfrac{y}{x}$ 代入上式得

$$\ln x + \frac{1}{2}\ln\left[1 + \left(\frac{y}{x}\right)^2\right] + \tan^{-1}\frac{y}{x} = c$$

$$或 \frac{1}{2}\ln(x^2 + y^2) + \tan^{-1}\frac{y}{x} = c$$

例 2　解 $\dfrac{dy}{dx} = \dfrac{x^2 + y^2}{xy}$

解：

$$\frac{dy}{dx} = \frac{x^2 + y^2}{xy} 為零階齊次函數$$

令 $y = \lambda x$，則 $\dfrac{dy}{dx} = \lambda + x\dfrac{d\lambda}{dx}$，代入原方程式得

$$\lambda + x\frac{d\lambda}{dx} = \frac{x^2 + \lambda^2 x^2}{x(\lambda x)} = \frac{1 + \lambda^2}{\lambda}$$

$$\therefore x\frac{d\lambda}{dx} = \frac{1 + \lambda^2}{\lambda} - \lambda = \frac{1}{\lambda}$$

$$\lambda d\lambda = \frac{dx}{x}$$

兩邊同時積分：

$$\int \lambda d\lambda = \int \frac{dx}{x}$$

$$\frac{\lambda^2}{2} = \ln x + c$$

$$\frac{1}{2}\left(\frac{y}{x}\right)^2 = \ln x + c，是爲所求$$

隨堂練習

驗證 $\dfrac{dy}{dx} = \dfrac{y}{x} + \sec\dfrac{y}{x}$ 之解爲 $\sin\dfrac{y}{x} = (\ln x) + c$

★ $y' = F\left(\dfrac{ax + by + \alpha}{cx + dy + \beta}\right)$ 之解法

$y' = F\left(\dfrac{ax + by + \alpha}{cx + dy + \beta}\right)$ 因行列式 $\begin{vmatrix} a & b \\ c & d \end{vmatrix}$ 是否爲 0 而有不同之解法：

1.　$\begin{vmatrix} a & b \\ c & d \end{vmatrix} = 0$ 則可令 $u = ax + by$ 行變數變換，而可化成分離變

數法求解之形式，例 3 即爲解法之說明：

例 3　　解 $\dfrac{dy}{dx}=\dfrac{x-y}{x-y+1}$

解：

$\begin{vmatrix} a & b \\ c & d \end{vmatrix} = \begin{vmatrix} 1 & -1 \\ 1 & -1 \end{vmatrix} = 0$

令 $u=x-y$

$du=dx-dy$，$\dfrac{du}{dx}=\dfrac{dx}{dx}-\dfrac{dy}{dx}=1-\dfrac{dy}{dx}$，即 $\dfrac{dy}{dx}=1-\dfrac{du}{dx}$

代入原方程式：

$1-\dfrac{du}{dx}=\dfrac{u}{u+1}$

$\dfrac{du}{dx}=1-\dfrac{u}{u+1}=\dfrac{1}{u+1}$

$(u+1)du-dx=0$

$\displaystyle\int(u+1)du-\int dx=c$

$\therefore \dfrac{u^2}{2}+u-x=c$

$\dfrac{(x-y)^2}{2}+(x-y)-x=c$

即 $(x-y)^2-2y=c$

2.　$\begin{vmatrix} a & b \\ c & d \end{vmatrix} \neq 0$ 時，可令 $x=u+h$，$y=v+k$，代入原方程式消

去 h，k 後可化成齊次方程式，再按齊次方程式解法求解。

> **例 4**　解$(1 + x + y)dx - (x - y + 3)dy = 0$

解：

取$x = u + h$，$y = v + k$，則

$$y' = \frac{x + y + 1}{x - y + 3} = \frac{(u + h) + (v + k) + 1}{(u + h) - (v + k) + 3}$$

$$= \frac{(u + v) + (h + k + 1)}{(u - v) + (h - k + 3)} \quad\cdots\cdots\cdots\cdots\cdots\cdots\cdots\cdots\cdots\cdots \ *$$

若上式之h、k消失則必需$h + k + 1 = 0$及$h - k + 3 = 0$

$$\begin{cases} h + k = -1 \\ h - k = -3 \end{cases} \quad 得h = -2，k = 1$$

代$x = u - 2$，$y = v + 1$入*得

$$\frac{dv}{du} = \frac{u + v}{u - v} \quad\cdots\cdots\cdots\cdots\cdots\cdots\cdots\cdots\cdots\cdots\cdots\cdots\cdots\cdots \ **$$

**為一零階齊次方程式

令$v = \lambda u$，$dv = ud\lambda + \lambda du$

$$\frac{dv}{du} = u\frac{d\lambda}{du} + \lambda，即\ u\frac{d\lambda}{du} = \frac{dv}{du} - \lambda$$

又$\dfrac{dv}{du} = \dfrac{u + v}{u - v} = \dfrac{u + \lambda u}{u - \lambda u} = \dfrac{1 + \lambda}{1 - \lambda}$

$$\therefore u\frac{d\lambda}{du} = \frac{1 + \lambda}{1 - \lambda} - \lambda = \frac{1 + \lambda^2}{1 - \lambda}$$

$$\frac{du}{u} = \frac{1 - \lambda}{1 + \lambda^2}d\lambda$$

$$\int \frac{du}{u} = \int \frac{1 - \lambda}{1 + \lambda^2}d\lambda = \int \frac{d\lambda}{1 + \lambda^2} - \int \frac{\lambda}{1 + \lambda^2}d\lambda$$

$$\therefore \ln|u| = \tan^{-1}\lambda - \frac{1}{2}\ln(1+\lambda^2) + c$$

$$但\, u = x+2 \, , \, v = y-1 \, , \, \lambda = \frac{v}{u} = \frac{y-1}{x+2}$$

$$\therefore \ln|x+2| = \tan^{-1}\frac{y-1}{x+2} - \frac{1}{2}\ln\left[1+\left(\frac{y-1}{x+2}\right)^2\right] + c$$

$$或\ln\left[(x+2)^2+(y-1)^2\right] = 2\tan^{-1}\frac{y-1}{x+2} + c'$$

◆ 作　業

1. 解 $y' = \left(\dfrac{y}{x}\right)^2 + \left(\dfrac{y}{x}\right)$

Ans： $\dfrac{x}{y} + ln|x| = c$

2. 解 $(x-y-1)dy - (x-y+1)dx = 0$

Ans： $y = (x-y)^2 + 2(x+y) + c$

3. 解 $(x^2+y^2)dy = 2xydx$

Ans： $\dfrac{x^2}{y} - y = cy$

4. 解 $\dfrac{dy}{dx} = \dfrac{x+2y}{2x-y}$

Ans： $2\tan^{-1}\left(\dfrac{y}{x}\right) = \dfrac{1}{2}\ln|x^2+y^2| + c$

5. 解 $y' = \dfrac{y+\sqrt{x^2-y^2}}{x}$ ， $y(1) = 0$

Ans： $\ln x = \sin^{-1}\dfrac{y}{x}$

6.　解 $y' = \dfrac{-y}{x+y}$

Ans： $y^2 + 2xy = c$

7.　$x^2 y' = x^2 + xy + y^2$

Ans： $\tan^{-1}(\dfrac{y}{x}) = \ln|x| + c$

8.　$y' = -\dfrac{3x + 2y + 1}{3x + 2y - 1}$

Ans： $(x + y) - 2\ln(3x + 2y - 5) = c$

9.　$y' = \dfrac{2xy}{y^2 - x^2}$

Ans： $3yx^2 - y^3 = c$

◆1-5　視察法

　　有些一階 ODE 因具有某些型式，常可用「視察」方式而得解，首先我們將一些常用之視察法公式整理成表 1，這些公式都不難驗證。

表 1　常用之觀察法公式

$$\frac{xdy - ydx}{x^2} = d(\frac{y}{x})$$

$$\frac{ydx - xdy}{y^2} = d(\frac{x}{y})$$

$$xdx \pm ydy = \frac{1}{2}d(x^2 \pm y^2)$$

$$xdy + ydx = d(xy)$$

$$\frac{xdy - ydx}{x^2 + y^2} = d\left[\tan^{-1}(\frac{y}{x})\right]$$

$$\frac{xdx + ydy}{x^2 + y^2} = \frac{1}{2}d\left[\ln(x^2 + y^2)\right]$$

$$\frac{xdx + ydy}{\sqrt{x^2 + y^2}} = d(\sqrt{x^2 + y^2})$$

$$\frac{xdx - ydy}{\sqrt{x^2 - y^2}} = d(\sqrt{x^2 - y^2})$$

　　這些公式看起來都很簡單，但應用時往往需要試誤與變形過程。

例 1　　解 $ydx + (4x^2y^3 - x)dy = 0$

解：

$$\frac{ydx + (4x^2y^3 - x)dy}{x^2} \quad （原方程式兩邊同除 x^2）$$

$$= \frac{(ydx - xdy) + 4x^2y^3dy}{x^2}$$

$$= \frac{(ydx - xdy)}{x^2} + 4y^3 dy$$

$$= d(\frac{-y}{x}) + dy^4 = 0$$

$$\therefore \frac{-y}{x} + y^4 = c \text{ 或 } xy^4 = y + cx$$

例 2 解 $xdx + (y + 4x^2y^3 + 4y^5)dy = 0$

解：

$$xdx + (y + 4x^2y^3 + 4y^5)dy$$

$$= (xdx + ydy) + 4y^3(x^2 + y^2)dy$$

$$= \frac{1}{2}d(x^2 + y^2) + 4y^3(x^2 + y^2)dy = 0$$

$$\therefore \frac{d(x^2 + y^2)}{2(x^2 + y^2)} + 4y^3 dy = 0$$

即 $\frac{1}{2}\ln(x^2 + y^2) + y^4 = c$

例 3 解 $(y^2 + xy + 1)dx + (x^2 + xy + 1)dy = 0$

解：

$$(y^2 + xy + 1)dx + (x^2 + xy + 1)dy$$

$$= [y(x + y) + 1]dx + [x(x + y) + 1]dy = 0$$

兩邊同除 $x + y$：

$$(y + \frac{1}{x+y})dx + (x + \frac{1}{x+y})dy$$

$$= (ydx + xdy) + (\frac{dx+dy}{x+y})$$

$$= d(xy) + \frac{d(x+y)}{x+y} = 0$$

$$\therefore xy + \ln(x+y) = c$$

隨堂練習

驗證 $xdx + ydy + y(x^2+y^2)dy = 0$ 之解爲 $\ln(x^2+y^2) + y^2 = c$

◆ 作 業

1. $xdx + (y + \sqrt{x^2+y^2})dy = 0$

Ans : $\sqrt{x^2+y^2} + y = c$

2. $(x^2+y^2+2y)dx + (x^2+y^2-2x)dy = 0$

Ans : $x + y + 2\tan^{-1}(\frac{x}{y}) = c$

3. $(x + \sqrt{x^2+y^2})dx + (y + \sqrt{x^2+y^2})dy = 0$

Ans : $\sqrt{x^2+y^2} + x + y = c$

4. $ydx + (y^2-x)dy = 0$

Ans : $y + \frac{x}{y} = c$

5. $xdy - ydx = (1-x^2)dx$

Ans : $y + x^2 + 1 = cx$

6.　$xdx + ydy + 3y^2(x^2 + y^2)dy = 0$

Ans：$(x^2 + y^2)e^{2y^3} = c$

7.　$xdx - (y + \sqrt{x^2 - y^2})dy = 0$

Ans：$\sqrt{x^2 - y^2} - y = c$

8.　$xdy - ydx = x^2e^xdx$

Ans：$\dfrac{x}{y} = e^x + c$

9.　$xdy - ydx + x^2dx = 0$

Ans：$\dfrac{y}{x} + x = c$

10.　$xdy + ydx = \sqrt{1 - x^2y^2}\,dx$

Ans：$\sin^{-1}(xy) = x + c$

◆ 1-6　積分因子

若$M(x,y)dx + N(x,y)dy = 0$不爲正合，如果存在一個函數$h(x,y)$使得$h(x,y)M(x,y)dx + h(x,y)N(x,y)dy = 0$爲正合，則稱$h(x,y)$爲積分因子(Integrating Factor；IF)。

積分因子之找法通常無一定規則，即便存在也非唯一。

例 1　(論例)說明何以$ydx - xdy = 0$之積分因子除了$-\dfrac{1}{x^2}$，$\dfrac{1}{y^2}$

外還有$\dfrac{1}{xy}$，$-\dfrac{1}{x^2 + y^2}$？

解：

(1) $\text{IF} = \dfrac{1}{xy}$：以 $\text{IF} = \dfrac{1}{xy}$ 遍乘 $ydx - xdy = 0$ 之兩邊：

$$\frac{ydx - xdy}{xy} = \frac{1}{xy} \cdot 0 = 0$$

即 $\dfrac{dx}{x} - \dfrac{dy}{y} = 0$　$\therefore d\left(\ln\dfrac{x}{y}\right) = 0$　得 $\ln\dfrac{x}{y} = c$

(2) $\text{IF} = \dfrac{-1}{x^2 + y^2}$：以 $\text{IF} = \dfrac{-1}{x^2 + y^2}$ 遍乘 $ydx - xdy = 0$ 之兩邊：

$$\frac{-1}{x^2 + y^2}(ydx - xdy) = 0$$

$$\frac{xdy - ydx}{x^2 + y^2} = 0 \text{，即} d\left(\tan^{-1}\frac{y}{x}\right) = 0$$

$$\therefore \tan^{-1}\frac{y}{x} = c$$

由例 1 可知，給定 ODE　$M(x, y)dx + N(x, y)dy = 0$，其 IF 未必惟一。

讀者能否說出例 1 之(1)，(2)結果是等值？

───────────────────────────

　　IF 通常與微分方程式之形式有關，我們在此將列舉一些規則，其中規則一是最常見也是最基本的。

規則一：若 $\begin{cases} \left(\dfrac{\partial M}{\partial y} - \dfrac{\partial N}{\partial x}\right) \Big/ N = \phi_1(x) 則取 \text{IF} = e^{\int \phi_1(x)dx} \\[3mm] \left(\dfrac{\partial M}{\partial y} - \dfrac{\partial N}{\partial x}\right) \Big/ M = \phi_2(y) 則取 \text{IF} = e^{-\int \phi_2(y)dy} \end{cases}$

說明：設 $M(x, y)dx + N(x, y)dy = 0$ 不為正合，且設 $\mu(x, y)$ 為積分因子，則

$\mu Mdx + \mu Ndy = 0$爲正合 $\cdots\cdots\cdots\cdots\cdots\cdots\cdots\cdots\cdots\cdots\cdots\cdots\cdots$ (1)

$\dfrac{\partial}{\partial y}(\mu M) = \dfrac{\partial}{\partial x}(\mu N)$ $\cdots\cdots\cdots\cdots\cdots\cdots\cdots\cdots\cdots\cdots\cdots\cdots\cdots$ (2)

I. μ爲只含x之函數：

由(2)

$\dfrac{\partial}{\partial y}(\mu M) = \mu\dfrac{\partial}{\partial y}M \cdots\cdots\cdots\cdots\cdots\cdots\cdots\cdots\cdots\cdots\cdots\cdots$ (3)

$\dfrac{\partial}{\partial x}(\mu N) = (\dfrac{d}{dx}\mu)N + \mu\dfrac{\partial}{\partial x}N = \mu\dfrac{\partial}{\partial x}N + N\dfrac{d}{dx}\mu \cdots\cdots\cdots$ (4)

由(3)(4)

$\mu\dfrac{\partial}{\partial y}M = \mu\dfrac{\partial}{\partial x}N + N\dfrac{d}{dx}\mu$

$\therefore \dfrac{d\mu}{\mu} = \dfrac{1}{N}(\dfrac{\partial M}{\partial y} - \dfrac{\partial N}{\partial x})dx = \dfrac{1}{N}(M_y - N_x)dx$

解之

$\ln|\mu| = \int \dfrac{M_y - N_x}{N}dx = \int \phi_1(x)dx$

$\therefore \mu = e^{\int \phi_1(x)dx}$

II. μ爲只含 y 之函數：

同(I)，可導出$\mu = e^{-\int \phi_2(y)dy}$

例 2　解$(x - y^2)dx + 2xydy = 0$

解 :

解$M(x, y) = x - y^2$，$N(x, y) = 2xy$，$M_y = -2y$，$N_x = 2y$

$$\frac{M_y - N_x}{N} = \frac{-4y}{2xy} = -\frac{2}{x} \quad \therefore \mathrm{IF} = e^{\int -\frac{2}{x} dx} = \frac{1}{x^2}$$

用 $\mathrm{IF} = \dfrac{1}{x^2}$ 乘原方程式兩邊得

$$\frac{1}{x^2}(x - y^2)dx + \frac{1}{x^2}(2xy)dy = 0$$

$$\therefore \frac{1}{x} dx + \frac{2xydy - y^2 dx}{x^2} = \frac{1}{x} dx + d\left(\frac{y^2}{x}\right) = 0$$

解之 $\ln x + \dfrac{y^2}{x} = c$ 或 $y^2 + x\ln x = cx$

例 3　解 $dy = (x - y)dx$

解：

先化成標準式：

$(x - y)dx - dy = 0$ ……………………………………………… *

則 $M(x, y) = x - y$，$N(x, y) = -1$

$M_y = -1$，$N_x = 0$

$\therefore \dfrac{M_y - N_x}{N} = 1$

$\therefore \mathrm{IF} = e^{\int 1 dx} = e^x$

用 $\mathrm{IF} = e^x$ 乘 * 兩邊得：

$e^x(x - y)dx - e^x dy = 0$

則上式為正合方程式，利用集項法：

$e^x x dx - (ye^x dx + e^x dy) = xe^x dx - d(e^x y) = 0$

$$\therefore \int xe^x dx - e^x y = c$$

即 $xe^x - e^x - e^x y = c$

例 4　解 $(1-x^2+y)dx - xdy = 0$

解：

$M = 1-x^2+y$，$N = -x$

$$\frac{\partial M}{\partial y} - \frac{\partial N}{\partial x} = 1-(-1) = 2$$

$$\therefore \frac{\left(\dfrac{\partial M}{\partial y} - \dfrac{\partial N}{\partial x}\right)}{N} = \frac{2}{-x} = \phi(x)$$

取 $IF = e^{\int -\frac{2}{x}dx} = e^{-2\ln x} = \frac{1}{x^2}$

以 $IF = \dfrac{1}{x^2}$ 遍乘原方程式兩邊得：

$\dfrac{1-x^2+y}{x^2}dx - \dfrac{x}{x^2}dy = 0$ 為正合(讀者自行驗證之)

$\dfrac{1-x^2}{x^2}dx + \dfrac{ydx-xdy}{x^2} = 0$　或　$\dfrac{x^2-1}{x^2}dx + \dfrac{xdy-ydx}{x^2} = 0$

$$\left(-\frac{1}{x^2}+1\right)dx - d\left(\frac{y}{x}\right) = 0$$

$$\therefore \frac{1}{x} + x - \frac{y}{x} = c \text{ 或 } 1+x^2-y = cx$$

隨堂練習

試用規則一，驗證$2ydx + xdy = 0$之解為$x^2y = c$

規則二：假設以$x^a y^b$乘$M(x, y)dx + N(x, y)dy = 0$後為正合，決定$a，b$值。

例 5　解$xdy - ydx = 0$

解：

我們現在用$U = x^a y^b$乘$xdy - ydx = 0$

$x^a y^b \cdot xdy - x^a y^b \cdot ydx = x^{a+1}y^b dy - x^a y^{b+1} dx$

$$= \underbrace{-x^a y^{b+1}}_{P}dx + \underbrace{x^{a+1}y^b}_{Q}dy = 0$$

$P_y = -(b + 1)x^a y^b$

$Q_x = (a + 1)x^a y^b$

令$P_y = Q_x$可得$-(b + 1) = a + 1$，即$a + b = -2$

因此只要滿足$a + b = -2$之$x^a y^b$均可為 IF，例如取

· $a = -1，b = -1$則$\dfrac{xdy - ydx}{xy} = \dfrac{dy}{y} - \dfrac{dx}{x} = 0$

∴$\ln y/x = c'，y = cx$

· $a = -2，b = 0$則$\dfrac{xdy - ydx}{x^2} = d(\dfrac{y}{x}) = 0$　　∴$y = cx$

......

> **例 6**　解 $(2y-3x)dx + xdy = 0$

解 :

以 $x^a y^b$ 乘 ODE 兩邊 :

$x^a y^b(2y-3x)dx + x^{a+1}y^b dy = 0$

$(\underbrace{2x^a y^{b+1} - 3x^{a+1}y^b}_{P})dx + (\underbrace{x^{a+1}y^b}_{Q})dy = 0$ ⋯⋯⋯⋯⋯⋯⋯ (1)

$\dfrac{\partial}{\partial y}(2x^a y^{b+1} - 3x^{a+1}y^b)$

$= 2(b+1)x^a y^b - 3bx^{a+1}y^{b-1}$

$\dfrac{\partial}{\partial x}(x^{a+1}y^b) = (a+1)x^a y^b$

若 (1) 為正合則必須

$2(b+1)x^a y^b - 3bx^{a+1}y^{b-1} = (a+1)x^a y^b$

兩邊同除 $x^a y^{b-1}$:

$2(b+1)y - 3bx = (a+1)y$ ⋯⋯⋯⋯⋯⋯⋯⋯⋯⋯⋯ (2)

由 (2) $b=0$，$a=1$

$\therefore x(2y-3x)dx + x \cdot xdy$

$\quad = d(x^2 y) + d(-x^3) = 0$

解之

$x^2 y - x^3 = c$

別解

$M_y = 2$，$N_x = 1$，$\dfrac{M_y - N_x}{N} = \dfrac{1}{x} = \phi(x)$　$\therefore \text{IF} = e^{\int \frac{1}{x}dx} = x$

以 IF $= x$ 乘原方程式兩邊得：

$x(2y-3x)dx + x \cdot xdy = (2xy-3x^2)dx + x^2dy = 0$ ………… *

上式爲正合方程式

$\therefore * = (2xydx + x^2dy) - 3x^2dx = d(x^2y) - d(x^3) = 0$

$\therefore x^2y - x^3 = c$

隨堂練習

是否存在二個數 a，b 使得 $x^ay^b(y(x+y)dx - x^2dy) = 0$ 爲正合

Ans：$a = -3$，$b = -2$

★ 規則三：適當的變數變換

在一些場合中，適當之變數變換也是一個重要技巧，雖然它並無規則可循。

例 7　用 $u = x + y$ 解 $y' = \tan^2(x+y)$

解：

$$u = x + y，\frac{du}{dx} = \frac{dx}{dx} + \frac{d}{dx}y = 1 + \frac{d}{dx}y$$

$$\therefore \frac{du}{dx} = \tan^2 u + 1 = \sec^2 x$$

$$\frac{du}{dx} = \sec^2 u，\cos^2 u du = dx \Rightarrow \frac{1 + \cos 2u}{2}du = dx$$

$$\frac{1}{2}u + \frac{1}{4}\sin 2u = x + c$$

$$\therefore \frac{1}{2}(x+y) + \frac{1}{4}\sin 2(x+y) = x + c$$

或 $\sin 2(x+y) = 2(x-y) + c$

隨堂練習

驗證 $y' = \dfrac{1}{(x+y)^2}$ 之解為 $x+y = \tan(y+c)$

★ $yf(xy)dx + xg(xy)dy = 0$ 之解法

O.D.E $yf(xy)dx + xg(xy)dy = 0$，$f(xy)$，$g(xy)$ 可為 1，可透過 $u = xy$ 求解，取 $u = xy$ 則可用分離變數法解。

例8	解 $ydx + x(1 - 3x^2y^2)dy = 0$

解：

方法一：

取 $u = xy$ 則 $u' = y + xy'$ 得 $y' = \dfrac{u' - y}{x} = \dfrac{u' - \dfrac{u}{x}}{x}$

代 $y = \dfrac{u}{x}$ 與 $y' = \dfrac{u' - \dfrac{u}{x}}{x}$ 入 $y + x(1 - 3x^2y^2)y' = 0$

得 $\dfrac{u}{x} + x(1 - 3u^2)(\dfrac{u' - \dfrac{u}{x}}{x}) = 0$

化簡得

$$(1 - 3u^2)u' + \frac{3u^3}{x} = 0$$

$\dfrac{dx}{x} + \dfrac{(1 - 3u^2)}{3u^3}du = 0$，即可解得$y^6 = ce^{-\frac{1}{x^2y^2}}$

方法二：

用積分因子 IF $= \dfrac{1}{x^3y^3}$乘原方程式二邊

$$\frac{ydx + xdy}{x^3y^3} - \frac{3dy}{y} = 0$$

$$\therefore \frac{-1}{2x^2y^2} - 3\ln y = c$$

化簡得$y^6 = ce^{-\frac{1}{x^2y^2}}$

例 9　解$(2y + 3xy^2)dx + (x + 2x^2y)dy = 0$

解：

$(2y + 3xy^2)dx + (x + 2x^2y)dy$

$= y(2 + 3xy)dx + x(1 + 2xy)dy$

$= 0$

即$y(2 + 3xy) + x(1 + 2xy)\dfrac{dy}{dx} = 0$ $\cdots\cdots\cdots\cdots\cdots\cdots\cdots\cdots$ (1)

取$u = xy$，則$u' = y + xy'$得$y' = \dfrac{u' - y}{x} = \dfrac{u' - \frac{u}{x}}{x}$，代入(1)

$$\frac{u}{x}(2+3u)+x(1+2u)\cdot\frac{u'-\dfrac{u}{x}}{x}=0$$

化簡可得

$$\frac{dx}{x}+\frac{1+2u}{u^2+u}du=0$$

$$\ln x+\ln u(1+u)=\ln x+\ln xy(1+xy)=\ln x^2y(1+xy)=c$$

即 $x^2y(1+xy)=c'$

驗證 $y(1+xy)dx+x(1-xy)dy=0$ 之解為 $\ln\left|\dfrac{x}{y}\right|-\dfrac{1}{xy}=c$

◆ 作　業

1.　解 $(4x+3y^2)dx+2xydy=0$

Ans：$x^4+x^3y^2=c$

2.　解 $\left(3x^2y+6xy+\dfrac{y^2}{2}\right)dx+(3x^2+y)dy=0$

Ans：$e^x\left(3x^2y+\dfrac{y^2}{2}\right)=c$

3.　解 $(4x+3y^2)dx-2xydy=0$

Ans：$2x+y^2=cx^3$

4.　解 $\dfrac{dy}{dx}+\dfrac{y^2-y}{x}=0$

Ans：$y=\dfrac{x}{x+c}$

5.　解 $y^2 dx + xy dy = 0$

Ans：$xy = c$

6.　解 $(x + y)dy = ydx$

Ans：$\dfrac{x}{y} - \ln|y| = c$

7.　解 $(2y\cos x - 1)dx + \sin x dy = 0$

Ans：$y\sin^2 x + \cos x = c$

8.　解 $xdy + (x^3 - 1 - y)dx = 0$

Ans：$y + x^2 + 1 = cx$

9.　解 $(2y\cos x - 1)dx + \sin x dy = 0$

Ans：$y\sin^2 x + \cos x = c$

10.　解 $ydx - (x - y^2)dy = 0$

Ans：$y^2 + x = cy$

11.　解 $y(x + y)dx - x^2 dy = 0$

Ans：$\ln x + \dfrac{x}{y} = c$

◆1-7　一階線性微分方程式與 Bernoulli 方程式

一階線性微分方程式

本節之一階線性微分方程式之標準形式為 $y' + p(x)y = q(x)$。

$y' + p(x)y = q(x)$ 可寫成

$$\frac{dy}{dx} + p(x)y = q(x)，dy + p(x)ydx = q(x)dx$$

$$\therefore (p(x)y - q(x))dx + dy = 0$$

$$M = p(x)y - q(x)，N = 1$$

$$\frac{\partial M}{\partial y} - \frac{\partial N}{\partial x} = p(x)；$$

$$\left(\frac{\partial M}{\partial y} - \frac{\partial N}{\partial x}\right) \bigg/ N = p(x)$$

$$\therefore y' + p(x)y = q(x)\text{之積分因子 IF 爲 IF} = e^{\int p(x)dx}$$

因此可用正合方程式之求法解之。

例 1　解 $y' - 2xy = e^{x^2}$

解：

以 $\text{IF} = e^{-\int 2xdx} = e^{-x^2}$ 遍乘方程式兩邊：

$$e^{-x^2}y' - 2xye^{-x^2} = e^{x^2} \cdot e^{-x^2} = 1$$

$$(e^{-x^2}y)' = 1$$

$$\therefore ye^{-x^2} = x + c，\text{即} y = (x + c)e^{x^2}$$

例 2　解 $y' + \dfrac{1}{x} y = \dfrac{\cos x}{x}$

解：

以 $\text{IF} = e^{\int \frac{1}{x} dx} = e^{\ln x} = x$ 遍乘方程式兩邊：

$$xy' + x\left(\dfrac{1}{x} y\right) = x \cdot \dfrac{\cos x}{x}$$

$$(xy)' = \cos x$$

$$\therefore xy = \sin x + c$$

例 3　$xy' + y = e^x$

解：

先化 $xy' + y = e^x$ 為標準式：

$$y' + \dfrac{1}{x} y = \dfrac{1}{x} e^x$$

以 $\text{IF} = e^{\int \frac{1}{x} dx} = x$ 遍乘上式兩邊：

$$xy' + x\left(\dfrac{1}{x} y\right) = x\left(\dfrac{1}{x} e^x\right)$$

即 $(xy)' = e^x$

$$\therefore xy = \int e^x dx = e^x + c$$

例 4   解 $y' = x + y$

解 ：

(方法一)

$y' - y = x$

$\text{IF} = e^{\int (-1)dx} = e^{-x}$

$e^{-x}(y' - y) = e^{-x} \cdot x$

$(e^{-x}y)' = xe^{-x}$

$ye^{-x} = -xe^{-x} - e^{-x} + c$

得 $y = e^{x}(-xe^{-x} - e^{-x} + c)$

$\quad = ce^{x} - (x + 1)$

(方法二)

取 $u = x + y$ ，

$du = dx + dy$ ， $\dfrac{du}{dx} = 1 + \dfrac{dy}{dx}$ ， $y' = u' - 1$

$\therefore u' - 1 = u$ ， $\dfrac{du}{dx} = u + 1$

$\dfrac{du}{u + 1} = dx$ ，

$\ln|1 + u| = x + c$

$\ln|1 + (x + y)| = x + c$

$e^{\ln|1 + (x + y)|} = e^{c + x}$

$\therefore 1 + x + y = c'e^{x}$ ，

從而$y = c'e^x - (x + 1)$

兩者所得結果一致。

例 4 解法(二)提供了$y' = \phi(ax + by)$之解法：即解

$y' = \phi(ax + by)$時可令$u = ax + by$即可。

隨堂練習

驗證$xy' + 2x + y = 0$之解爲$y = \dfrac{c}{x} - x$

Bernoulli 方程式

Bernoulli 方程式之標準式爲

$$y' + p(x)y = q(x)y^n，n \neq 0 \text{ 或 } 1$$

(當$n = 0$時，Bernoulli 方程式即爲一階線性微分方程式，$n = 1$時可以變數分離法解之)

$$\because y' + p(x)y = q(x)y^n$$

$$y^{-n}y' + p(x)y^{1-n} = q(x) \quad \cdots\cdots\cdots\cdots\cdots\cdots\cdots\cdots\cdots\cdots\cdots *$$

取$u = y^{1-n}$行變數變換，則$u' = (1-n)y^{-n}y'$

$$\therefore y^{-n}y' = \frac{1}{1-n}u'$$

則*變爲

$$\frac{1}{1-n}u' + p(x)u = q(x)$$

如此便可用一階線性微分方程式解之。

例 5　　解 $xy' + y = y^2$

解：

原方程式相當於 $y^{-2}y' + \frac{1}{x}y^{-1} = \frac{1}{x}$ ……………………… (1)

令 $u = y^{1-2} = \frac{1}{y}$，則 $u' = -y^{-2}y'$

∴(1)又可變為

$-u' + \frac{u}{x} = \frac{1}{x}$ 或 $u' - \frac{u}{x} = -\frac{1}{x}$

此為一線性微分方程式

取 IF $= e^{-\int \frac{1}{x}dx} = \frac{1}{x}$

∴ $\frac{1}{x}u' - \frac{u}{x^2} = -\frac{1}{x^2}$

$\left(\frac{u}{x}\right)' = -\frac{1}{x^2}$

∴ $\frac{u}{x} = \frac{1}{x} + c$，即 $u = 1 + cx$

但 $u = \frac{1}{y}$

∴ $y = \frac{1}{1 + cx}$ 是為所求

例 6 解 $y' + y\cot x = \dfrac{1}{y}\csc^2 x$

解：

取 $u = y^{1-(-1)} = y^2$

令 $u = y^2$ $\therefore u' = 2y\,y'$

則方程式 $yy' + y^2\cot x = \csc^2 x$ 可化為

$\dfrac{1}{2}u' + (\cot x)u = \csc^2 x$ ；

$u' + 2(\cot x)u = 2\csc^2 x$ ……………………………………… *

$\therefore \text{IF} = e^{\int 2\cot x\,dx} = \sin^2 x$

以 $\sin^2 x$ 乘 * 兩邊得：

$(u'\sin^2 x + 2u\sin x\cos x) = 2$

$(u\sin^2 x)' = 2$

$u\sin^2 x = 2x + c$

$\therefore u = (2x + c)\csc^2 x$ 即 $y^2 = (2x + c)\csc^2 x$

隨堂練習

驗證 $y' + \dfrac{y}{x} = 3(xy)^2$ 之解為 $xy(c - 3x^2) = 2$

◆作 業

1. 解 $y' + xy = 2x$

Ans：$y = ce^{-\frac{x^2}{2}} + 2$

2. 解 $xy' = x^{-1}y^2 + y$

Ans：$y = \dfrac{x}{c - \ln|x|}$

3. 解 $y' + (\tan x)y = \sin 2x$，$y(0) = 1$

Ans：$y = 3\cos x - 2\cos^2 x$

4. 解 $y' - \dfrac{2}{x}y = x^2\cos 3x$

Ans：$y = cx^2 + \dfrac{x^2}{3}\sin 3x$

5. 解 $\dfrac{dy}{dx} = x + y$

Ans：$y = -x - 1 + ce^x$

6. 解 $y' + \dfrac{y}{x} + \dfrac{1}{x^2}y^{-\frac{3}{2}} = 0$

Ans：$y = -\dfrac{5}{3}x^{-1} + cx^{-\frac{5}{2}}$

7. 解 $y' - 2xy = e^{x^2}$

Ans：$y = ce^{x^2} + xe^{x^2}$

8. 解 $y' + \dfrac{6y}{x} = 3y^{\frac{4}{3}}$

Ans：$\dfrac{1}{y} = (x + cx^2)^3$

9.　解 $xy' + 2y = xy^3$

Ans： $\dfrac{1}{y^2} = cx^4 + \dfrac{2}{3}x$

線性微分方程式

◆ 2-1 線性微分方程式

凡形如下列之微分方程式，我們稱之爲線性常微分方程式 (Linear Differential Equations)：

$$a_0(x)\frac{d^n}{dx^n}y + a_1(x)\frac{d^{n-1}}{dx^{n-1}}y + a_2(x)\frac{d^{n-2}}{dx^{n-2}}y$$

$$+ \cdots + a_{n-1}(x)\frac{dy}{dx} + a_n(x) = b(x) \quad\cdots\cdots\cdots\cdots\cdots\cdots (2.1)$$

當 $a_0(x)$，$a_1(x)$，$\cdots a_{n-1}(x)$，$a_n(x)$ 均爲固定實數時，則式(2.1) 稱爲常係數微分方程式。

在(2.1)中若$b(x) = 0$ 則稱(2.1)為齊性方程式(Homogeneous Equations)。

D 算子

若我們用D來表示$\dfrac{d}{dx}$，則$\dfrac{d}{dx}y = D_y$，$\dfrac{d^2}{dx^2}y = D^2y\cdots\dfrac{d^n}{dx^n}y = D^ny$，同時規定$D^0y = y$則(2.1)式可表為

$L(D)y = b(x)$；其中

$L(D) = a_0(x)D^n + a_1(x)D^{n-1} + \cdots + a_n(x)D^0$

例如：

- $y'' - 3y' + 5y = e^x$可寫成

  $(D^2 - 3D + 5)y = e^x$或$L(D)y = e^x$；其中$L(D) = D^2 - 3D + 5$

- $y''' - 2y' = 0$可寫成

  $(D^3 - 2D)y = 0$或$L(D)y = 0$；其中$L(D) = D^3 - 2D$

- $x^2y'' - xy' + \dfrac{1}{x}y = 0$可寫成

  $\left(x^2D^2 - xD + \dfrac{1}{x}\right)y = 0$或$L(D)y = 0$；$L(D) = x^2D^2 - xD + \dfrac{1}{x}$

以下將列出 D 算子之基本性質，我們並將在 2-2 節進一步說明D算子之特性。

D 算子之基本性質

若$y = y(x)$是$L(D)y = 0$的解，則它有以下諸性質：

定理：若$y = y_1(x)$與$y = y_2(x)$都滿足$L(D)y = 0$則

$y = c_1 y_1(x) + c_2 y_2(x)$（$c_1$，$c_2$爲任意常數）亦滿足$L(D)y = 0$

證明：$L[c_1 y_1(x) + c_2 y_2(x)]$

$= a_0(x)[c_1 y_1(x) + c_2 y_2(x)]^{(n)} + a_1(x)[c_1 y_1(x) + c_2 y_2(x)]^{(n-1)}$

$\quad + a_2(x)[c_1 y_1(x) + c_2 y_2(x)]^{(n-2)} + \cdots + a_n(x)[c_1 y_1(x) + c_2 y_2(x)]$

$= c_1[a_0(x) y_1^{(n)}(x) + a_1(x) y_1^{(n-1)}(x) + \cdots a_n(x) y_1(x)]$

$\quad + c_2[a_0(x) y_2^{(n)}(x) + a_1(x) y_2^{(n-1)}(x) + \cdots + a_n(x) y_2(x)]$

$= c_1 \cdot 0 + c_2 \cdot 0 = 0$

即$y = c_1 y_1(x) + c_2 y_2(x)$爲$L(D)y = 0$之一個解

由本定理可推知：

1.　若$y = y(x)$爲$L(D)y = 0$之解則$y = cy(x)$亦爲$L(D)y = 0$之一個解，在此c爲任意常數。

2.　若$y = y_i(x)$，$i = 1, 2, \cdots n$都滿足$L(D)y = 0$則$y = \sum\limits_{i=1}^{n} y_i(x)$也滿足$L(D)y = 0$。

定理：若$y = y_1(x)$滿足$L(D)y = b(x)$且$y = y_2(x)$滿足$L(D)y = 0$則

$y = y_1(x) + y_2(x)$滿足$L(D)y = b(x)$

證明：$L(D)(y_1(x) + y_2(x))$

$= [a_0(x) y_1^{(n)}(x) + a_1(x) y_1^{(n-1)}(x) + \cdots a_n(x) y_1(x)]$

$\quad + [a_0(x) y_2^{(n)}(x) + a_1(x) y_2^{(n-1)}(x) + \cdots + a_n(x) y_2(x)]$

$= b(x) + 0 = b(x)$

這個定理爲本章往後之解題奠定了一個基礎，即求微分方程式時先求齊性解，此相當於求$L(D)(y) = 0$，再求一特解，此相當於求滿足$L(D)y = b(x)$之一個解，兩者之和即為方程式$L(D)y = b(x)$之解。

　　具體言之：

　　根據上面之討論，我們可歸納出下列重要結果：$L(D)y = b(x)$為一線性常係數微分方程式。若y_p為$L(D)y = b(x)$之一個特解(Particular solution)，y_h為$L(D)y = 0$之一齊次解，則通解y_g為$y_g = y_p + y_h$。

線性獨立、線性相依與 Wronskian

　　$f(x)$，$g(x)$為定義於(a,b)之二個函數，若存在二個常數c_1，c_2 (c_1與c_2至少有一個不為 0)使得$c_1 f(x) + c_2 g(x) \equiv 0$，對$(a,b)$中之所有$x$均成立時，我們稱$f(x)$，$g(x)$為線性相依(Linear Dependent)，否則為線性獨立(Linear Independent)。為了判斷二個函數是否線性獨立，我們將引入一個極為便利之方法——Wronskian，簡記W，W是一個行列式。

定理：若$y_1(x)$，$y_2(x)$在(a,b)為可微分函數，若且惟若

$$W = \begin{vmatrix} y_1(x) & y_2(x) \\ y_1'(x) & y_2'(x) \end{vmatrix} \equiv 0$$

則$y_1(x)$，$y_2(x)$在(a, b)為線性相依，否則$y_1(x)$，$y_2(x)$為線性獨立。

證明："$\Rightarrow$"若$y_1(x)$，$y_2(x)$在(a, b)中為線性相依，則存在二個不同時為 0 之常數c_1，c_2使得

$$c_1 y_1(x) + c_2 y_2(x) \equiv 0$$

因$y_1(x)$，$y_2(x)$在(a,b)為可微分，對上式微分得

$$c_1 y_1'(x) + c_2 y_2'(x) \equiv 0$$

$$\therefore \begin{cases} c_1 y_1(x) + c_2 y_2(x) = 0 \\ c_1 y_1'(x) + c_2 y_2'(x) = 0 \end{cases}$$

因c_1，c_2不同時為0，

$$\therefore W = \begin{vmatrix} y_1(x) & y_2(x) \\ y_1'(x) & y_2'(x) \end{vmatrix} = 0$$

"$\Leftarrow$" 若 W 為 0，則$y_1(x)$，$y_2(x)$為線性相依：

若$W = \begin{vmatrix} y_1(x) & y_2(x) \\ y_1'(x) & y_2'(x) \end{vmatrix} = y_1(x)y_2'(x) - y_1'(x)y_2(x) = 0$

則$\dfrac{W}{y_1^2(x)} = \dfrac{y_1(x)y_2'(x) - y_1'(x)y_2(x)}{y_1^2(x)} = 0 \Rightarrow \dfrac{d}{dx}\left(\dfrac{y_2(x)}{y_1(x)}\right) = 0$

$$\therefore \frac{y_2(x)}{y_1(x)} = k$$

即$y_2(x) = ky_1(x)$，從而$y_1(x)$，$y_2(x)$為線性相依

上述定理之結果對n個函數情形仍然成立。

例 1　問e^x，e^{2x}是否為線性相依？

解：

$$W = \begin{vmatrix} e^x & e^{2x} \\ e^x & 2e^{2x} \end{vmatrix} = 2e^x \cdot e^{2x} - e^{2x} \cdot e^x = e^{3x} \neq 0$$

$\therefore e^x$，e^{2x}為線性獨立

例 2　問$\sin x$，$\cos x$是否爲線性相依？

解：

$$W = \begin{vmatrix} \sin x & \cos x \\ \cos x & -\sin x \end{vmatrix} = -1 \quad (\neq 0)$$

$\therefore \sin x$，$\cos x$爲線性獨立

下列定理連結了線性微分方程式與其線性獨立解之關係。

定理：若線性微分方程式

$$a_0(x)y^{(n)} + a_1(x)y^{(n-1)} + a_2(x)y^{(n-2)} + \cdots + a_{(n-1)}(x)y' + a_0 = 0$$

之n個線性獨立解爲$y_1(x)$，$y_2(x)\cdots y_n(x)$則

$y = c_1 y_1(x) + c_2 y_2(x) + \cdots + c_n y_n(x)$亦爲上述方程式之解。

隨堂練習

試驗證$x + 1$，$2x - 1$爲線性獨立，但x，$3x$爲線性相依。

例 3　求e^{3x}，e^{-x}，3 之 Wronskian，並做一結論。

解：

取 $y_1(x) = e^{3x}$，$y_2(x) = e^{-x}$，$y_3(x) = 3$ 則

$$W = \begin{vmatrix} y_1 & y_2 & y_3 \\ y_1' & y_2' & y_3' \\ y_1'' & y_2'' & y_3'' \end{vmatrix} = \begin{vmatrix} e^{3x} & e^{-x} & 3 \\ 3e^{3x} & -e^{-x} & 0 \\ 9e^{3x} & e^{-x} & 0 \end{vmatrix}$$

$$= 3 \begin{vmatrix} 3e^{3x} & -e^{-x} \\ 9e^{3x} & e^{-x} \end{vmatrix} = 36e^{2x}$$

$\therefore e^{3x}$，e^{-x}，3 為線性獨立。

◆ 作　業

1. 判斷 $x^2 e^x$ 與 xe^{2x} 是否為線性相依？

Ans：線性獨立

2. 若 $y_1(x)$、$y_2(x)$ 均為 $L(y) = q(x)$ 之解，問 $p(x) = ay_1(x) + by_2(x)$ 是否為 $L(y)$ 之解？

Ans：否

3. 驗證 $y_1 = e^{-3x}$，$y_2 = e^x$ 均為 $y'' + 2y' - 3y = 0$ 之解，並試證 $\phi(x) = 2x^{-3x} - 3e^x$ 亦為 $y'' + 2y' - 3y = 0$，又 $y_1 = e^{-3x}$ 與 $y_2 = e^x$ 是否線性相依？

Ans：線性獨立

4. 試判斷 e^x，e^{2x}，e^{3x} 是否線性獨立？

Ans：是

◆ 2-2　*D* 算子之進一步性質

在上節中，我們已對 *D* 算子之有一初步之了解，在本節將繼續對 *D* 算子作進一步之討論。茲考慮下列常係數微分方程式：

$$L(D)\,y = a_0 D^n y + a_1 D^{n-1} y + a_2 D^{n-2} y + \cdots + a_n y$$

$$= b(x)，a_i 為常數，i = 1, 2 \cdots n，\cdots\cdots\cdots\cdots\cdots \quad (1)$$

則(1)可用 $L(D)y = b(x)$ 表示，其中

$$L(D) = a_0 D^n + a_1 D^{n-1} + \cdots + a_n$$

例 1　若 $L(D) = D^2 + 3D - 2$，$y(x) = (x^3 - 3x + e^x)$，求 $L(D)y$

解：

$$L(D)y = (D^2 + 3D - 2)(x^3 - 3x + e^x)$$

$$= D^2(x^3 - 3x + e^x) + 3D(x^3 - 3x + e^x) - 2(x^3 - 3x + e^x)$$

$$= D(3x^2 - 3 + e^x) + 3(3x^2 - 3 + e^x) - 2(x^3 - 3x + e^x)$$

$$= 6x + e^x + 9x^2 - 9 + 3e^x - 2x^3 + 6x - 2e^x$$

$$= -2x^3 + 9x^2 + 12x + 2e^x - 9$$

若 $L_1(D)$、$L_2(D)$ 為二個 *D* 算子之常數係數多項式則我們易知它有下列諸性質：

1. $L_1(D) + L_2(D) = L_2(D) + L_1(D)$

2. $L_1(D) + [L_2(D) + L_3(D)] = [L_1(D) + L_2(D)] + L_3(D)$

3. $L_1(D)L_2(D) = L_2(D)L_1(D)$

4. $L_1(D)[L_2(D)L_3(D)]=[L_1(D)L_2(D)]L_3(D)$

5. $L_1(D)[L_2(D)+L_3(D)]=L_1(D)L_2(D)+L_1(D)L_3(D)$

我們舉一些例子說明之：

例 2　$(D+2)(D+1)y$

$=(D+2)[(D+1)y]$

$=(D+2)(y'+y)$

$=(D+2)y'+(D+2)y$

$=y''+2y'+y'+2y=y''+3y'+2y$

可驗證$(D+1)(D+2)y=y''+3y'+2$

$\therefore (D+2)(D+1)y=(D+1)(D+2)y$

例 3　$(D+2)(xD+1)y$

$=(D+2)(xy'+y)$

$=(D+2)xy'+(D+2)y$

$=y'+xy''+2xy'+y'+2y$

$=xy''+2(y'+xy'+y)$

$(xD+1)(D+2)y$

$=(xD+1)(y'+2y)$

$=(xD+1)y'+(y'+2y)$

$=xy''+y'+y'+2y=xy''+2y'+2y$

顯然：$(D+2)(xD+1)y\neq(xD+1)(D+2)y$

要注意的是，$L_1(D)L_2(D) = L_2(D)L_1(D)$在常數係數之常微分方程式中才成立，若非常數係數微分方程式則上述關係不恆成立。

隨堂練習

若$y = x^2$，試驗證$(xD + 1)Dy = 4x$，$D(xD + 1)y = 6x$

$\dfrac{1}{L(D)}y$

若$L(D)y = T(x)$，則$y = \dfrac{1}{L(D)}T(x)$，$\dfrac{1}{L(D)}$是反算子(Inverse Operator)，$\dfrac{1}{D}T(x) = \int T(x)dx$。

例如：$Dy = x^2$時，顯然$y = \int x^2 dx = \dfrac{x^3}{3} + c$，依反算子定義，$y = \dfrac{1}{D}x^2 = \int x^2 dx = \dfrac{x^3}{3}$(積分常數$c$通常可忽略之)。

若$L(D)y = (D + 1)y = x^2$，$y = \dfrac{1}{D + 1}x^2$，此時我們可用Maclaurine 展開式$\dfrac{1}{D + 1} = 1 - D + D^2 \cdots$(事實上，若$T(x)$為$n$次多項式，則對$D$之無窮級數可能取到$a_n D^n$即可，以本例而言

$$y = \frac{1}{D + 1}x^2 = (1 - D + D^2)x^2$$

$$= x^2 - Dx^2 + D^2 x^2$$

$$= x^2 - 2x + D(2x)$$

$$= x^2 - 2x + 2$$

若$[L_1(D)L_2(D)]y = T(x)$則我們可證出

$$y = \frac{1}{L_1(D)L_2(D)}T(x) = \frac{1}{L_1(D)}\left[\frac{1}{L_2(D)}T(x)\right]$$

由上式，我們可有下列特例：

$$\frac{1}{D^m}T(x) = \underbrace{\int \cdots \int}_{m\,次積分} T(x)(dx)^m$$

再次強調，D 算子之運算過程中，常將積分常數 C 忽略之。

例 4　求 $\dfrac{1}{(D-1)D}3x^2$

解 :

（方法一）

$$\frac{1}{(D-1)D}3x^2 = \frac{1}{D-1}\left[\frac{1}{D}3x^2\right] = \frac{1}{D-1}[x^3]$$

$$= -\frac{1}{1-D}(x^3) = -(1 + D + D^2 + D^3)(x^3)$$

$$= -(1 + D + D^2 + D^3)x^3$$

$$= -x^3 - 3x^2 - 6x - 6$$

（方法二）

$$\frac{1}{(D-1)D}3x^2 = \left(\frac{1}{D-1} - \frac{1}{D}\right)3x^2$$

$$= \left(-\frac{1}{1-D} - \frac{1}{D}\right)3x^2$$

$$= \left(-\frac{1}{1-D}\right)3x^2 - \frac{1}{D}3x^2$$

$$= -(1 + D + D^2)3x^2 - x^3$$

$$= -x^3 - 3x^2 - 6x - 6$$

例 5　求 $\dfrac{1}{(D^2+1)D^2}x^3$

解：

$$\frac{1}{(D^2+1)D^2}x^3=\left(\frac{1}{D^2}-\frac{1}{D^2+1}\right)x^3$$

$$=\frac{1}{D^2}x^3-\frac{1}{1+D^2}x^3$$

$$=\frac{1}{D}\left(\frac{1}{D}x^3\right)-(1-D^2+D^4\cdots)x^3$$

$$=\frac{1}{D}\left(\frac{1}{4}x^4\right)-(x^3-6x)$$

$$=\frac{1}{20}x^5-x^3+6x$$

讀者可驗證 $(D^2+1)D^2\left(\dfrac{1}{20}x^5-x^3+6x\right)=x^3$

隨堂練習

驗證 $\dfrac{1}{D(1-D)}x^2=\dfrac{1}{3}x^3+x^2+2x$

下面是 D 算子之一些有用之性質，利用這些性質可大大簡化運算程序：

性質 1：$\dfrac{1}{L(D)}e^{px}=\dfrac{e^{px}}{L(p)}$ ，$L(p)\neq 0$

證明：設 $L(D) = a_0 D^n + a_1 D^{n-1} + \cdots + a_{n-1}D + a_n$

則 $L(D)e^{px} = (a_0 D^n + a_1 D^{n-1} + \cdots + a_{n-1}D + a_n)e^{px}$

$$= a_0 D^n e^{px} + a_1 D^{n-1}e^{px} + \cdots + a_{n-1}De^{px} + a_n e^{px}$$

$$= a_0 p^n e^{px} + a_1 p^{n-1}e^{px} + \cdots + a_{n-1}pe^{px} + a_n e^{px}$$

$$= (a_0 p^n + a_1 p^{n-1} + \cdots + a_{n-1}p + a_n)e^{px}$$

$$= L(p)e^{p(x)}$$

兩邊同除 $L(D)L(p)$ 得

$$\frac{e^{px}}{L(D)} = \frac{e^{px}}{L(p)}$$

例 6　求 $\dfrac{1}{D^2 - 3D + 5}e^{-x}$

解：

$$\frac{1}{D^2 - 3D + 5}e^{-x} = \frac{1}{(-1)^2 - 3(-1) + 5}e^{-x}$$

$$= \frac{1}{9}e^{-x}$$

例 7　求 $\dfrac{1}{D(D^2 + 1)}e^{-3x}$

解：

$$\frac{1}{D(D^2 + 1)}e^{-3x} = \frac{1}{(-3)[(-3)^2 + 1]}e^{-3x} = -\frac{1}{30}e^{-3x}$$

性質 2： $\dfrac{1}{(D-a)^m}e^{ax}=\dfrac{1}{m!}x^me^{ax}$ ， $m\in N$

證明：(我們只證明 $m=1$ ， $m=2$ 之情形)

(1) $m=1$ 時

$\dfrac{1}{D-a}e^{ax}=y$ 相當是解 $(D-a)y=e^{ax}$ ，

即 $y'-ay=e^{ax}$ ，此為線性方程式，取 $\text{IF}=e^{-\int a\,dx}=e^{-ax}$

$e^{-ax}y'-ae^{-ax}y=e^{-ax}\cdot e^{ax}$

$\therefore (e^{-ax}y)'=1$

得 $e^{-ax}y=x$ (積分常數略之)

$\therefore y=xe^{ax}$

(2) $m=2$ 時

$\dfrac{1}{(D-a)^2}e^{ax}=\dfrac{1}{D-a}\left(\dfrac{1}{D-a}e^{ax}\right)$ 由(1) $\dfrac{1}{D-a}xe^{ax}=y$

此相當解 $(D-a)y=xe^{ax}$ ，

即 $y'-ay=xe^{ax}$ ，取

$\text{IF}=e^{-\int a\,dx}=e^{-ax}$ ，以此同乘 $y'-ay=xe^{ax}$ 之兩邊，得：

$e^{-ax}y'-e^{-ax}ay=e^{-ax}xe^{ax}=x$

$\therefore (e^{-ax}y)'=x$

解之 $e^{-ax}y=\dfrac{x^2}{2}$ ， $y=\dfrac{x^2}{2}e^{ax}$ (積分常數略之)，反覆演證即

得。

例 8　求 $\dfrac{1}{D^2 + 2D + 1} e^{-x}$

解：

$$\dfrac{1}{D^2 + 2D + 1} e^{-x} = \dfrac{1}{(D+1)^2} e^{-x} = \dfrac{x^2}{2!} e^{-x} = \dfrac{x^2}{2} e^{-x}$$

例 9　比較 $\dfrac{1}{D(D-2)^3} e^{2x}$ 與 $\dfrac{1}{(D-2)^3 D} e^{2x}$

解：

$$\dfrac{1}{D(D-2)^3} e^{2x} = \dfrac{1}{D}\left[\dfrac{1}{(D-2)^3} e^{2x}\right] = \dfrac{1}{D} \cdot \dfrac{x^3}{3!} e^{2x}$$

$$= \dfrac{1}{6} \int x^3 e^{2x} dx$$

$$= \dfrac{1}{6}\left[\dfrac{1}{2}x^3 - \dfrac{3}{4}x^2 + \dfrac{3}{4}x - \dfrac{3}{8}\right]e^{2x}$$

$$\dfrac{1}{(D-2)^3 D} e^{2x} = \dfrac{1}{(D-2)^3} \dfrac{1}{D}(e^{2x})$$

$$= \dfrac{1}{(D-2)^3}\left(\dfrac{1}{2} e^{2x}\right) = \dfrac{1}{2} \cdot \dfrac{x^3}{3!} e^{2x}$$

此與方法一之結果不同，其原因在於

$L_1(D)L_2(D) = L_2(D)L_1(D)$ 在 $L(D)$ 為分式形式時不恒成立。

性質 3：$\dfrac{1}{D-m}T(x)=e^{mx}\int e^{-mx}T(x)dx$

證明：$\dfrac{1}{D-m}T(x)$ 相當於求 $(D-m)y=T(x)$，即 $y'-my=T(x)$

取 $IF=e^{\int(-m)dx}=e^{-mx}$

$\therefore e^{-mx}y'-e^{-mx}my=e^{-mx}T(x)$

$(e^{-mx}y)'=e^{-mx}T(x)$

$e^{-mx}y=\int e^{-mx}T(x)dx$

$\therefore y=e^{mx}\int e^{-mx}T(x)dx$

例 10 解 $\dfrac{1}{D-1}e^{2x}$

解：

（方法一）$\dfrac{1}{D-1}e^{2x}=e^x\int e^{-x}e^{2x}dx=e^x\int e^x dx=e^{2x}$（性質 3）

（方法二）$\dfrac{1}{D-1}e^{2x}=\dfrac{1}{2-1}e^{2x}=e^{2x}$（性質 1）

$$y=\dfrac{1}{L(D)}Q(x)T(\cos bx,\ \sin bx)$$

在解 $L(D)y=Q(x)\cos bx$ 或 $L(D)y=Q(x)\sin bx$ 時，我們可用下列結果：

(1) $\dfrac{1}{L(D^2)}\cos ax=\dfrac{1}{L(-a^2)}\cos ax$

(2) $\dfrac{1}{L(D^2)}\sin ax=\dfrac{1}{L(-a^2)}\sin ax$

例 11　解 $\dfrac{1}{D(D-1)}\cos x$

解 :

$$\frac{1}{D(D-1)}\cos x = \frac{1}{D^2-D}\cos x = \frac{1}{-(1)^2-D}\cos x$$

$$= -\frac{1}{1+D}\cos x = -\frac{1-D}{1-D^2}\cos x$$

$$= -\frac{1-D}{1-(-1^2)}\cos x = -\frac{1}{2}(1-D)\cos x$$

$$= -\frac{1}{2}(\cos x + \sin x)$$

例 12　求 $\dfrac{1}{(D+1)(D-2)}\sin x$

解 :

$$\frac{1}{(D+1)(D-2)}\sin x = \frac{1}{D^2-D-2}\sin x = \frac{1}{-(1)^2-D-2}\sin x$$

$$= -\frac{1}{D+3}\sin x = -\frac{(D-3)}{D^2-9}\sin x$$

$$= \frac{-(D-3)}{-1^2-9}\sin x = \frac{1}{10}(D-3)\sin x$$

$$= \frac{1}{10}(\cos x - 3\sin x)$$

隨堂練習

驗證 $\dfrac{1}{(D^2+1)^2}\sin 3x = \dfrac{1}{64}\sin 3x$

性質 4： $L(D)(e^{px}T(x)) = e^{px}L(D+p)T(x)$

證明：(1)先證 $D^n(e^{px}T(x)) = e^{px}L(D+p)^n T(x)$：

由數學歸納法

$n = 1$時：

$$D(e^{px}T(x)) = pe^{px}T(x) + e^{px}DT(x) = e^{px}(D+p)T(x)$$

$n = k$時：

設 $D^k(e^{px}T(x)) = e^{px}(D+p)^k T(x)$成立；

$n = k+1$時：

$$
\begin{aligned}
D^{k+1}(e^{px}T(x)) &= D[D^k e^{px}T(x)]\\
&= D[e^{px}((D+p)^k T(x))]\\
&= pe^{px}[(D+p)^k T(x)] + e^{px}[D(D+p)^k T(x)]\\
&= e^{px}[(D+p)^k(p+D)]T(x)\\
&= e^{px}(D+p)^{k+1}T(x)
\end{aligned}
$$

當 n為任意自然數時 $D^n(e^{px}T(x)) = e^{px}(D+p)^n T(x)$均成立

(2)由(1) $L(D)(e^{px}T(x))$

$$
\begin{aligned}
&= a_0 D^n(e^{px}T(x)) + a_1 D^{n-1}(e^{px}T(x)) + a_2 D^{n-2}(e^{px}T(x))\\
&\quad + \cdots + a_n\\
&= a_0[e^{px}(D+p)^n T(x)] + a_1[e^{px}(D+p)^{n-1}T(x)]\\
&\quad + a_2[e^{px}(D+p)^{n-2}T(x)] + \cdots + a_n
\end{aligned}
$$

$$= e^{px}[a_0(D + p)^n + a_1(D + p)^{n-1} + \cdots + a_n]T(x)$$

$$= e^{px}L(D + p)T(x)$$

推論：$\dfrac{1}{L(D)}[e^{px}T(x)] = e^{px}\dfrac{1}{L(D + p)}T(x)$

證明：設 $\dfrac{1}{L(D)}e^{px}T(x) = y$

$\therefore L(D)y = e^{px}T(x)\cdots\cdots(1)$

又 $L(D)y = L(D)[e^{px}(ye^{-px})] = e^{px}L(D + p)[ye^{-px}]\cdots\cdots(2)$

由(1)、(2)：$L(D + p)(ye^{-px}) = T(x)$

$\therefore y = e^{px}\dfrac{1}{L(D + p)}T(x)$

故 $\dfrac{1}{L(D)}[e^{px}T(x)] = e^{px}\dfrac{1}{L(D + p)}T(x)$

例 13 求 $\dfrac{1}{D + 1}e^x\cos 2x$

解：

$$
\begin{aligned}
\frac{1}{D + 1}e^x\cos 2x &= e^x\frac{1}{(D + 1) + 1}\cos 2x \\
&= e^x\frac{D - 2}{D^2 - 4}\cos 2x \\
&= e^x\frac{D - 2}{(-2^2) - 4}\cos 2x \\
&= \frac{-1}{8}e^x(D - 2)\cos 2x \\
&= -\frac{1}{8}e^x(-2\sin 2x - 2\cos 2x) \\
&= e^x(\frac{1}{4}\cos 2x + \frac{1}{4}\sin 2x)
\end{aligned}
$$

例 14　求 $(D^2 - 2D - 1)e^x \cos x$

解：

$$y_p = \frac{1}{D^2 - 2D - 1}e^x \cos x$$

$$= e^x \frac{1}{(D+1)^2 - 2(D+1) - 1}\cos x$$

$$= e^x \cdot \frac{1}{D^2 - 2}\cos x$$

$$= e^x \frac{1}{-1^2 - 2}\cos x$$

$$= -\frac{1}{3}e^x \cos x$$

隨堂練習

驗證：$(D^2 - 2D - 1)y = e^x \sin x$ 之特解 y_p 為 $y_p = -\frac{1}{3}e^x \sin x$

性質 5：$\dfrac{1}{(D-a)^m}T(x) = e^{ax}\underbrace{\int \cdots \int}_{m 次} e^{-ax}T(x)dx^m$，性質 5 實為性質 3 之

一般化。

例 15　$\dfrac{1}{(D-1)^2}\dfrac{e^x}{x}$

解：

$$\frac{1}{(D-1)^2}\frac{e^x}{x} = e^x \int e^{-x} e^x \int e^{-x} \cdot \frac{e^x}{x}(dx)^2$$

$$= e^x \int \left(\int \frac{dx}{x} \right) dx$$

$$= e^x \int \ln x \, dx = e^x \left[x \ln x - \int x \, d \ln x \right]$$

$$= e^x \left[x \ln x - \int dx \right] = e^x (x \ln x - x)$$

◆ 作 業

1. 解 $\dfrac{1}{D^2 - 3D + 1} e^{2x}$

Ans： $-e^{2x}$

2. 解 $\dfrac{1}{D^3 - 3D^2 + 3D - 1} e^x$

Ans： $\dfrac{x^3}{6} e^x$

3. 解 $\dfrac{1}{(D-2)^2} e^{3x} \sin x$

Ans： $\dfrac{-1}{2} e^{3x} \cos x$

4. 解 $\dfrac{1}{D^2 - 4} (e^{-2x} \cos 2x)$

Ans： $-\dfrac{1}{20} e^{-2x} (\cos 2x + 2 \sin 2x)$

5. 解 $\dfrac{1}{(2-D)(1-D)} x$

Ans： $\dfrac{x}{2} + \dfrac{3}{4}$

6.　解$\dfrac{1}{(2-D)(1-D)}e^x$

Ans：$-xe^x$

7.　解$\dfrac{1}{D^2+1}\cos t$

Ans：$\dfrac{t}{2}\sin t$

8.　解$\dfrac{1}{D^2(D+1)}(x+5)$

Ans：$\dfrac{x^3}{6}+2x^2$

9.　解$\dfrac{1}{D(D-1)}\cdot 1$

Ans：$-x$

10.　解$\dfrac{1}{D^2+2D+2}(xe^{-2x})$

Ans：$\dfrac{x+1}{2}e^{-2x}$

◆2-3　高階常係數齊性線性微分方程式

　　爲了簡單入門起見，我們先考慮下列二階常係數齊性線性微分方程式解法，其過程可推至n階常係數齊性線性微分方程式。

$$a_2y'' + a_1y' + a_0y = 0 \cdots\cdots\cdots\cdots\cdots\cdots\cdots\cdots\cdots\cdots\cdots\cdots\cdots\cdots\cdots \quad (1)$$

令$y=e^{mx}$爲其中一個解則

$$y = e^{mx} \text{,} \quad y' = me^{mx} \text{,} \quad y'' = m^2 e^{mx}$$

$$\therefore a_2 y'' + a_1 y' + a_0 y = a_2 m^2 e^{mx} + a_1 m e^{mx} + a_0 e^{mx}$$

$$= e^{mx}(a_0 + a_1 m + a_2 m^2) = 0$$

$$\because e^{mx} \neq 0$$

$$\therefore a_0 + a_1 m + a_2 m^2 = 0$$

上式爲微分方程式(1)之特徵方程式(Characteristic Equations)。

定理：$\lambda^2 + a\lambda + b = 0$爲$y'' + ay' + by = 0$之特徵方程式，$\lambda_1$，$\lambda_2$爲

二根：

(1)λ_1，λ_2爲二相異實數則$y = c_1 e^{\lambda_1 x} + c_2 e^{\lambda_2 x}$

(2)$\lambda_1 = \lambda_2$時，$y = (c_1 + c_2 x)e^{\lambda_1 x}$

(3)λ_1，λ_2爲共軛複根，即$\lambda_1 = p + qi$，$\lambda_2 = p - qi$則

$$y = e^{px}(c_1 \cos qx + c_2 \sin qx)$$

證明：$\lambda^2 + a\lambda + b = 0$之二個根$\dfrac{-a \pm \sqrt{a^2 - 4b}}{2}$：

(1)$a^2 - 4b > 0$時，$\lambda_1 = \dfrac{-a + \sqrt{a^2 - 4b}}{2}$，$\lambda_2 = \dfrac{-a - \sqrt{a^2 - 4b}}{2}$

取$y_1 = e^{\lambda_1 x}$，$y_2 = e^{\lambda_2 x}$則讀者可驗證y_1，y_2均爲$y'' + ay' + b$

$= 0$之解，且y_1，y_2之 Wronskian

$$W = \begin{vmatrix} e^{\lambda_1 x} & e^{\lambda_2 x} \\ \lambda_1 e^{\lambda_1 x} & \lambda_2 e^{\lambda_2 x} \end{vmatrix} = e^{\lambda_1 x} \cdot e^{\lambda_2 x} \begin{vmatrix} 1 & 1 \\ \lambda_1 & \lambda_2 \end{vmatrix}$$

$$= (\lambda_2 - \lambda_1) e^{(\lambda_1 + \lambda_2)x} \neq 0$$

y_1，y_2為線性獨立

$\therefore y = c_1 e^{\lambda_1 x} + c_2 e^{\lambda_2 x}$ 是 $y'' + ay' + by = 0$ 之解

(2) $a^2 - 4b = 0$ 時，$y'' + ay' + by = 0$ 有重根 λ：

$y_1 = e^{\lambda x}$，$y_2 = xe^{\lambda x}$，y_1，y_2 均滿足(1)且 y_1，y_2 之 W 為

$$W = \begin{vmatrix} e^{\lambda x} & xe^{\lambda x} \\ \lambda e^{\lambda x} & e^{\lambda x} + x\lambda e^{\lambda x} \end{vmatrix} = e^{2\lambda x} \begin{vmatrix} 1 & x \\ \lambda & 1 + x\lambda \end{vmatrix} = e^{2\lambda x}$$

$\therefore y_1 = e^{\lambda x}$，$y_2 = xe^{\lambda x}$ 為線性獨立，即 $y = c_1 e^{\lambda x} + c_2 xe^{\lambda x}$

$\quad = (c_1 + c_2 x)e^{\lambda x}$ 是 $y'' + ay' + by = 0$ 之解

我們不難知道 $y_1 = e^{\lambda x}$ 是(1)的一個解，但如何找出 $y_2 = xe^{\lambda x}$？其實我們可用「已知解 y_1 求另一解」等方法找出，讀者可參考微分方程式或高等工程數學有關書籍。

(3) $a^2 - 4b < 0$

$\lambda^2 + a\lambda + b = 0$ 之二根

$\lambda = \dfrac{-a \pm \sqrt{4b - a^2}\, i}{2}$，$p = -\dfrac{a}{2}$，$q = \dfrac{\sqrt{4b - a^2}}{2}$，則

$y = e^{px}(c_1 \cos qx + c_2 \sin qx)$

例 1 解 $y'' - 5y' + 6y = 0$

解：

$y'' - 5y' + 6y = 0$ 之特徵方程式為

$m^2 - 5m + 6 = (m-2)(m-3) = 0$

$\therefore m = 2$ 或 3

故 $y = ae^{2x} + be^{3x}$

例 2　解 $y'' - 3y' + y = 0$

解 :

$y'' - 3y' + y = 0$ 之特徵方程式為

$m^2 - 3m + 1 = 0$

$m = \dfrac{3 \pm \sqrt{5}}{2}$

$\therefore y = ae^{m_1 x} + be^{m_2 x}$, $m_1 = \dfrac{3 + \sqrt{5}}{2}$, $m_2 = \dfrac{3 - \sqrt{5}}{2}$

例 3　解 $y'' - y' + y = 0$

解 :

$y'' - y' + y = 0$ 之特徵方程式為

$m^2 - m + 1 = 0$

$m = \dfrac{1 \pm \sqrt{3}\,i}{2}$, $p = \dfrac{1}{2}$, $q = \dfrac{\sqrt{3}}{2}$

$\therefore y = e^{\frac{x}{2}}\left(a\cos\dfrac{\sqrt{3}}{2}x + b\sin\dfrac{\sqrt{3}}{2}x\right)$

隨堂練習

解$(1)y'' - 2y' + y = 0$

$(2)y'' - 2y' + 2y = 0$

Ans：(1) $y = (c_1 + c_2 x)e^x$ (2) $y = e^x (c_1 \cos x + c_2 \sin x)$

高階齊性方程式

我們討論

$$a_0 y^{(n)} + a_1 y^{(n-1)} + a_2 y^{(n-2)} + \cdots + a_{n-1} y' + a_n = 0$$

之解形式：

$$L(D) = a_0 D^n + a_1 D^{n-1} + a_2 D^{n-2} + \cdots + a_{n-1} D + a_n$$

則 $$L(D)y = a_0 D^n y + a_1 D^{n-1} y + a_2 D^{n-2} y + \cdots$$

$$+ a_{n-1} Dy + a_n y \cdots\cdots\cdots\cdots\cdots\cdots\cdots\cdots\cdots\cdots\cdots *$$

令 $$L(m) = a_0 m^n + a_1 m^{n-1} + \cdots + a_{n-1} m + a_n = 0 \cdots\cdots\cdots\cdots ** $$

則$y = e^{mx}$滿足$L(D)y = 0$，茲證明如下：

$\because y^{(k)} = m^k e^{mx}$，即$D^k y = m^k e^{mx}$，代之入*得

$$a_0 m^n e^{mx} + a_1 m^{n-1} e^{mx} + \cdots + a_{n-1} m e^{mx} + a_n e^{mx}$$

$$= e^{mx} (\underbrace{a_0 m^n + a_1 m^{n-1} + \cdots + a_{n-1} m + a_n}_{= 0}) = 0$$

$\therefore y = e^{mx}$為*之一個根

設 $L(D)y = 0$ 之特徵根均為相異時

若**有 r 個相異根 $m_1, m_2 \cdots m_r$ 則 $y = c_1 e^{m_1 x} + c_2 e^{m_2 x} + \cdots + c_r e^{m_r x}$ 爲*之一個通解。

例 4　求 $D(D-1)(D+2)y = 0$ 之通解

解：

原方程式之特徵方程式爲 $m(m-1)(m+2) = 0$ 有三個相異根 0，1，-2

$\therefore y = c_1 e^{0x} + c_1 e^{1x} + c_2 e^{-2x}$

　　$= c_1 + c_1 e^x + c_2 e^{-2x}$ 是爲通解

$L(D)y = 0$ 之特徵方程式有重根時

設 $L(D)y = 0$ 之特徵根 λ_0 有 k 次重根，則 λ_0 對應之解爲 $y = e^{\lambda_0 x}(c_0 + c_1 x + \cdots + c_{k-1} x^{k-1})$。

例 5　解 $D(D+1)^2(D-2)^3 y = 0$

解：

原方程式之特徵方程式爲

$m(m+1)^2(m-2)^3 = 0$

解之 $m = 0$(一根)，-1(二重根)，2(三重根)

$$\therefore y = c_0 e^{0x} + (c_1 + c_2 x)e^{-x} + (c_3 + c_4 x + c_5 x^2)e^{2x}$$

$$= c_0 + (c_1 + c_2 x)e^{-x} + (c_3 + c_4 x + c_5 x^2)e^{2x}$$

隨堂練習

驗證 $D(D-1)^2(D+2)y = 0$ 之解爲 $a + (bx + c)e^x + de^{-2x} = 0$

$L(D)y = 0$ 之特徵方程式有共軛複根時

$p + qi$ 爲實係數常微分方程式對應之特徵方程式的一根時，$p - qi$ 亦必爲特徵方程式之爲一根。同時爲一般化起見，設 $p + qi$ 爲特徵方程式之 r 個重根，則由前之討論

$$y_1 = e^{(p + qi)x}(c_0 + c_1 x + c_2 x^2 + \cdots + c_r x^r)$$

$$y_2 = e^{(p - qi)x}(d_0 + d_1 x + d_2 x^2 + \cdots + d_r x^r)$$

分別爲微分方程式 $L(D)y = 0$ 之解

則 $y_1 + y_2$ 亦爲 $L(D)y = 0$ 之解，由 Euler 公式，我們有

$$y = e^{ax}[(A_0 + A_1 x + \cdots + A_{r-1} x^{r-1})\cos bx$$

$$+ (B_0 + B_1 x + \cdots + B_{r-1} x^{r-1})\sin bx]$$

例 6 解 $(D^4 + 6D^2 + 9)y = 0$

解：

原方程式之特徵方程式 $m^4 + 6m^2 + 9 = 0$

$(m^2 + 3)^2 = 0$

$\therefore m = \pm\sqrt{3}\,i(\text{重根})$

$y = (a_0 + a_1 x)\cos\sqrt{3}x + (b_0 + b_1 x)\sin\sqrt{3}x$

例 7　解$(D^2 + 4)(D^2 + D + 1)(D-2)y = 0$

解：

原方程式之特徵方程式

$(m^2 + 4)(m^2 + m + 1)(m-2) = 0$之根爲

$m = \pm 2i$，$\dfrac{-1\pm\sqrt{3}i}{2}$，$m = 2$

$\therefore y = (a_0 \cos 2x + a_1 \sin 2x) + e^{-\frac{x}{2}}(b_0 \cos\dfrac{\sqrt{3}}{2}x + b_1 \sin\dfrac{\sqrt{3}}{2}x)$

$\qquad + c_0\,e^{2x}$

隨堂練習

驗證 $D^2(D^2 + 9)^3 y = 0$ 之解爲 $y = (a_0 + a_1 x) + [(b_0 + b_1 x + b_2 x^2)\cos 3x + (c_0 + c_1 x + c_2 x^2)\sin 3x]$

◆ 作 業

1. 解 $y'' + 4y' + 4y = 0$，$y(0) = 1$，$y'(0) = 2$

Ans：$y = e^{-2x}(4x + 1)$

2. 解 $D^2(D + 1)y = 0$

Ans：$y = (a + bx) + ce^{-x}$

3. 解 $D^3(D + 1)y = 0$

Ans：$y = (a + bx + cx^2) + de^{-x}$

4. 解 $D^2(D^2 + 1)y = 0$

Ans：$y = (a + bx) + (c\cos x + d\sin x)$

5. 解 $(D^4 - 16)y = 0$

Ans：$y = ae^{2x} + be^{-2x} + c\cos 2x + d\sin 2x$

6. 解 $(D^2 + 4D + 5)y = 0$

Ans：$e^{-2x}(a\cos x + b\sin x)$

7. 解 $\dfrac{d^3 y}{dx^3} - 4\dfrac{d^2 y}{dx^2} - 3\dfrac{d}{dx}y - 18y = 0$

Ans：$y = (c_1 + c_2 x)e^{3x} + c_3 e^{-2x}$

8. 解 $(D^4 + 2D^2 + 1)y = 0$

Ans：$y = (a + bx)\cos x + (c + dx)\sin x$

9. 解 $y'' + 2y' + 3y = 0$，$y(0) = 2$，$y'(0) = -3$

Ans：$y = e^{-x}(2\cos\sqrt{2}x - \dfrac{\sqrt{2}}{2}\sin\sqrt{2}x)$

10.　解 $D^2(D^2+4)^2y=0$

Ans： $y=(a_0+a_1x)+[(b_0+b_1x)\cos 2x+(c_0+c_1x)\sin 2x]$

◆2-4　比較係數法

　　在求常係數微分方程式 $L(D)y=Q(x)$ 特解，比較係數法是一個直覺而簡便的方法，尤其 $Q(x)$ 是多項式，指數函數或三角函數時。

　　我們將舉一些比較係數法常用規則整理如下

$Q(x)$	y_p 可假設型式
c	a
ce^{ax}	ae^{ax}
$c\cos qx$ 或 $c\sin qx$ 或 $c_1\cos qx+c_2\sin qx$	$a\cos qx+b\sin qx$
$e^{px}\cos qx$	$ae^{px}\cos qx+be^{px}\sin qx$
(多項式)$c_1+c_2x+c_3x^2$	$a+bx+cx^2$
上述混合型式	對應混合之加總

例 1　解 $y''+y=1+x^2$

解：

　　(1)求 y_h：

　　　　又 $y''+y=0$ 之特徵方程式為 $m^2+1=0$　∴ $m=\pm i$，

$$y_h = c_1 \cos x + c_2 \sin x$$

(2) 求 y_p：

　　我們可設此方程式之特解 $y_p = a + bx + cx^2$

　　$y = a + bx + cx^2$

　　$y' = b + 2cx$

　　$y'' = 2c$

　　$\therefore y + y'' = (a + 2c) + (b)x + cx^2 = 1 + x^2$

　　比較兩邊係數：

$$\begin{cases} a + 2c = 1 \\ b = 0 \\ c = 1 \end{cases}$$

　　得 $c = 1$，$b = +1$，$a = -1$

　　$\therefore y_p = -1 + x^2$

　　$\therefore y_g = y_p + y_h = c_1 \cos x + c_2 \sin x - 1 + x^2$

例 1 之 y_p 亦可用上節 D 算子法求出：

$$y_p = \frac{1}{D^2 + 1}(1 + x^2) = (1 - D^2)(1 + x^2) = x^2 - 1$$

例 2　($Q(x)$ 為指數函數) 解 $y'' + 2y' - 3y = e^{-x}$

解：

(1) 求 y_h：

　　讀者可驗證 $y'' + 2y' - 3y = 0$ 之特徵方程式為

$$m^2 + 2m - 3 = 0$$

$\therefore m = 1, -3$，得齊次解 $y_h = c_1 e^x + c_2 e^{-3x}$

(2)求 y_p：

我們可設此方程式之特解 $y_p = ae^{-x}$

$$y = ae^{-x} \quad y' = -ae^{-x} \quad y'' = ae^{-x}$$

$$\therefore y'' + 2y' - 3y = ae^{-x} + 2(-ax^{-x}) - 3ae^{-x}$$

$$= -4ae^{-x} = e^{-x}$$

得 $a = \dfrac{-1}{4}$，即 $y_p = \dfrac{-1}{4}e^{-x}$

$$\therefore y_g = y_p + y_h = \dfrac{-1}{4}e^{-x} + c_1 e^x + c_2 e^{-3x}$$

例 3　$(Q(x)$ 為 $\sin x$ 或 $\cos x)$ 解 $y'' + 2y' + 2y = \sin 3x$

解：

(1)求 y_h：

又 $y'' + 2y' + 2y = 0$ 特徵方程式為

$m^2 + 2m + 2 = 0$，二根為

$\dfrac{-2\pm 2i}{2} = -1\pm i$，$y_h = e^{-x}(a\cos x + b\sin x)$

(2)求 y_p：

$Q(x)$ 為 $\sin bx$，$\cos bx$ 時可設 $y_p = \alpha\sin bx + \beta\cos bx$

$\therefore y'' + 2y' + 2y = 2\sin 3x$ 之特解可設

$\quad y_p = a\sin 3x + b\cos 3x$：

$$y = a\sin3x + b\cos3x$$

$$y' = 3a\cos3x - 3b\sin3x$$

$$y'' = -9a\sin3x - 9b\cos3x$$

$$\therefore y'' + 2y' + 2y$$

$$= (-9a\sin3x - 9b\cos3x) + (6a\cos3x - 6b\sin3x)$$

$$+ (2a\sin3x + 2b\cos3x)$$

$$= (-9a - 6b + 2a)\sin3x + (-9b + 6a + 2b)\cos3x$$

$$= (-7a - 6b)\sin3x + (6a - 7b)\cos3x = 2\sin3x$$

$$\therefore \begin{cases} -7a - 6b = 1 \\ 6a - 7b = 0 \end{cases}$$

解之

$$a = \frac{-7}{85} \; ; \; b = \frac{-6}{85}$$

$$\therefore y_p = -\frac{7}{85}\sin3x - \frac{6}{85}\cos3x$$

$$\therefore y_g = y_p + y_h = e^{-x}(a\cos x + b\sin x) - \frac{7}{85}\sin3x - \frac{6}{85}\cos3x$$

例 3 之 y_p 亦可用上節 D 算子法求出：

$$y_p = \frac{1}{D^2 + 2D + 2}(\sin3x) = \frac{1}{-(3)^2 + 2D + 2}(\sin3x)$$

$$= \frac{1}{-7 + 2D}(\sin3x) = \frac{-7 - 2D}{49 - 4D^2}(\sin3x)$$

$$= \frac{-(7 + 2D)}{49 - 4(-9)}\sin3x = \frac{-1}{85}(7 + 2D)\sin3x$$

$$= \frac{-1}{85} (7 \sin 3x + 6 \cos 3x)$$

$$= \frac{-7}{85} \sin 3x - \frac{6}{85} \cos 3x$$

若$Q(x)$同時含有多項式、指數函數或$\sin bx$，$\cos bx$時，可分別求出多項式部份之特解，指數函數部份之特解或$\sin bx$，$\cos bx$部份之特解，然後予以加總。

例 4 $(Q(x)$為多項式、指數函數混合)解$y'' - 2y' + y = x^2 + 4e^{3x}$

解：

(1)求y_h：

又$y'' - 2y' + y = 0$之特徵方程式$m^2 - 2m + 1 = 0$有重根1

$\therefore y_h = (a + bx)e^x$

(2)$y'' - 2y' + y = x^2$之特解y_p：

①設$y_{p_1} = a + bx + cx^2$

$$\begin{cases} y = a + bx + cx^2 \\ 2y' = 2b + 4cx \\ y'' = 2c \end{cases}$$

$\therefore y'' - 2y' + y = 2c - (2b + 4cx) + (a + bx + cx^2)$

$$= (2c - 2b + a) + (-4c + b)x + cx^2$$

$$= x^2$$

比較係數可得$c = 1$，$b = 4$，$a = 6$

$$\therefore y_{p_1} = 6 + 4x + x^2$$

② $y'' - 2y' + y = e^{3x}$ 之特解：

設 $y_{p_2} = ke^{3x}$ 則 $y' = 3ke^{3x}$ ， $y'' = 9ke^{3x}$

$$\therefore y'' - 2y' + y = 9ke^{3x} - 6ke^{3x} + ke^{3x} = 4e^{3x}$$

$$\therefore k = 1$$

即 $y_{p_2} = e^{3x}$

$$\therefore y_p = y_{p_1} + y_{p_2} = 6 + 4x + x^2 + e^{3x}$$

$$y_g = y_p + y_h = 6 + 4x + x^2 + e^{3x} + (a + bx)e^x$$

例 5 (指數函數與三角函數之混合)解 $y'' - 2y' + 5y = e^x \cos x$

解：

(1)求 y_h：

$y'' - 2y' + 5y = 0$ 之特徵方程式為 $m^2 - 2m + 5 = 0$ 得二根為

$$m = \frac{2 \pm 4i}{2} = 1 \pm 2i$$

$$\therefore y_h = e^x(a\cos 2x + b\sin 2x)$$

(2)求 y_p：

$$Q(x) = e^x \cos x$$

$$\therefore 令 y_p = e^x(A\cos x + B\sin x)，$$

$$y' = (A + B)e^x \cos x + (-A + B)e^x \sin x$$

$$y'' = 2Be^x \cos x - 2Ae^x \sin x$$

代上述結果入 $y'' - 2y' + 5y = e^x \cos x$：

$$y'' - 2y' + 5y = (2Be^x \cos x - 2Ae^x \sin x) - 2[(A + B)e^x \cos x$$
$$+ (-A + B)e^x \sin x] + 5(Ae^x \cos x + Be^x \sin x)$$
$$= 3Ae^x \cos x + 3Be^x \sin x = e^x \cos x$$

$$\therefore A = \frac{1}{3} \text{，} B = 0$$

即 $y_p = \dfrac{1}{3} e^x \cos x$

$$\therefore y_g = y_h + y_p = e^x(a\cos 2x + b\sin 2x) + \frac{1}{3}e^x \cos x$$

例 5 之 y_p 亦可用 D 算子法：

$$\frac{1}{D^2 - 2D + 5} e^x \cos x = e^x \frac{1}{(D + 1)^2 - 2(D + 1) + 5} \cos x$$

$$= e^x \frac{1}{D^2 + 4} \cos x$$

$$= e^x \frac{1}{-(1)^2 + 4} \cos x$$

$$= \frac{1}{3} e^x \cos x$$

隨堂練習

驗證 $y'' + y' - 2y = 7 + x - x^2$，$y(0) = y'(0) = 0$ 之解為 $y = \dfrac{x^2}{2} - 3$ $+ 2e^x + e^{-2x}$

在應用未定係數法解 $L(D)y = b(x)$ 時，若通解 $y_h(x)$ 之項次與 $b(x)$ 有交集時，則在求 y_p 時，將交集項次乘以 x^m 而 m 為不使重複之最小正數。例如：在作業第 1 題 $y'' + 5y' + 6y = e^{-2x}$ 之 $y_h = ae^{-2x}$ $+ be^{-3x}$，但 $y_h = ae^{-2x}$ 出現在 $b(x)$ 中，因此 y_p 假設形式為 $y_p = cxe^{-2x}$。

又如第 2 題 $y'' + ay = 0$ 之 $y_h = a \cos 3x + b \sin 3x$，但 y_h 之 $b \sin 3x$ 也出現在 $b(x) = 2 \sin 3x$，因此 y_p 之假設形式為 $y_p = (c_1 + c_2 x) \cos 3x$ $+ (d_1 + d_2 x) \sin 3x$。

根據作者之經驗，並不鼓勵使用比較係數法。它初看下似乎比較好懂，摻雜複雜之型式時，若假設不對，運算也會錯誤，有時計算量還蠻大的，因此建議讀者在題目無特殊要求下，可試用 D 算子法。

◆ 作　業

1. 解 $y'' + 5y' + 6y = e^{-2x}$

Ans：$y = (c_1 + x)e^{-2x} + c_2 e^{-3x}$

2. 解 $y'' + 9y = 2\sin 3x$

Ans：$y = c_1 \cos 3x + c_2 \sin 3x - \dfrac{x\cos 3x}{3} + \dfrac{\sin 3x}{18}$

3. 解 $y'' - y = x$

Ans：$y = c_1 e^x + c_2 e^{-x} - x$

4. 解 $y'' - 3y' + 2y = 4x + e^{3x}$，$y(0) = 1$，$y'(0) = -1$

Ans：$y = \dfrac{1}{2}e^{3x} - 2e^{2x} - \dfrac{1}{2}e^x + 2x + 3$

5. 解 $y'' - y' + y = x^3 - 3x^2 + 1$

Ans：$e^{-\frac{x}{2}}\left(c_1 \cos\dfrac{\sqrt{3}}{2}x + c_2 \sin\dfrac{\sqrt{3}}{2}x\right) + x^3 - 6x - 5$

6. 解 $y'' + 9y = x\cos x$

Ans：$c_1 \cos 3x + c_2 \sin 3x + \dfrac{1}{8}x\cos x + \dfrac{1}{32}\sin x$

7. 考慮 $y'' - 2y' + y = x^2 - 3x$

(a)若已知 $y'' - 2y' + y = 0$ 之二解為 $y_1 = e^{-x}$，$y_2 = 2e^{-x}$，問

$y = y_1 + y_2$ 是否為 $y'' - 2y' + y = 0$ 之通解

(b)若 $y = x^2 + x$ 是 $y'' - 2y' + y = 0$ 之一個解，可否求出

$y'' - 2y' + y = x^2 - 3x$ 之通解

Ans：(a)(b)均為否

◆2-5　參數變動法

本節我們將介紹求 $y'' + a_1 y' + a_2 y = b(x)$ 特解 y_p 之另一種解法，稱為參數變動(Variation of Parameters)法。

設 y_1 及 y_2 為 $y'' + a_1 y' + a_2 y = 0$ 之兩個線性獨立解(通常是齊性解 y_h)，參數變動之目的在於"找出可微分函數 $A(x)$ 及 $B(x)$ 使得 $y(x) = A(x)y_1 + B(x)y_2$ 為方程式 $y'' + a_1 y' + a_2 y = b(x)$ 的解"。如何找出 $A(x)$，$B(x)$ ？

$$\because y = A(x)y_1 + B(x)y_2$$
$$\therefore y' = A'(x)y_1 + A(x)y'_1 + B'(x)y_2 + B(x)y'_2 \quad\cdots\cdots\cdots\cdots\quad (1)$$

在此，我們假設

$$A'(x)y_1 + B'(x)y_2 = 0$$

則(1)可化簡成：

$$y' = A(x)y'_1 + B(x)y'_2 \quad\cdots\cdots\cdots\cdots\cdots\cdots\cdots\cdots\quad (2)$$

在(2)再對 x 微分得：

$$y'' = A'(x)y'_1 + A(x)y''_1 + B'(x)y'_2 + B(x)y''_2 \quad\cdots\cdots\cdots\quad (3)$$

代(2)，(3)入 $y'' + a_1 y' + a_2 y = b(x)$ ：

$$A'(x)y'_1 + A(x)y''_1 + B'(x)y'_2 + B(x)y''_2$$

$$+ a_1 A(x)y'_1 + a_1 B(x)y'_2$$

$$+ a_2 A(x)y_1 + a_2 B(x)y_2 = b(x) \cdots\cdots\cdots\cdots\cdots\cdots\cdots\cdots \quad (4)$$

但因y_1，y_2為$y'' + a_1 y' + a_2 y = 0$的齊性解

$$\therefore y''_1 + a_1 y'_1 + a_2 y_1 = 0，y''_2 + a_1 y'_2 + a_2 y_2 = 0$$

對(4)進行可化簡：

$$A'(x)y'_1 + A(x)[y''_1 + a_1 y'_1 + a_2 y_1]$$

$$+ B(x)[y''_2 + a_1 y'_2 + a_2 y_2] + B'(x)y'_2 = b(x)$$

$$\therefore A'(x)y'_1 + B'(x)y'_2 = b(x)$$

$$\begin{cases} A'(x)y_1 + B'(x)y_2 = 0 \\ A'(x)y'_1 + B'(x)y'_2 = b(x) \end{cases}$$

由上述聯立方程組，我們可求出$A'(x)$，$B'(x)$，從而確定了$A(x)$，及$B(x)$，如此便得到$y = A(x)y_1 + B(x)y_2$。

例 1　解$y'' + y = \sec x$

解：

(1)求$y'' + y = 0$之齊次解：

$y'' + y = 0$之特徵方程式$m^2 + 1 = 0$之二根為$\pm i$

$$\therefore y_h = a \cos x + b \sin x$$

(2)設 $y = A(x)\cos x + B(x)\sin x$

(3)解 $\begin{cases} A'(x)\cos x + B'(x)\sin x = 0 \\ -A'(x)\sin x + B'(x)\cos x = \sec x \end{cases}$

$$\therefore A'(x) = \frac{\begin{vmatrix} 0 & \sin x \\ \sec x & \cos x \end{vmatrix}}{\begin{vmatrix} \cos x & \sin x \\ -\sin x & \cos x \end{vmatrix}} = -\tan x \Rightarrow A(x) = \ln|\cos x| + c_1$$

$$B'(x) = \frac{\begin{vmatrix} \cos x & 0 \\ -\sin x & \sec x \end{vmatrix}}{\begin{vmatrix} \cos x & \sin x \\ -\sin x & \cos x \end{vmatrix}} = 1 \Rightarrow B(x) = x + c_2$$

(4) $y = A(x)y_1 + B(x)y_2 = (\ln|\cos x| + c_1)\cos x + (x + c_2)\sin x$

$\quad = \cos x \ln|\cos x| + x\sin x + c_1\cos x + c_2\sin x$

例 2 解 $y'' + 2y' - 3y = e^{-x}$(與上節例 2 作一比較)

解：

(1)求齊次方程式 $y'' + 2y' - 3y = 0$ 之解：

$y'' + 2y' - 3y = 0$ 之特徵方程式為 $m^2 + 2m - 3 = 0$，二根

為 -3，1 $\quad \therefore y_h = ae^{-3x} + be^x$

(2)設 $y = A(x)e^{-3x} + B(x)e^x$

(3)解 $\begin{cases} A'(x)e^{-3x} + B'(x)e^x = 0 \\ -3A'(x)e^{-3x} + B'(x)e^x = e^{-x} \end{cases}$

$$\therefore A'(x) = \frac{\begin{vmatrix} 0 & e^x \\ e^{-x} & e^x \end{vmatrix}}{\begin{vmatrix} e^{-3x} & e^x \\ -3e^{-3x} & e^x \end{vmatrix}} = \frac{-1}{4e^{-2x}} = -\frac{1}{4}e^{2x}$$

$$A(x) = -\frac{1}{8}e^{2x} + c_1$$

$$B'(x) = \frac{\begin{vmatrix} e^{-3x} & 0 \\ -3e^{-3x} & e^{-x} \end{vmatrix}}{\begin{vmatrix} e^{-3x} & e^x \\ -3e^{-3x} & e^x \end{vmatrix}} = \frac{e^{-4x}}{4e^{-2x}} = \frac{1}{4}e^{-2x}$$

$$\therefore B(x) = -\frac{1}{8}e^{-2x} + c_2$$

(4) $y = A(x)y_1 + B(x)y_2$

$$= \left(-\frac{1}{8}e^{2x} + c_1\right)e^{-3x} + \left(-\frac{1}{8}e^{-2x} + c_2\right)e^x$$

$$= -\frac{1}{4}e^{-x} + c_1 e^{-3x} + c_2 e^x$$

例 3　(請與上節作業第 1 題之解法作一比較)以本節方法求
$y'' + 5y' + 6y = e^{-2x}$ 之解

解：

(1) $y'' + 5y' + 6y = 0$ 之特徵方程式為 $m^2 + 5m + 6 = 0$，二根為
$-2, -3$　$\therefore y_h = ae^{-2x} + be^{-3x}$

(2) 設 $y = A(x)e^{-2x} + B(x)e^{-3x}$

(3) 解 $\begin{cases} A'(x)e^{-2x} + B'(x)e^{-3x} = 0 \\ -2A'(x)e^{-2x} - 3B'(x)e^{-3x} = e^{-2x} \end{cases}$

$$\therefore A'(x) = \frac{\begin{vmatrix} 0 & e^{-3x} \\ e^{-2x} & -3e^{-3x} \end{vmatrix}}{\begin{vmatrix} e^{-2x} & e^{-3x} \\ -2e^{-2x} & -3e^{-3x} \end{vmatrix}} = \frac{-e^{-5x}}{-e^{-5x}} = 1$$

$$\therefore A(x) = x + c_1$$

$$B'(x) = \frac{\begin{vmatrix} e^{-2x} & 0 \\ -2e^{-2x} & e^{-2x} \end{vmatrix}}{\begin{vmatrix} e^{-2x} & e^{-3x} \\ -2e^{-2x} & -3e^{-3x} \end{vmatrix}} = \frac{e^{-4x}}{-e^{-5x}} = -e^{x}$$

$$\therefore B(x) = -e^{x} + c_2$$

(4) $y = A(x)e^{-2x} + B(x)e^{-3x}$

$\quad = (x + c_1)e^{-2x} + (-e^{x} + c_2)e^{-3x}$

$\quad = (x + c_1')e^{-2x} + c_2 e^{-3x}$

隨堂練習

驗證 $y'' + y = \csc x$ 之解為 $y = c_1 \cos x + c_2 \sin x - x \cos x + \sin x \ln |\sin x|$

例 4 用參數變動法求 $y' - ay = e^{bx}$，a、b 為常數但 $a \neq b$

解：

(1) $y' - ay = 0$ 之特徵方程式為 $m - a = 0$

$\therefore m = a$

即 $y_h = \alpha e^{ax}$

(2) 設 $y = A(x)e^{ax}$

則 $A'(x)e^{ax} = e^{bx}$，解之得 $A(x) = \dfrac{1}{b-a}e^{(b-a)x} + c$

$\therefore y = A(x)e^{ax} = \left(\dfrac{1}{b-a}e^{(b-a)x} + c\right)e^{ax}$

例 5 利用參數變動法，求 $y''' = 12$

解：

$y''' = 0$ 之特徵方程式 $m^3 = 0$ $\quad \therefore m = 0$(三重根)

$y_h = (a + bx + cx^2)e^{0x} = a + bx + cx^2$

設 $y = A(x) + B(x) \cdot x + C(x)x^2$，則

$A'(x) \cdot 1 + B'(x) \cdot x + C'(x) \cdot x^2 = 0$ ⋯⋯⋯⋯⋯⋯⋯⋯ (1)

$A'(x) \cdot 0 + B'(x) \cdot 1 + C'(x) \cdot 2x = 0$ ⋯⋯⋯⋯⋯⋯⋯⋯ (2)

$A'(x) \cdot 0 + B'(x) \cdot 0 + C'(x) \cdot 2 = 12$ ⋯⋯⋯⋯⋯⋯⋯⋯ (3)

$$A'(x) = \frac{\begin{vmatrix} 0 & x & x^2 \\ 0 & 1 & 2x \\ 12 & 0 & 2 \end{vmatrix}}{\begin{vmatrix} 1 & x & x^2 \\ 0 & 1 & 2x \\ 0 & 0 & 2 \end{vmatrix}} = \frac{12(2x^2 - x^2)}{2} = 6x^2$$

$$\therefore A(x) = 2x^3 + c_1$$

$$B'(x) = \frac{\begin{vmatrix} 1 & 0 & x^2 \\ 0 & 0 & 2x \\ 0 & 12 & 2 \end{vmatrix}}{\begin{vmatrix} 1 & x & x^2 \\ 0 & 1 & 2x \\ 0 & 0 & 2 \end{vmatrix}} = \frac{-24x}{2} = -12x$$

$$\therefore B(x) = -6x^2 + c_2$$

$$C'(x) = \frac{\begin{vmatrix} 1 & x & 0 \\ 0 & 1 & 0 \\ 0 & 0 & 12 \end{vmatrix}}{\begin{vmatrix} 1 & x & x^2 \\ 0 & 1 & 2x \\ 0 & 0 & 2 \end{vmatrix}} = \frac{12}{2} = 6$$

$$\therefore C(x) = 6x + c_3$$

$$\therefore y = A(x) + B(x) \cdot x + C(x) \cdot x^2$$

$$= (2x^3 + c_1) + (-6x^2 + c_2)x + (6x + c_3)x^2$$

$$= c_1 + c_2 x + c_3 x^2 + 2x^3$$

◆ 作　業

1. 解 $y'' + 9y = 2\sin 3x$

Ans：$y = c_1\cos 3x + c_2\sin 3x - \dfrac{x\cos 3x}{3} + \dfrac{\sin 3x}{18}$

（請與上節作業第二題比較）

2. 求 $y'' - y = e^x$

Ans：$y = c_1 e^x + c_2 e^{-x} + \dfrac{1}{2}xe^x$

3. 求 $y'' - 2y' - 3y = e^x$

Ans：$c_1 e^{3x} + c_2 e^{-x} - \dfrac{1}{4}e^x$

4. 求 $y'' + y - x\cos x = 0$

Ans：$y = c_1\sin x + c_2\cos x + \dfrac{x^2}{4}\sin x + \dfrac{x^2}{4}\cos x$

5. 解 $y'' + 4y' + 3y = x^2 - 3x$

Ans：$c_1 e^{-x} + c_2 e^{-3x} + \dfrac{x^2}{3} - \dfrac{17}{9}x + \dfrac{62}{27}$

6. 解 $y'' - 4y = 8x^2 - 2x$

Ans：$y = c_1 e^{2x} + c_2 e^{-2x} - 2x^2 + \dfrac{x}{2} - 1$

7. 解 $y'' - 5y' + 6y = e^{4x}$

Ans：$y = c_1 e^{3x} + c_2 e^{2x} + \dfrac{1}{2}e^{4x}$

8. $y'' - 2y' + y = \dfrac{e^x}{x}$

Ans：$y = c_1 e^x + (c_2 - 1)xe^x + xe^x\ln|x|$

◆2-6 尤拉線性方程式

本節我們將討論另一種特殊形態的線性方程式，稱為尤拉線性方程式(Euler Linear Equation)，其一般式為

$$a_n x^n y^{(n)} + a_{n-1} x^{n-1} y^{(n-1)} + \cdots + a_1 xy' + a_0 y = b(x)$$

我們可透過(1) $t = \ln x$ 即 $x = e^t$ 及(2) $y = x^m$ 之轉換來求此類方程式之 y_h：

1. $t = \ln x$ 轉換：

   以 $n = 2$ 為例：

   $$a_2 x^2 y'' + a_1 xy' + a_0 y = b(x)$$

   取 $x = e^t$，則我們有下列二個關鍵結果：

   (1) $xDy = D_t y$

   (2) $x^2 D^2 y = D_t(D_t - 1)y$

   茲證明如下：

   (1) $Dy = \dfrac{dy}{dx} = \dfrac{dy}{dt} \bigg/ \dfrac{dx}{dt} = \dfrac{dy}{dt} \bigg/ e^t = e^{-t}\dfrac{dy}{dt} = \dfrac{1}{x}D_t y$

   $\therefore D_t y = xDy$

   (2) $D^2 y = \dfrac{d^2 y}{dx^2} = \dfrac{d}{dx}\underbrace{\left(e^{-t}\dfrac{dy}{dt}\right)}_{\frac{dy}{dt} = e^{-t}\frac{dy}{dt}} = \dfrac{d}{dt}\left(e^{-t}\dfrac{dy}{dt}\right) \bigg/ \underbrace{\dfrac{dx}{dt}}_{e^t}$

   $\qquad = e^{-t}\left[\dfrac{d}{dt}\left(e^{-t}\dfrac{dy}{dt}\right)\right]$

$$= e^{-t}\left(-e^{-t}\frac{dy}{dt}+e^{-t}\frac{d^2y}{dt^2}\right)$$

$$= e^{-2t}\left(\frac{d^2y}{dt^2}-\frac{dy}{dt}\right)$$

$$= e^{-2t}(D_t^2-D_t)y=e^{-2t}D_t(D_t-1)y$$

$$\therefore e^{2t}D^2y=D_t(D_t-1)y$$

以上結果可推廣至 $x^3D^3y=D_t(D_t-1)(D_t-2)y\cdots$ 等等。

2. $y=x^m$ 轉換：

Euler 方程式之另一個解 y_h 之方法是令 $y=x^m$，如此我們可得一個特徵方程式(以 $n=2$ 爲例)，若 m_1，m_2 爲二個特徵根，則

(1) m_1，m_2 互異：$y_h=c_1x^{m_1}+c_2x^{m_2}$

(2) m_1，m_2 爲相同實根：令 $m_1=m_2=m$，則 $y_h=(c_1+c_2\ln x)x^m$

(3) m_1，m_2 爲共軛複根：令 $m_1=p+qi$，$m_2=p-qi$ 則 $y_h=x^p(\cos(q\ln x))+x^p(\sin(q\ln x))$

例 1　解 $x^2y''-xy'-3y=0$

解：

方法一：

令 $x=e^t$ 則可將原方程式轉換成

$[D_t(D_t-1)-D_t-3]y=0$

即 $[D_t^2-2D_t-3]y=0$

特徵方程式 $m^2-2m-3=(m-3)(m+1)=0$，二根爲 3，-1

$$\therefore y = c_1 e^{3t} + c_2 e^{-t}$$

$$= c_1 x^3 + \frac{c_2}{x}$$

方法二：

令 $y = x^m$ 則 $y' = mx^{m-1}$，$y'' = m(m-1)x^{m-2}$

代入 $x^2 y'' - xy' - 3y = x^2 [m(m-1)x^{m-2}]$

$- x[mx^{m-1}] - 3x^m = x^m [m(m-1) - m - 3] = 0$

得特徵方程式

$m(m-1) - m - 3 = m^2 - 2m - 3 = (m-3)(m+1) = 0$

$\therefore m = 3, -1$，故 $y = c_1 x^3 + c_2 x^{-1}$

例 2　解 $x^2 y'' - 5xy' + 9y = 0$

解：

方法一：

令 $x = e^t$ 則可將原方程式轉換成

$[D_t(D_t - 1) - 5D_t + 9]y = (D_t - 3)^2 y = 0$

特徵方程式為 $(m-3)^2 = 0$，有二同根 $m = 3$

$\therefore y = (c_1 + c_2 t)e^{3t}$

$= (c_1 + c_2 \ln x)x^3$

方法二：

令 $y = x^m$ 則 $y' = mx^{m-1}$，$y'' = m(m-1)x^{m-2}$

代入 $x^2 y'' - 5xy' + 9y = 0$：

$x^2 [m(m-1)x^{m-2}] - 5x(mx^{m-1}) + 9x^m$

$= x^m [m(m-1) - 5m + 9] = x^m (m-3)^2$

得特徵方程式 $m^2 - 6m + 9 = (m-3)^2 = 0$

$\therefore m_1 = m_2 = 3$

故 $y = (c_1 + c_2 \ln x)x^3$

隨堂練習

驗證 $x^2 y'' + 4xy' - 4y = 0$ 之解為 $y = c_1 x + c_2 x^{-4}$

例 3 解 $x^2 y'' - 12y = x$

解：

令 $x = e^t$ 則原方程式轉換成

$[D_t(D_t - 1) - 12]y = e^t$

$(D_t^2 - D_t - 12)y = e^t$

(1) $(D_t^2 - D_t - 12)y = 0$ 之 y_h：

$(D_t^2 - D_t - 12)y = 0$ 之特徵方程式為

$m^2 - m - 12 = 0$，$m = 4, -3$ 是為其二根

$\therefore y_h = c_1 e^{4t} + c_2 e^{-3t} = c_1 x^4 + \dfrac{c_2}{x^3}$

(2) 求 $(D_t^2 - D_t - 2)y = e^t$ 之 y_p：

$$y_p = \frac{1}{(D_t^2 - D_t - 2)} e^t = -\frac{1}{2} e^t = -\frac{x}{2}$$

故 $y_g = y_h + y_p = c_1 x^4 + \frac{c_2}{x^3} - \frac{x}{2}$

例 4　解 $\dfrac{d^2 y}{dx^2} - \dfrac{4}{x} \dfrac{dy}{dx} + \dfrac{4}{x^2} y = x$

解：

原方程式相當於

$$x^2 \frac{d^2 y}{dx^2} - 4x \frac{dy}{dx} + 4y = x^3$$

取 $x = e^t$ 則，上述方程式變爲

$[D_t(D_t - 1) - 4D_t + 4]y = e^{3t}$

即 $[D_t^2 - 5D_t + 4]y = e^{3t}$

(1)求 $[D_t^2 - 5D_t + 4]y = 0$ 之 y_h：

　　$(D_t^2 - 5D_t + 4)y = 0$ 之特徵方程式爲

　　$m^2 - 5m + 4 = 0$，$m = 1$，4 是爲二根

　　$\therefore y_h = c_1 e^t + c_2 e^{4t} = c_1 x + c_2 x^4$

(2)求 $[D_t^2 - 5D_t + 4]y = e^{3t}$ 之 y_p：

$$y = \frac{1}{D_t^2 - 5D_t + 4} e^{3t} = -\frac{1}{2} e^{3t} = -\frac{1}{2} x^3$$

$\therefore y_g = y_h + y_p = c_1 x + c_2 x^4 - \frac{1}{2} x^3$

例 3、例 4 之 y_h 亦可用 $y = x^m$ 求得，讀者可自行求出。

例 **5**　求$(x + 2)^2 y'' - (x + 2)y' + y = 3x + 4$

解：

取$z = (x + 2)$，則$\dfrac{d}{dx} = \dfrac{d}{dz}$，$D = D_z$

∴原方程式變爲$(z^2 D_z^2 - z D_z + 1)y = 3(z - 2) + 4 = 3z - 2$

取$z = e^t$則

$(D_t(D_t - 1) - D_t + 1)y = (D_t - 1)^2 y = 3e^t - 2$

∴$y_h = (c_1 + c_2 t)e^t = (c_1 + c_2 \ln z)z = (c_1 + c_2 \ln(x + 2))(x + 2)$

$\quad y_p = \dfrac{1}{(D_t - 1)^2}(3e^t - 2) = \dfrac{3}{2}t^2 e^t - 2 = \dfrac{3}{2}(\ln(x + 2))^2(x + 2)$

∴$y = y_h + y_p$

$\quad = c_1(x + 2) + c_2(x + 2)\ln(x + 2) + \dfrac{3}{2}(x + 2)(\ln(x + 2))^2$

隨堂練習

驗證$x^2 y'' + xy' - y = 8x^3$之解爲$y = c_1 x + \dfrac{c_2}{x} + x^3$

◆ 作　業

1.　解$x^2 y'' + 2xy' - 6y = 0$

Ans：$y = c_1 x^2 + \dfrac{c_2}{x^3}$

2. 解 $x^2y'' - 3xy' - 5y = 6x^5$

Ans： $y = \dfrac{c_1}{x} + c_2 x^5 + x^5 \ln x$

3. 解 $x^3 y''' - x^2 y'' + xy = 0$

Ans： $y = c_1 + x^2(c_2 + c_3 \ln t)$

4. 解 $c^2 y'' + 7xy' + 9y = 0$

Ans： $y = x^{-3}(c_1 + c_2 \ln x)$

5. 解 $x^2 y'' - xy' + y = \ln x$

Ans： $c_1 x + c_2 x \ln x + (\ln x) + 2$

6. 解 $x^2 y'' - xy' + 2y = 0$

Ans： $x[c_1 \cos(\ln x) + c_2 \sin(\ln x)]$

7. 解 $xy'' + y' = 2x^3$

Ans： $y = c_1 + c_2 \ln x + \dfrac{1}{8} x^4$

（提示：兩邊同乘 x 以化成尤拉線性方程式之標準式）

8. 解 $xy'' + 2y' = 4x^3$

Ans： $y = \dfrac{x^4}{5} + \dfrac{c_1}{x} + c_2$

9. $(x+1)^2 y'' + (x+1)y' - y = (\ln(x+1))^2 + x + 1$

Ans： $y = c_1(x+1) + c_2(x+1)^{-1} - (\ln(x+1))^2$
$\qquad + \dfrac{1}{2}(x+1)\ln(x+1) + 2$

◆ 2-7　線性微分方程組

常微分方程組之每一條方程式均爲線性微分方程式時，稱爲線性微分方程組，本書只討論其中之一種特殊而重要之形式：

$$\begin{cases} \dfrac{dy_1}{dt} = a_{11}y_1 + a_{12}y_2 \\[2mm] \dfrac{dy_2}{dt} = a_{21}y_1 + a_{22}y_2 \end{cases}$$

上式中y_1，y_2均爲t之連續函數，a_{11}，a_{12}，a_{21}，a_{22}爲常數。

我們可將上述方程組化成

$$\begin{cases} (D - a_{11})y_1 - a_{12}y_2 = 0 \\[2mm] a_{21}y_1 - (D - a_{22})y_2 = 0 \end{cases}$$

我們可利用消去法將上述方程組化成較爲簡單之微分方程式而解之。

例 1　解 $\begin{cases} \dfrac{d}{dt}y_1 = 5y_1 - 2y_2 \\[2mm] \dfrac{d}{dt}y_2 = 4y_1 - y_2 \end{cases}$

解：

原方程式可寫成

$$\begin{cases} (D - 5)y_1 + 2y_2 = 0 \cdots\cdots① \\[2mm] 4y_1 - (D + 1)y_2 = 0 \cdots\cdots② \end{cases}$$

① × 4 − ② × (D − 5)得：

$8y_2 + (D+1)(D-5)y_2 = (D^2 - 4D + 3)y_2 = 0$

上述微分方程式之特徵方程式爲

$m^2 - 4m + 3 = (m-3)(m-1) = 0$

$\therefore y_2 = c_1 e^{3t} + c_2 e^t$

代 $y_2 = c_1 e^{3t} + c_2 e^t$ 入 $\dfrac{d}{dt}y_2 = 4y_1 - y_2$ 得

$4y_1 = y_2 + \dfrac{d}{dt}y_2 = c_1 e^{3t} + c_2 e^t + (3c_1 e^{3t} + c_2 e^t)$

$y_1 = c_1 e^{3t} + \dfrac{1}{2}c_2 e^t$

即 $\begin{cases} y_1 = c_1 e^{3t} + \dfrac{1}{2}c_2 e^t \\ y_2 = c_1 e^{3t} + c_2 e^t \end{cases}$

例 2　解 $\begin{cases} \dfrac{d}{dt}y_1 = 2y_1 - y_2 \\ \dfrac{d}{dt}y_2 = y_1 \end{cases}$

解：

原方程式組可寫成

$\begin{cases} (D-2)y_1 + y_2 = 0 \cdots\cdots (1) \\ \quad\quad y_1 - Dy_2 = 0 \cdots\cdots (2) \end{cases}$

①×D + ②得：

$[D(D-2) + 1]y_1 = 0 \quad \therefore (D-1)^2 y_1 = 0$

上述微分方程式之特徵方程式為 $(m-1)^2 = 0$

$\therefore y_1 = (c_1 + c_2 t)e^t$

又 $y_2 = (2-D)y_1 = 2y_1 - \dfrac{d}{dt}y_1 = 2(c_1 + c_2 t)e^t - \dfrac{d}{dt}(c_1 + c_2 t)e^t$

$= (c_1 - c_2)e^t + c_2 t e^t$

例 3   解 $\begin{cases} \dfrac{d}{dt}y_1 = y_1 - 4y_2 \\[2mm] \dfrac{d}{dt}y_2 = -y_1 + y_2 \end{cases}$

解：

$\begin{cases} (D-1)y_1 + 4y_2 = 0 & \cdots\cdots(1) \\ y_1 + (D-1)y_2 = 0 & \cdots\cdots(2) \end{cases}$

$(2) \times (D-1) - (1)$ 得

$(D^2 - 2D - 3)y_1 = 0$

特徵方程式為 $m^2 - 2m - 3 = 0$ 得二根 $m = 3$，-1

$\therefore y_1 = c_1 e^{3t} + c_2 e^{-t}$

代 $y_1 = c_1 e^{3t} + c_2 e^{-t}$ 入(1)得：

$\dfrac{d}{dx}y_1 - y_1 + 4y_2 = 0$ 即 $y_2 = \dfrac{1}{4}\left(y_1 - \dfrac{d}{dx}y_1\right)$

$\therefore y_2 = \dfrac{1}{4}(c_1 e^{3x} + c_2 e^{-x} - 3c_1 e^{3x} + c_2 e^{-x})$

$= \dfrac{1}{2}(-c_1 e^{3t} + c_2 e^{-t})$

例 4 解 $\begin{cases} \dfrac{dx}{dt} = y \\[2mm] \dfrac{dy}{dt} - 2 = 0 \end{cases}$

解：

方法一：

$\begin{cases} \dfrac{dx}{dt} = y \\[2mm] \dfrac{d}{dt}y = 2 \end{cases}$ 相當於 $\begin{cases} Dx = y & \cdots\cdots(1) \\[2mm] Dy = 2 & \cdots\cdots(2) \end{cases}$

由(2) $\dfrac{d}{dt}y = 2$ $\quad \therefore y = 2t + c_1 \cdots\cdots(3)$

代(3)入(1)

$\dfrac{dx}{dt} = y = 2t + c_1$ $\quad \therefore x = t^2 + c_1 t + c_2 \cdots\cdots(4)$

即 $\begin{cases} x(t) = t^2 + c_1 t + c_2 \\[1mm] y(t) = 2t + c_1 \end{cases}$

例 5 解 $\begin{cases} \dfrac{d}{dt}x + 2\dfrac{d}{dt}y = y + 4 \\[2mm] 2\dfrac{d}{dt}x + \dfrac{d}{dt}y = 2y + 2 \end{cases}$

解：

原方程組可寫成

$$\begin{cases} D_x + (2D-1)y = 4 & \cdots\cdots(1) \\ 2D_x + (D-2)y = 2 & \cdots\cdots(2) \end{cases}$$

$(1) \times 2 - (2)$ 得

$$3\frac{d}{dt}y = 2(y+4) - (2y+2) = 6$$

$$\therefore \frac{d}{dt}y = 2 \cdot y = 2t + c_1 \cdots\cdots(3)$$

代 $y = 2t + c_1$ 入(1)

$$\frac{d}{dt}x + 2\frac{d}{dt}(2t + c_1) = (2t + c_1) + 4$$

$$\therefore x' + 4 = (2t + c_1) + 4 \text{，即} x' = 2t + c_1 \text{，} x = t^2 + c_1 t + c_2$$

讀者在下列線性聯立方程組

$$\begin{cases} F_1(D)x + F_2(D)y = f(t) \\ F_3(D)x + F_4(D)y = g(t) \end{cases}$$

F_1，F_2，F_3，F_4 為 D 的常係數多項式，解答之 x，y 之任意常數之個數與 $\begin{vmatrix} F_1(D) & F_2(D) \\ F_3(D) & F_4(D) \end{vmatrix}$ 之次數相同。

隨堂練習

驗證 $\begin{cases} \dfrac{d}{dt}y = x \\ \dfrac{d}{dt}x = -y \end{cases}$，$x(0) = 1$，$y(0) = 0$ 之解為 $x = \cos t$，$y = \sin t$

◆ 作 業

1.　解 $\begin{cases} \dfrac{dx}{dt} = 3x - 4y \\[2mm] \dfrac{dy}{dt} = x - y \end{cases}$ ，$x(0) = 4$ ，$y(0) = 1$

Ans： $\begin{cases} x(t) = 4(1 + t)e^t \\[2mm] y(t) = (1 + 2t)e^t \end{cases}$

2.　解 $\begin{cases} \dfrac{dx}{dt} = 3x - y \\[2mm] \dfrac{dy}{dt} = -2x + 2y \end{cases}$ 但$x(0) = 90$ ，$y(0) = 150$

Ans： $\begin{cases} x(t) = 80e^t + 10e^{4t} \\[2mm] y(t) = 160e^t - 10e^{4t} \end{cases}$

3.　解 $\begin{cases} \dfrac{dx}{dt} = x - 2y \\[2mm] \dfrac{dy}{dt} = 4x + 5y \end{cases}$

Ans： $\begin{cases} x = e^{3t}(a\cos 2t + b\sin 2t) \\[2mm] y = e^{3t}(-(a + b)\cos 2t + (a - b)\sin 2t) \end{cases}$

4.　解 $\begin{cases} \dfrac{dx}{dt} = -x + 2y \\[2mm] \dfrac{dy}{dt} = 4x + y \end{cases}$

Ans： $\begin{cases} x = c_1 e^{3t} + c_2 e^{-3t} \\[2mm] y = 2c_1 e^{3t} - c_2 e^{-3t} \end{cases}$

5. 解 $\begin{cases} \dfrac{dx}{dt} = x + y \\ \dfrac{dy}{dt} = x - y \end{cases}$, $x(0) = 2$, $y(0) = -2$

Ans : $\begin{cases} x = 2\cos\sqrt{2}\,t \\ y = -2\cos\sqrt{2}\,t - 2\sqrt{2}\sin\sqrt{2}\,t \end{cases}$

6. 解 $\begin{cases} (D + 2)x + 3y = 0 \\ 3x + (D + 2)y = 2e^{2t} \end{cases}$

Ans : $\begin{cases} x = c_1 e^{-5t} + c_2 e^t - \dfrac{6}{7}e^{2t} \\ y = c_1 e^{-5t} - c_2 e^t + \dfrac{8}{7}e^{2x} \end{cases}$

◆ 2-8 冪級數法

本節我們要用冪級數法(Power-series Methods)解如下列形式之二階變數係數線性微分方程式(Linear Differential Equations withVairable Coefficients)

$$b_2(x)y'' + b_1(x)y' + b_0(x)y = 0$$

或 $\qquad y'' + P(x)y' + Q(x)y = 0$

在此 $P(x) = \dfrac{b_1(x)}{b_2(x)}$, $Q(x) = \dfrac{b_0(x)}{b_2(x)}$ 為可解析(Analytic)。

若函數 $f(x)$ 在 $x = a$ 處之任意階導函數均存在,則稱 $f(x)$ 在 $x = a$ 處為可解析,我們所熟知的多項式函數,$\sin x$,$\cos x$,e^x,……

都是到處可解析(Analytic Everywhere)，可解析函數之和，差與積也都是可解析。

　　若$y'' + P(x)y' + Q(x)y = 0$之$P(x)$及$Q(x)$在x_0處均爲可解析，那我們可直接用冪級數求算。否則要用其它方法，如Frobenius法。故冪級數解法過程中，可解析性之判斷是第一步也是最重要的一步。本書囿於程度，在$y'' + P(x)y' + Q(x)y = 0$中 $P(x)$，$Q(x)$ 均爲可解析，故可直接應用冪級數。

例 1　　解$y'' - xy' + y = 0$

解：

　　在本例$P(x) = -x$，$Q(x) = 1$均爲可解析，我們用冪級數：

令$y = \sum\limits_{n=0}^{\infty} a_n x^n$則

$$y' = \sum_{n=1}^{\infty} n a_n x^{n-1} \; , \; xy' = \sum_{n=1}^{\infty} n a_n x^n = \sum_{n=0}^{\infty} n a_n x^n$$

$$y'' = \sum_{n=2}^{\infty} n(n-1) a_n x^{n-2} = \sum_{n=0}^{\infty} (n+2)(n+1) a_{n+2} x^n$$

$$\therefore y'' - xy' + y$$

$$= \sum_{n=0}^{\infty} [(n+2)(n+1) a_{n+2} - n a_n + a_n] x^n = 0$$

得遞迴公式(Recurrence Formula)

$$a_{n+2} = \frac{n-1}{(n+2)(n+1)} a_n$$

$$a_2 = \frac{-1}{2 \cdot 1} a_0 = \frac{-1}{2!} a_0$$

$$a_3 = 0 a_1 = 0 \quad \therefore a_3 = a_5 = a_7 = \cdots = 0$$

$$a_4 = \frac{1}{4 \cdot 3} a_2 = \frac{1}{4 \cdot 3} \cdot \frac{-1}{2 \cdot 1} a_0 = \frac{-1}{4!} a_0$$

$$\cdots\cdots\cdots\cdots$$

$$y = a_0 + a_1 x + a_2 x^2 + a_3 x^3 + \cdots$$

$$= a_0 + a_1 x + \frac{-1}{2!} a_0 x^2 + (\frac{-1}{4!} a_0 x^4) + \cdots$$

$$= a_0(1 - \frac{x^2}{2!} - \frac{x^4}{4!} - \cdots) + a_1 x$$

例 2　解 $x^2 y - y'' = 0$

解：

本例 $P(x) = x^2$，$Q(x) = 0$ 均為可解析，故令 $y = \sum_{n=0}^{\infty} a_n x^n$

$$y'' = \sum_{n=0}^{\infty} (n+2)(n+1) a_{n+2} x^n$$

$$\therefore x^2 y - y'' = \sum_{n=0}^{\infty} a_n x^{n+2} - \sum_{n=0}^{\infty} (n+2)(n+1) a_{n+2} x^n$$

$$= \sum_{n=2}^{\infty} a_{n-2} x^n - \sum_{n=0}^{\infty} (n+2)(n+1) a_{n+2} x^n$$

$$= \sum_{n=2}^{\infty} a_{n-2} x^n - (2a_2 + 6a_3 x) - \sum_{n=2}^{\infty} (n+2)(n+1) a_{n+2} x^n$$

$$= -(2a_2 + 6a_3 x) + \sum_{n=2}^{\infty} [-(n+2)(n+1)) a_{n+2} + a_{n-2}] x^n$$

$$= 0$$

$$\therefore a_2 = a_3 = 0，a_{n+2} = \frac{1}{(n+1)(n+2)}a_{n-2}$$

$$或 a_{n+4} = \frac{1}{(n+3)(n+4)}a_n，$$

$$\therefore a_4 = \frac{1}{12}a_0，a_5 = \frac{1}{20}a_1，a_6 = \frac{1}{30}a_2 = 0，$$

$$a_{10} = a_{14} = \cdots\cdots = 0$$

$$又 a_3 = 0 \quad \therefore a_7 = a_{11} = \cdots\cdots = 0，a_8 = \frac{1}{56}a_4，$$

$$a_8 = \frac{1}{56} \cdot \frac{1}{12}a_0 = \frac{1}{672}a_0$$

$$a_9 = \frac{1}{72}a_5 = \frac{1}{72} \cdot \frac{1}{20}a_1 = \frac{1}{1440}a_1$$

$$\therefore y = a_0(1 + \frac{x^4}{12} + \frac{x^8}{672} + \cdots) + a_1(x + \frac{x^5}{20} + \frac{x^9}{1440} + \cdots)$$

以下是一個較複雜之例子：

例 3　解 $y'' - e^x y = 0$

解：

在本例 $P(x) = e^x$，$Q(x) = 0$ 均為可解析函數，與上二例不同

之處在於 $P(x)$ 不為 x 之多項式，利用 $e^x = \sum\limits_{n=0}^{\infty}(\frac{x^n}{n!})$，我們有：

令 $y = \sum\limits_{n=0}^{\infty}x^n$

則 $y'' = \sum\limits_{n=2}^{\infty}n(n-1)a_n x^{n-2} = \sum\limits_{n=0}^{\infty}(n+2)(n+1)a_{n+2}x^n$

$e^x = \sum\limits_{n=0}^{\infty} (\dfrac{x^n}{n!})$ 代以上結果入 $y'' - e^x y = 0$：

$y'' - e^x y$

$= \sum\limits_{n=0}^{\infty} (n+2)(n+1)a_{n+2}x^n - \sum\limits_{n=0}^{\infty} (\dfrac{x^n}{n!}) \sum\limits_{n=0}^{\infty} x^n$

$= \sum\limits_{n=0}^{\infty} (n+2)(n+1)a_{n+2}x^n$

$\quad - (1 + x + \dfrac{x^2}{2} + \dfrac{x^3}{6} + \cdots)(a_0 + a_1 x + a_2 x^2 + \cdots)$

$= (2a_2 + 6a_3 x + 12a_4 x^2 + 20a_5 x^3 + \cdots) - (a_0 + (a_0 + a_1)x$

$\quad + (\dfrac{a_0}{2} + a_1 + a_2)x^2 + (\dfrac{a_0}{6} + \dfrac{a_1}{2} + a_2 + a_3)x^3 + \cdots)$

$= (2a_2 - a_0) + (6a_3 - a_0 - a_1)x + (12a_4 - \dfrac{a_0}{2} - a_1 - a_2)x^2$

$\quad + (20a_5 - \dfrac{a_0}{6} - \dfrac{a_1}{2} - a_2 - a_3)x^3 + \cdots$

$= 0$

$\therefore 2a_2 - a_0 = 0$

$\quad 6a_3 - a_0 - a_1 = 0$

$\quad\quad 12a_4 - \dfrac{a_0}{2} - a_1 - a_2 = 0$

$\quad\quad 20a_5 - \dfrac{a_0}{6} - \dfrac{a_1}{2} - a_2 - a_3 = 0$

$\quad\quad \cdots\cdots$

解得

$a_2 = \dfrac{1}{2}a_0$，$a_3 = \dfrac{a_0 + a_1}{6}$，$a_4 = \dfrac{a_0 + a_1}{12}$，$a_5 = \dfrac{5a_0 + 4a_1}{120}\cdots$

$$\therefore y = a_0 + a_1 x + \frac{a_0}{2}x^2 + (\frac{a_0 + a_1}{6})x^3 + (\frac{a_0 + a_1}{12})x^4$$

$$+ (\frac{5a_0 + 4a_1}{120})x^5 + \cdots$$

$$= a_0(1 + \frac{1}{2}x^2 + \frac{1}{6}x^3 + \cdots) + a_1(x + \frac{1}{6}x^3 + \frac{1}{12}x^4 + \cdots)$$

隨堂練習

驗證 $y' + y = 0$，$y(0) = 1$ 之解為 $y = e^{-x}$

◆ 作　業

用本節之冪級數法解下列各題

1.　解 $y'' + y' + xy = 0$

Ans：$y = a_0(1 - \frac{1}{6}x^3 + \frac{1}{24}x^4 + \cdots) + a_1(x - \frac{x^2}{2} + \frac{x^3}{6} + \cdots)$

2.　解 $y'' - x^2 y' - y = 0$

Ans：$y = a_0(1 + \frac{x^2}{2} + \frac{x^4}{24} + \cdots) + a_1(x + \frac{x^3}{6} + \frac{1}{120}x^5 + \cdots)$

3.　解 $y' + xy = 0$，$y(0) = 2$

Ans：$y = 2e^{\frac{x^2}{2}}$

4.　解 $y'' = xy$

Ans：$y = a_0(1 + \frac{1}{6}x^3 + \frac{1}{180}x^6 + \cdots) + a_1(x + \frac{1}{12}x^4 + \frac{1}{504}x^7 + \cdots)$

◆2-9 可降階微分方程式

有些高階微分方程式可用適當的變數變換而化成較低階微分方程式，這類微分方程式稱為可降階微分方程式，在本節我們討論幾種這類題型。

型式A

$$y^{(n)} = f(x)$$

這類問題直覺地可重複積分而得到解答。

以 $y'' = f(x)$ 為例：

$$\because y'' = (y')' = f(x)$$

$$\therefore y' = \int f''(x)dx + c_1$$

再對 x 積分 $y = \int [\int f''(x)dx]dx + c_1 x + c_2$

例 1　解 $y'' - x$

解：

$$y' = \int x\,dx = \frac{x^2}{2} + c_1$$

$$y = \int \left(\frac{x^2}{2} + c_1 \right) dx = \frac{1}{6} x^3 + c_1 x + c_2$$

隨堂練習

若 $xy''' = 1$，求 $y = ?$

提示：$y = \dfrac{1}{2}x^2 \ln x + c_1 x^2 + c_2 x + c_3$

型式 B

$$y'' = f(x, y') \text{ 或 } y'' = f(y, y')$$

m 階線性常微分方程式($m > 1$)若缺 x 項或 y 項時，我們可考慮用降階法解之。令 $y' = \dfrac{dy}{dx} = p$，則 $y'' = \dfrac{dp}{dx} = \dfrac{dp}{dy}\dfrac{dy}{dx} = p\dfrac{dp}{dy}$，而得到 $m - 1$ 階方程式，詳言之：

(1) 對不含 y 之二階微分方程式，即 $y'' = f(x, y')$：

可令 $\dfrac{d}{dx}y = p$，則 $\dfrac{d^2}{dx^2}y = \dfrac{d}{dx}p$，代入原方程式

得 $\dfrac{d}{dx}p = f(x, p)$，而為一階微分方程式。

(2) 對不含 x 之二階微分方程式，即 $y'' = f(y, y')$：

可令 $\dfrac{d}{dx}y = p$，則 $\dfrac{d^2y}{dx^2} = p\dfrac{dp}{dy}$，代入原方程式

得 $p\dfrac{dy}{dp} = f(y, p)$，而為一階微分方程式。

例 2　解 $(1 + x^3)y'' = 3x^2 y'$

解：

$$(1 + x^3)y'' = 3x^2 y' \text{ , } y'' = \frac{3x^2}{1 + x^3}y' \quad (\text{不含 } y \text{，即 } y'' = f(x, y'))$$

令 $y' = p$ 則上式變為 $p' = \dfrac{3x^2}{1+x^3}p$，即 $\dfrac{dp}{dx} = \dfrac{3x^2}{1+x^3}p$

$\therefore \dfrac{dp}{p} = \dfrac{3x^2}{1+x^3}dx$

$\ln p = \ln(1+x^3) + c_1$

$e^{\ln p} = e^{\ln(1+x^3)+c_1}$

即 $p = c_2(1+x^3)$，$\dfrac{dy}{dx} = c_2(1+x^3)$

$\therefore y = c_2 x + \dfrac{c_2}{4}x^4 + c_3$

例 3　解 $y''(1+e^x) + y' = 0$

解：

令 $y' = p$，則 $y'' = p'$

$\therefore$ 原方程式變為

$p'(1+e^x) + p = 0$，$\dfrac{dp}{dx}(1+e^x) + p = 0$，$\dfrac{dp}{p} = -\dfrac{dx}{1+e^x}$

解之 $\ln p = -x + \ln(1+e^x) + c_1$

$\qquad\qquad = \ln(e^{-x}) + \ln(1+e^x) + c_1 = \ln(e^{-x}+1) + c_1$

$p = e^{\ln(e^{-x}+1)+c_1} = c_2 e^{\ln(e^{-x}+1)} = c_2(e^{-x}+1)$

即 $y' = c_2(e^{-x}+1)$

$\therefore y = -c_2 e^{-x} + c_2 x + c_3$

隨堂練習

解：$xy'' + y' = 0$

提示：$y = c_1 \ln x + c_2$

例 4 解 $yy'' = (y')^2$

解：

此方程式不含 x，令 $y' = p$ 則 $y'' = p\dfrac{dp}{dy}$，代入原方程式得：

$$yp\frac{dp}{dy} = p^2$$

$(1)\, p \neq 0$ 時

$\dfrac{dp}{p} = \dfrac{dy}{y}$，$\ln p = \ln y + c_1$，$e^{\ln p} = e^{\ln y + c_1}$

即 $p = c_2 y$，或 $y' - c_2 y = 0$

取 $\text{IF} = e^{\int -c_2 dx} = e^{-c_2 x}$

$\therefore (e^{-c_2 x} y)' = 0$

得 $e^{-c_2 x} y = c_3$ 或 $y = c_3 e^{c_2 x}$

$(2)\, p = 0$ 時，$y' = 0$，得 $y = c_4$

型式 C：一階 n 次 ODE 可因式分解者

$$p^n + P_1(x,\, y)p^{n-1} + P_2(x,\, y)p^{n-2} + \cdots + P_{n-1}(x,\, y)p + P_n(x,\, y)$$
$= 0$，其中 $p = y'$ ···································· (1)

若(1)可寫成下列因子之乘積，即

$$p^n + P_1(x, y)p^{n-1} + P_2(x, y)p^{n-2} + \cdots + P_{n-1}(x, y)p$$
$$+ P_n(x, y)$$
$$= (p - F_1)(p - F_2)\cdots(p - F_n)$$

F_i 為 x，y 之函數。

若 $p - F_1 = 0$，$p - F_2 = 0$，$\cdots p - F_n = 0$ 之解分別為 $\phi_1(x, y) = 0$，$\phi_2(x, y) = 0$，$\cdots$ 則 $\phi_1(x, y)\phi_2(x, y)\cdots = 0$ 是為所求。

例 5　解 $x^2p^2 + xyp - 6y^2 = 0$

解：

$$x^2p^2 + xyp - 6y^2 = (xp + 3y)(xp - 2y)$$

(1) $xp + 3y = 0$ 得 $p + \dfrac{3}{x}y = y' + \dfrac{3}{x}y = 0$

取 IF $= e^{\int \frac{3}{x}\,dx} = e^{3\ln x} = x^3$

$\therefore (x^3y)' = 0$ 得 $x^3y = c$ 或 $y = cx^{-3}$ 即 $y - cx^{-3} = 0$

(2) $xp - 2y = 0$ 得 $p - \dfrac{2}{x}y = y' - \dfrac{2}{x}y = 0$

取 IF $= e^{-\int \frac{2}{x}y\,dy} = \dfrac{1}{x^2}$

$\therefore (\dfrac{y}{x^2})' = 0$ 得 $\dfrac{y}{x^2} = c$ 或 $y = cx^2$，即 $y - cx^2 = 0$

$\therefore (y - cx^{-3})(y - cx^2) = 0$ 是為所求

例 6 解 $p^2 - (x + 2y)p + 2xy = 0$

解：

$$p^2 - (x + 2y)p + 2xy = (p - x)(p - 2y) = 0$$

(1) $p - x = 0$ 即 $y' - x = 0$

$$y' = x \quad \therefore y = \frac{x^2}{2} + c \text{ 或 } y - \frac{x^2}{2} - c = 0$$

(2) $p - 2y = 0$ 即 $y' - 2y = 0$

取 IF $= e^{\int -2x} = e^{-2x}$

$\therefore (e^{-2x}y)' = 0$ 得 $e^{-2x}y = c$，$y = ce^{2x}$ 即 $y - ce^{2x} = 0$

$\therefore (y - \frac{x^2}{2} - c)(y - ce^{2x}) = 0$ 是為所求

◆ **作 業**

下列各題之 $p = \dfrac{dy}{dx}$

1. 解 $p^3 - (x + y)p^2 + xyp = 0$

Ans： $(y - c)(y - x^2 - c)(y - ce^x) = 0$

2. 解 $xyp^2 + (x^2 - y^2)p - xy = 0$

Ans： $(y - cx)(y^2 + x^2 - c) = 0$

3. 解 $y'' = xe^x$

Ans： $y = (x - 2)e^x + c_1x + c_2$

4. 解 $y''' = x + \sin x$

Ans：$y = \dfrac{1}{24}x^3 + \cos x + \dfrac{c_1}{2}x^2 + c_2 x + c_3 x$

5. 解 $y'' - 2yy' = 0$

Ans：$\dfrac{1}{\sqrt{c_1}} \tan^{-1}\left(\dfrac{y}{\sqrt{c_1}}\right) = x + c_2$

6. 解 $y'' = (y')^3 + y'$

Ans：$y = \sin^{-1}(c_2 e^x) + c_1$

7. 解 $p^2 - (2x + 3y)p + 6xy = 0$

Ans：$(y - x^2 - c)(\ln y - 3x - c) = 0$

8. 解 $xy'' + y' = 0$

Ans：$y = c_1 \ln x + c_2$

9. 解 $xy'' + y' = x$

Ans：$y = \dfrac{x^2}{4} + c_1 \ln x + c_2$

10. 解 $y'' = (y')^2 - 1$

Ans：$\ln \sec(x + c_1) + c_2$

◆ ★2-10　正合方程式

註：本節較難，可略之，不會影響到後面章節。

若微分方程式

$$f(y^{(n)}, y^{(n-1)}, \cdots, y', y, x) = Q(x) \quad \cdots\cdots\cdots\cdots\cdots\cdots\cdots \quad (1)$$

能藉由

$$g(y^{(n-1)}, y^{(n-2)}, \cdots, y', y, x) = Q_1(x) + c \quad \cdots\cdots\cdots\cdots\cdots \quad (2)$$

或更低階之方程式微分而得到，我們便稱方程式(1)為正合方程式。變數係數齊性 ODE 可用下列定理驗判方程式是否為正合：

定理：$a_0(x)y'' + a_1(x)y' + a_2(x)y = 0$

　　　　為正合之充要條件為 $a_0'' - a_1' + a_2 = 0$

　　　　a_0，a_1，a_2 均為 x 之可微分函數。

證明：「$\Rightarrow$」

　　　　令 $a_0(x)y'' + a_1(x)y' + a_2(x)y = 0$，可由微分下式而得

　　　　$R_0(x)y' + R_1(x)y = c$

　　　　即 $R_0'y' + R_0y'' + R_1'y + R_1y' = 0$

　　　　或 $R_0y'' + (R_0' + R_1)y' + R_1'y = 0$ ································· (3)

　　　　比較(3)與 $a_0y'' + a_1y' + a_2y = 0$

　　　　得：$a_0 = R_0$，$a_1 = R_0' + R_1$，$a_2 = R_1'$

　　　　$\therefore a_0'' - a_1' + a_2 = R_0'' - (R_0' + R_1)' + R_1'$

　　　　　　　　　　　　$= R_0'' - R_0'' - R_1' + R_1'$

　　　　　　　　　　　　$= 0$

　　　　「$\Leftarrow$」

　　　　$a_0y'' + a_1y' + a_2y = 0$ 滿足 $a_0'' - a_1' + a_2 = 0$ 則

　　　　$\dfrac{d}{dx}[a_0y' + (a_1 - a_0')y] = a_0'y' + a_0y'' + (a_1 - a_0'')y + (a_1 - a_0')y'$

　　　　　　　　　　　　　　　　　　$= a_0y'' + a_1y' + a_2y$

　　　　即 $a_0y'' + a_1y' + a_2y = 0$ 為正合

　　　　我們可證明：方程式 $a_0(x)y''' + a_1(x)y'' + a_2(x)y' + a_3(x)y = 0$

　　　　之正合條件為

$a_0''' - a_1'' + a_2' - a_3 = 0$

以此可推廣到更高階情況。

在實算上，若方程式為正合，我們可用表列法求解，其方法將在下列各例中說明之。

例1 試判斷 $xy'' + (x + 1)y' + y = 0$ 為正合，並解之。

解：

$a_0(x) = x$，$a_1(x) = x + 1$，$a_2(x) = 1$

$a_0'' - a_1' + a_2 = 0 - 1 + 1 = 0$

$\therefore xy'' + (x + 1)y' + y = 0$ 為正合

現在我們用表列法解上述方程式：

$$xy'' + (x + 1)y' + y$$

$$(xy')' = \underline{\quad xy'' + \qquad\qquad y' \quad}$$

$$xy' + y$$

$$(xy)' = \underline{\qquad\qquad xy' + y \quad}$$

得 $(xy' + xy)' = 0$

$\therefore xy' + xy = c$

$y' + y = \dfrac{c}{x}$，這是第 1 章之一階線性微分方程式，$\text{IF} = e^x$

$(e^x y)' = \dfrac{c}{x} e^x$

$\therefore e^x y = \displaystyle\int \dfrac{c}{x} e^x dx + c_1$

即 $y = e^{-x} \displaystyle\int \dfrac{c}{x} e^x dx + c_1 e^{-x}$

例 2 解 $(x^2 - x)y'' + (3x - 2)y' + y = 0$

解：

$$a_0(x) = x^2 - x \,,\, a_1(x) = 3x - 2 \,,\, a_2(x) = 1$$

$$a_0'' - a_1' + a_2 = 0 \quad \therefore (x^2 - x)y'' + (3x - 2)y' + y = 0 \text{ 為正合}$$

$$(x^2 - x)y'' + (3x - 2)y' + y$$

$$((x^2 - x)y')' \quad \underline{(x^2 - x)y'' + (2x - 1)y'}$$

$$(x - 1)y' + y$$

$$((x - 1)y)' \quad \underline{(x - 1)y' + y}$$

$$\therefore (x^2 - x)y' + (x - 1)y = c$$

$$\text{或} \, xy' + y = \frac{c_1}{x - 1}$$

$$\Rightarrow y' + \frac{y}{x} = \frac{c_1}{x(x - 1)} \quad \therefore \text{取 IF} = e^{\int \frac{1}{x} dx} = x$$

$$\therefore (xy)' = \frac{c_1}{x - 1} \,,\, \text{解之} \, xy = c_1 \ln(x - 1) + c_2$$

例 3 解 $xy'' + xy' + y = 0$

解：

$$a_0(x) = x \,,\, a_1(x) = x \,,\, a_2(x) = 1 \,,$$

$$a_0'' - a_1' + a_2 = 0 - 1 + 1 = 0$$

$$\therefore xy'' + xy' + y = 0 \text{ 為正合}$$

現在我們用表列法來解此方程式：

$$xy'' \qquad + xy' + y$$

$$(xy')' = \underline{xy'' \qquad \quad + y'}$$

$$(x-1)y' + y$$

$$((x-1)y)' = \underline{(x-1)y' + y}$$

$$\therefore (xy' + (x-1)y) = 0$$

即$xy' + (x-1)y = c$ 或 $y' + \dfrac{x-1}{x}y = \dfrac{c}{x}$

$$IF = \exp\left(\int \dfrac{x-1}{x}dx\right) = \dfrac{1}{x}e^x$$

$$\left(\dfrac{1}{x}e^x y\right)' = \dfrac{c}{x} \cdot \dfrac{1}{x}e^x = \dfrac{c}{x^2}e^x$$

$$\therefore \dfrac{1}{x}e^x y = \int \dfrac{c}{x^2}e^x dx + c_1 = -\dfrac{c}{x}e^x + \int \dfrac{c}{x}e^x dx + c_1$$

即$y = -c + cxe^{-x}\int \dfrac{1}{x}e^x dx + c_1 xe^{-x}$

例 4 解$(x^2 + 1)y'' + 4xy' + 2y = -\sin x$

解：

$$a_0(x) = x^2 + 1 \text{，} a_1(x) = 4x \text{，} a_2(x) = 2$$

$$a_0'' - a_1' + a_2 = 2 - 4 + 2 = 0$$

$$\therefore (x^2 + 1)y'' + 4xy' + 2y = -\sin x \text{為正合}$$

$$(x^2+1)y'' + 4xy' + 2y = -\sin x$$

$$((x^2+1)y)' \quad \underline{(x^2+1)y'' + 2xy'}$$

$$2xy' + 2y$$

$$(2xy)' \quad \underline{2xy' + 2y}$$

$$\therefore ((x^2+1)y' + 2xy)' = -\sin x$$

$$(x^2+1)y' + 2xy = \cos x + c_1$$

$$y' + \frac{2x}{x^2+1}y = \frac{\cos x + c_1}{x^2+1} \text{ , IF} = e^{\int \frac{2x}{x^2+1}dx} = x^2+1$$

得 $((x^2+1)y)' = \cos x + c_1$

$$\therefore (x^2+1)y = \sin x + c_1 x + c_2$$

隨堂練習

驗證 $xy'' + y' = 4x$ 之解為 $y = x^2 + a\ln x + b$

◆ 作 業

1.　解 $(1+x^2)y'' + 2xy' = 2x^{-3}$

Ans：$y = c_1 + c_2\tan^{-1}x + \dfrac{1}{x}$

2.　解 $2y \cdot y''' + 6y''y' = 2$

Ans：$y^2 = 2x^2 + c_1 x + c_2$

3.　解 $(x^2+x+1)y''' + (6x+3)y'' + 6y' = 0$

Ans：$(x^2+x+1)y = a_2 x^2 + a_1 x + a_0$

4.　解 $3y^2y''' + 6y(y')^2 - 3y^2y' = 0$

Ans：$\ln(y^3 + c_1) = x + c_2$

拉氏轉換

◆ 3-1 Gamma 函數

在高等應用數學裡有許多重要的特殊函數，我們只介紹其中與拉氏轉換有關的 Gamma 函數。Gamma 函數之一般定義如下：

定義：$\Gamma(x) = \int_0^\infty t^{x-1} e^{-t} dt$，$x > 0$

定理：$\Gamma(n+1) = n\Gamma(n)$，n 為正整數

證明：
$$\Gamma(n+1) = \int_0^\infty t^n e^{-t} dt = \int_0^\infty t^n d(-e^{-t})$$
$$= \lim_{M \to \infty} (-t^n e^{-t}) \Big]_0^M - \int_0^\infty (-e^{-t}) dt^n$$
$$= \underbrace{\lim_{M \to \infty} (-M^n e^{-M} + 0)}_{0} + n \int_0^\infty t^{n-1} e^{-t} dt$$
$$= n \int_0^\infty t^{n-1} e^{-t} dt = n\Gamma(n)$$

由此我們可得 n 為正整數時：

$$\Gamma(n)=(n-1)\Gamma(n-1)=(n-1)[(n-2)\Gamma(n-2)]$$

$$=(n-1)(n-2)\Gamma(n-2)$$

$$=(n-1)(n-2)(n-3)\Gamma(n-3)\cdots$$

$$=(n-1)(n-2)(n-3)\cdots3\cdot2\cdot1$$

$$=(n-1)!$$

若 n 不為自然數，其計算方法可看例 2。

例 1　計算 (1) $\Gamma(5)$　(2) $\Gamma(3)$

解：

(1) $\Gamma(5)=4!=4\cdot3\cdot2\cdot1=24$

(2) $\Gamma(3)=2!=2\cdot1=2$

定理： $\Gamma\left(\dfrac{1}{2}\right)=\sqrt{\pi}$

證明： $\Gamma\left(\dfrac{1}{2}\right)=\displaystyle\int_0^\infty x^{-\frac{1}{2}}e^{-x}dx$ 　取 $y=x^{\frac{1}{2}}$ ， $dx=2ydy$

$$\therefore\Gamma\left(\frac{1}{2}\right)=\int_0^\infty y^{-1}e^{-y^2}\cdot2ydy=2\int_0^\infty e^{-y^2}dy \quad\cdots\cdots\cdots\cdots\cdots (1)$$

$$\Gamma^2\left(\frac{1}{2}\right)=2\int_0^\infty e^{-s^2}ds\cdot2\int_0^\infty e^{-t^2}dt$$

$$=4\int_0^\infty\int_0^\infty e^{-(s^2+t^2)}dsdt\cdots\cdots\cdots\cdots\cdots\cdots\cdots\cdots (2)$$

取 $s=r\cos\theta$ ， $t=r\sin\theta$ ， $0\leqq r<\infty$ ， $0\leqq\theta\leqq\dfrac{\pi}{2}$

$$|J| = \begin{vmatrix} \dfrac{\partial s}{\partial r} & \dfrac{\partial s}{\partial \theta} \\[2mm] \dfrac{\partial t}{\partial r} & \dfrac{\partial t}{\partial \theta} \end{vmatrix}_{+} = \begin{vmatrix} \cos\theta & -r\sin\theta \\ \sin\theta & r\cos\theta \end{vmatrix}_{+} = r$$

$$\therefore (2) = 4 \int_0^\infty \int_0^{\frac{\pi}{2}} re^{-r^2} d\theta dr$$

$$= 4 \int_0^\infty \frac{\pi}{2} re^{-r^2} dr$$

$$= 2\pi \left[-\frac{1}{2} e^{-r^2} \right]_0^\infty = \pi \quad \cdots\cdots\cdots\cdots\cdots\cdots\cdots\cdots\cdots\cdots\cdots \quad (3)$$

$$\therefore \Gamma^2\left(\frac{1}{2}\right) = \pi \text{，即} \Gamma\left(\frac{1}{2}\right) = \sqrt{\pi}$$

當 x 爲任一正實數時，$\Gamma(x+1) = x\Gamma(x)$ 亦成立。

| **例 2** | 計算(1)$\Gamma\left(\dfrac{5}{2}\right)$　(2)$\Gamma\left(\dfrac{11}{3}\right)$ |

解 ：

$$(1)\,\Gamma\left(\frac{5}{2}\right) = \frac{3}{2} \cdot \frac{1}{2} \Gamma\left(\frac{1}{2}\right) = \frac{3}{2} \cdot \frac{1}{2} \cdot \sqrt{\pi} = \frac{3\sqrt{\pi}}{4}$$

$$(2)\,\Gamma\left(\frac{11}{3}\right) = \frac{8}{3} \cdot \frac{5}{3} \cdot \frac{2}{3} \Gamma\left(\frac{2}{3}\right)$$

隨堂練習

驗證 $\Gamma(4) = 6$，$\Gamma\left(\dfrac{7}{2}\right) = \dfrac{15}{8}\sqrt{\pi}$

因為 $\Gamma(x+1) = x\Gamma(x)$，故可用 $\Gamma(x) = \dfrac{\Gamma(x+1)}{x}$ 之關係來計算 $x <$ 0 之情況。

例 3 求 (1) $\Gamma\left(-\dfrac{1}{2}\right)$ (2) $\Gamma\left(-\dfrac{3}{2}\right)$ (3) $\Gamma\left(-\dfrac{5}{2}\right)$

(4) $\Gamma(0)$，$\Gamma(-1)$，$\Gamma(-2)$

解：

(1) $\Gamma\left(-\dfrac{1}{2}\right) = \dfrac{\Gamma\left(\dfrac{1}{2}\right)}{-\dfrac{1}{2}} = -2\Gamma\left(\dfrac{1}{2}\right) = -2\sqrt{\pi}$

(2) $\Gamma\left(-\dfrac{3}{2}\right) = \dfrac{\Gamma\left(-\dfrac{1}{2}\right)}{-\dfrac{3}{2}} = -\dfrac{2}{3} \cdot (-2\sqrt{\pi}) = \dfrac{4}{3}\sqrt{\pi}$

(3) $\Gamma\left(-\dfrac{5}{2}\right) = \dfrac{\Gamma\left(-\dfrac{3}{2}\right)}{-\dfrac{5}{2}} = -\dfrac{2}{5}\left(\dfrac{4}{3}\sqrt{\pi}\right) = \dfrac{-8}{15}\sqrt{\pi}\cdots\cdots$

(4) $\Gamma(0)$，$\Gamma(-1)$，$\Gamma(-2)\cdots\cdots$ 均不存在(見習題 10)

隨堂練習

驗證 $\displaystyle\int_0^\infty x^{\frac{5}{2}} e^{-x}\,dx = \dfrac{15}{8}\sqrt{\pi}$

推論：$\displaystyle\int_0^\infty x^m e^{-nx}\,dx = \dfrac{\Gamma(m+1)}{n^{m+1}}$，$n > 0$，$m > -1$

證明：取 $nx = y$，$x = \dfrac{y}{n}$，$dx = \dfrac{1}{n}dy$

$$\therefore \int_0^\infty x^m e^{-nx}dx = \int_0^\infty \left(\frac{y}{n}\right)^m e^{-y} \cdot \frac{1}{n}dy$$

$$= \int_0^\infty \frac{1}{n^{m+1}}y^m e^{-y}dy$$

$$= \frac{\Gamma(m+1)}{n^{m+1}}$$

這個推論在爾後推導拉氏轉換公式時頗爲得用，堪稱爲本章之萬用公式。

例 4　求(1) $\displaystyle\int_0^\infty x^4 e^{-x}dx$　(2) $\displaystyle\int_0^\infty x^{\frac{3}{2}} e^{-x}dx$　(3) $\displaystyle\int_0^\infty x^{\frac{7}{4}} e^{-x}dx$

解：

(1) $\displaystyle\int_0^\infty x^4 e^{-x}dx = 4! = 24$

(2) $\displaystyle\int_0^\infty x^{\frac{3}{2}} e^{-x}dx = \Gamma\left(\frac{5}{2}\right) = \frac{3}{2}\frac{1}{2}\Gamma\left(\frac{1}{2}\right) = \frac{3}{4}\sqrt{\pi}$

(3) $\displaystyle\int_0^\infty x^{\frac{7}{4}} e^{-x}dx = \Gamma\left(\frac{11}{4}\right) = \frac{7}{4} \cdot \frac{3}{4} \cdot \Gamma\left(\frac{3}{4}\right)$

例 5　求 $\displaystyle\int_0^\infty x^3 e^{-2x}dx$

解：

$$\int_0^\infty x^3 e^{-2x} = \frac{3!}{(2)^{3+1}} = \frac{6}{16} = \frac{3}{8}$$

例 6 求 $\int_0^\infty \sqrt{x}\,e^{-\frac{x}{2}}\,dx$

解 :

$$\int_0^\infty \sqrt{x}\,e^{-\frac{x}{2}}\,dx \xlongequal{y=\frac{x}{2}} \int_0^\infty \sqrt{2}\sqrt{y}\,e^{-y} \cdot 2\,dy$$

$$= 2\sqrt{2}\int_0^\infty \sqrt{y}\,e^{-y}\,dy = 2\sqrt{2} \cdot \Gamma\!\left(\frac{3}{2}\right)$$

$$= 2\sqrt{2} \cdot \frac{1}{2}\sqrt{\pi} = \sqrt{2\pi}$$

或

$$\int_0^\infty \sqrt{x}\,e^{-\frac{x}{2}}\,dx = \frac{\Gamma\!\left(\dfrac{3}{2}\right)}{\left(\dfrac{1}{2}\right)^{\frac{1}{2}+1}} = \frac{\dfrac{1}{2}\Gamma\!\left(\dfrac{1}{2}\right)}{\left(\dfrac{1}{2}\right)^{\frac{3}{2}}} = \frac{\sqrt{\pi}}{2} \Big/ \left(\frac{1}{2}\right)^{\frac{3}{2}} = \sqrt{2\pi}$$

例 7 求 $\int_0^\infty x^2\,e^{-3x}\,dx$

解 :

$$\int_0^\infty x^2\,e^{-3x}\,dx \xlongequal{y=3x} \int_0^\infty \left(\frac{y}{3}\right)^2 e^{-y} \cdot \frac{1}{3}\,dy$$

$$= \frac{1}{27}\int_0^\infty y^2\,e^{-y}\,dy = \frac{2!}{27} = \frac{2}{27}$$

或

$$\int_0^\infty x^2 e^{-3x}\,dx = \frac{\Gamma(3)}{3^{2+1}} = \frac{2}{27}$$

隨堂練習

驗證 $\int_0^\infty x^2 e^{-\frac{x}{3}} dx = 54$

◆ 作　業

1. 求 $\int_0^\infty x e^{-2x} dx$

Ans：$\dfrac{1}{4}$

2. 求 $\int_0^\infty x^3 e^{-2x} dx$

Ans：$\dfrac{3}{8}$

3. 求 $\int_0^\infty x^2 e^{-5x} dx$

Ans：$\dfrac{2}{125}$

4. 求 $\int_0^\infty \dfrac{1}{\sqrt{x}} e^{-9x} dx$

Ans：$\dfrac{\sqrt{\pi}}{3}$

5. 求 $\int_0^\infty x^5 e^{-x^2} dx$

Ans：1(提示：取 $y = x^2$)

6. 若 $m > -1$，$n > 0$，求證 $\int_0^\infty x^m e^{-nx^2} dx = \dfrac{\Gamma\left(\dfrac{m+1}{2}\right)}{2n^{\frac{m+1}{2}}}$

(提示：取 $y = nx^2$，$n > 0$)

7. 若 $\int_0^\infty \dfrac{1}{x} e^{-2x} dx$

Ans：不存在

8. $\int_0^1 (-\ln x)^3 dx$

Ans：6(提示：取 $y = -\ln x$)

9. $\Gamma(0)$是否存在？

Ans：$\Gamma(0)$不存在(提示：利用$\Gamma(x+1) = x\Gamma(x)$之性質，

$\because \Gamma(1) = 0\Gamma(0) \Rightarrow 1 = 0\Gamma(0) \therefore \Gamma(0) = \dfrac{1}{0}$即不存在)

10. $\int_0^1 (-\ln x)^{\frac{1}{2}} dx$

Ans：$\dfrac{\sqrt{\pi}}{2}$ (提示：取 $y = -\ln x$)

11. $\int_0^\infty x^2 e^{-2x^2} dx$

Ans：$\dfrac{\sqrt{2\pi}}{16}$

◆3-2 拉氏轉換之定義

定義：任一函數$f(t)$之氏轉換(Laplace Transformation)$\mathcal{L}(f(t))$定
義為

$$\mathcal{L}(f(t)) = \int_0^\infty f(t) e^{-st} dt = F(s)$$

顯然一個函數$f(t)$其拉氏轉換成立之先決條件為上述積分必須
收斂。

　　根據拉氏轉換之定義，除了有$\mathcal{L}(af(t))=a\mathcal{L}(f(t))$及$\mathcal{L}(f(t)\pm g(t))$ $=\mathcal{L}(f(t))\pm\mathcal{L}(g(t))$之明顯性質外，我們透過Gamma函數可得一些基本常用函數之拉氏轉換結果，彙總於下面定理：

定理：$(1)\mathcal{L}(1)=\dfrac{1}{s}$ ，$s>0$

$(2)\mathcal{L}(t^p)=\dfrac{\Gamma(p+1)}{s^{p+1}}$ ，$s>0$，$p>-1$

$(3)\mathcal{L}(t^n)=\dfrac{n!}{s^{n+1}}$ ，$n=1,2\cdots$，$s>0$

$(4)\mathcal{L}(e^{at})=\dfrac{1}{s-a}$ ，$s>a$

$(5)\mathcal{L}(\cos\omega t)=\dfrac{s}{s^2+\omega^2}$ ，$s>0$

$(6)\mathcal{L}(\sin\omega t)=\dfrac{\omega}{s^2+\omega^2}$ ，$s>0$

$(7)\mathcal{L}(\cosh\omega t)=\dfrac{s}{s^2-\omega^2}$ ，$s>|\omega|$

$(8)\mathcal{L}(\sinh\omega t)=\dfrac{\omega}{s^2-\omega^2}$ ，$s>|\omega|$

證明：$(1)\mathcal{L}(1)=\displaystyle\int_0^\infty 1\cdot e^{-st}dt=\dfrac{1}{s}e^{-st}\Big]_0^\infty=\dfrac{1}{s}$ ，$s>0$

$(2)\mathcal{L}(t^p)=\displaystyle\int_0^\infty t^p\cdot e^{-st}dt=\int_0^\infty\left(\dfrac{y}{s}\right)^p e^{-y}\dfrac{1}{s}dy$ ，（取$y=st$）

$=\dfrac{1}{s^{p+1}}\displaystyle\int_0^\infty y^p e^{-y}dy=\dfrac{\Gamma(p+1)}{s^{p+1}}$ 　由(2)

$(3)\mathcal{L}(t^n)=\dfrac{\Gamma(n+1)}{s^{n+1}}=\dfrac{n!}{s^{n+1}}$

$(4)\mathcal{L}(e^{at})=\displaystyle\int_0^\infty e^{at}\cdot e^{-st}dt=\int_0^\infty e^{-(s-a)t}dt=\dfrac{1}{s-a}$ ，$s>a$

(5) $\because \int_0^\infty e^{i\omega t} e^{-st} dt = \int_0^\infty e^{-(s-i\omega)t} dt = \dfrac{1}{s-i\omega}$

$$= \dfrac{1}{s-i\omega} \cdot \dfrac{s+i\omega}{s+i\omega} = \dfrac{s+i\omega}{s^2+\omega^2}$$

$$\therefore \mathcal{L}(\cos\omega t) = \text{Re}\left\{\int_0^\infty e^{i\omega t} e^{-st} dt\right\} = \text{Re}\left\{\dfrac{s+i\omega}{s^2+\omega^2}\right\} = \dfrac{s}{s^2+\omega^2} 及$$

(6) $\mathcal{L}(\sin\omega t) = \text{Im}\left\{\int_0^\infty e^{i\omega t} e^{-st} dt\right\} = \text{Im}\left\{\dfrac{s+i\omega}{s^2+\omega^2}\right\} = \dfrac{\omega}{s^2+\omega^2}$

(7) $\mathcal{L}(\cosh\omega t) = \mathcal{L}\left(\dfrac{e^{\omega t}+e^{-\omega t}}{2}\right) = \dfrac{1}{2}\left[\mathcal{L}(e^{\omega t})+\mathcal{L}(e^{-\omega t})\right]$

$$= \dfrac{1}{2}\left[\dfrac{1}{s-\omega t}+\dfrac{1}{s+\omega}\right] = \dfrac{s}{s^2-\omega^2}$$

(8) $\mathcal{L}(\sinh\omega t) = \mathcal{L}\left(\dfrac{e^{\omega t}-e^{-\omega t}}{2}\right) = \dfrac{1}{2}\left[\mathcal{L}(e^{\omega t})-\mathcal{L}(e^{-\omega t})\right]$

$$= \dfrac{1}{2}\left[\dfrac{1}{s-\omega}-\dfrac{1}{s+\omega}\right] = \dfrac{\omega}{s^2-\omega^2}$$

例 1　$\mathcal{L}\left(\dfrac{1}{3}\right) = \dfrac{1}{3}\mathcal{L}(1) = \dfrac{1}{3}\dfrac{1}{s}$ ，$s > 0$

$\mathcal{L}(t^4) = \dfrac{4!}{s^{4+1}} = \dfrac{24}{s^5}$ ，$s > 0$

$\mathcal{L}(\cos 3t) = \dfrac{s}{s^2+3^2} = \dfrac{s}{s^2+9}$ ，$s > 0$

$\mathcal{L}(e^{3t}) = \dfrac{1}{s-3}$ ，$s > 3$

例 2　求 (1) $\mathscr{L}(\sin 2t\cos 2t)$　(2) $\mathscr{L}(4\cos^3 t - 3\cos t)$

解：

$(1)\sin 2t\cos 2t = \dfrac{1}{2}\sin 4t$

$\therefore \mathscr{L}(\sin 2t\cos 2t) = \mathscr{L}\left(\dfrac{1}{2}\sin 4t\right)$

$= \dfrac{1}{2}\mathscr{L}(\sin 4t) = \dfrac{1}{2}\dfrac{4}{s^2 + 4^2} = \dfrac{2}{s^2 + 16}$ ，$s > 0$

$(2)4\cos^3 t - 3\cos t = \cos 3t$

$\therefore \mathscr{L}(4\cos^3 t - 3\cos t) = \mathscr{L}(\cos 3t) = \dfrac{s}{s^2 + 3^2} = \dfrac{s}{s^2 + 9}$ ，$s > 0$

例 3　用定義求 $\mathscr{L}(te^t)$

解：

$\mathscr{L}(te^t) = \displaystyle\int_0^\infty te^t \cdot e^{-st}dt$

$= \displaystyle\int_0^\infty te^{-(s-1)t}dt = \dfrac{1}{(s-1)^2}$ ，$s > 1$

例 4　用定義求 $\mathscr{L}(e^{2t}\cos t)$

解：

$\mathscr{L}(e^{2t}\cos t) = \displaystyle\int_0^\infty e^{2t}\cos t \cdot e^{-st}dt$

$= \mathrm{Re}\left\{\displaystyle\int_0^\infty e^{2t}e^{it}e^{-st}dt\right\}$

$$= \text{Re}\left\{ \int_0^\infty e^{-(s-2-i)t} dt \right\}$$

$$= \text{Re}\left\{ \frac{1}{(s-2)-i} \right\}$$

$$= \text{Re}\left\{ \frac{s-2+i}{[(s-2)-i][(s-2)+i]} \right\}$$

$$= \text{Re}\left\{ \frac{s-2+i}{s^2-4s+5} \right\}$$

$$= \frac{s-2}{s^2-4s+5}$$

隨堂練習

試寫出下列拉氏轉換之結果

(1) $\mathcal{L}(t^3)$ (2) $\mathcal{L}(5 \cos 2t)$ (3) $\mathcal{L}(4e^{3t})$

Ans： (1) $\dfrac{6}{s^4}$ (2) $\dfrac{10s}{s^2+4}$ (3) $\dfrac{4}{s-3}$

◆ 作　業

1. 用定義計算(1) $\mathcal{L}\left(\dfrac{1}{3}t^2\right)$ (2) $\mathcal{L}(\sqrt{2}\,t^{\frac{1}{3}})$

Ans： (1) $\dfrac{1}{3} \cdot \dfrac{2}{s^3}$ (2) $\sqrt{2} \cdot \dfrac{\dfrac{1}{3}\Gamma\left(\dfrac{1}{3}\right)}{s^{\frac{4}{3}}}$

2. 求 $\mathcal{L}(at - \sin bt)$

Ans： $\dfrac{a}{s^2} - \dfrac{b}{s^2+b^2}$

3. 求 $\mathcal{L}((a+bt)^2)$

Ans ： $\dfrac{2b^2}{s^3}+\dfrac{2ab}{s^2}+\dfrac{a}{s}$

4. 用定義計算 (1) $\mathcal{L}(t^2 e^t)$ 　(2) $\mathcal{L}(t^2 e^{-t})$

Ans ： (1) $\dfrac{2}{(s-1)^3}$ 　(2) $\dfrac{2}{(s+1)^3}$

5. 求 $\mathcal{L}(2t-1)$

Ans ： $\dfrac{2}{s^2}-\dfrac{1}{s}$

6. 試證 $\mathcal{L}(f_1(t)+f_2(t))=\mathcal{L}(f_1(t)+\mathcal{L}(f_2(t)))$

7. 用定義計算 (1) $\mathcal{L}\!\left(\dfrac{1}{t^3}\right)$ 　(2) $\mathcal{L}\!\left(\dfrac{1}{\sqrt{t}}\right)$

Ans ： (1) 不存在　(2) $\sqrt{\dfrac{\pi}{s}}$

8. 求 $\mathcal{L}(u(t))$ ，

$$u(t)=\begin{cases} 0 \text{ , } t<0 \\ 1 \text{ , } t\geqq 0 \end{cases}$$

Ans ： $\dfrac{1}{s}$

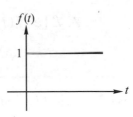

9. 試用單步函數表示如右圖，並求
$\mathcal{L}(f(t))$

Ans ： $f(t)=2(u(t-\alpha)-u(t-\beta))$
$\mathcal{L}(f(t))=\dfrac{2}{s}(e^{-\alpha s}-e^{-\beta s})$

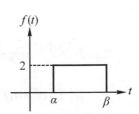

10. 求 $\mathcal{L}(\cos^2\omega t)$

Ans ： $\dfrac{1}{2s}+\dfrac{s}{2s^2+8\omega^2}$

11. 求 $\mathcal{L}(\sin(\omega t + \theta))$

Ans： $\cos\theta \dfrac{\omega}{s^2 + \omega^2} + \sin\theta \dfrac{s}{s^2 + \omega^2}$

12. 已知 $\mathcal{L}(\cos\omega t) = \dfrac{s}{s^2 + \omega^2}$，求 $\displaystyle\int_0^\infty e^{-ax}\cos bx\,dx$，$a > 0$

Ans： $\dfrac{a}{a^2 + b^2}$

◆ 3-3 拉氏轉換之性質

上節我們了解如何應用拉氏轉換之定義來計算轉換，本節我們將介紹拉氏轉換之一些性質，可大幅地簡化計算。

下列定理均假設 $\mathcal{L}\{f(t)\}$ 存在且 $\mathcal{L}\{f(t)\} = F(s)$

定理： $\mathcal{L}\{e^{at}f(t)\} = F(s - a)$

證明： $\because \mathcal{L}(f(t)) = \displaystyle\int_0^\infty e^{-st}f(t)dt = F(s)$

$\therefore \mathcal{L}\{e^{at}f(t)\} = \displaystyle\int_0^\infty e^{-st}[e^{at}f(t)]dt = \int_0^\infty e^{-(s-a)t}f(t)dt$

$\qquad\qquad = F(s - a)$

例 1 求 $\mathcal{L}(e^{at}\sin t)$

解：

$$\mathcal{L}(\sin t) = \frac{1}{s^2 + 1} = F(s)$$

$$則 \mathcal{L}(e^{at}\sin t) = F(s - a) = \frac{1}{(s - a)^2 + 1}$$

例 2 　求 $\mathcal{L}(e^{-t}\cos 2t)$

解 ：

$$\because \mathcal{L}(\cos\omega t)=\frac{s}{s^2+\omega^2}$$

$$\therefore \mathcal{L}(\cos 2t)=\frac{s}{s^2+4}=F(s)$$

$$\mathcal{L}(e^{-t}\cos 2t)=F(s+1)=\frac{s+1}{(s+1)^2+4}=\frac{s+1}{s^2+2s+5}$$

隨堂練習

$$\mathcal{L}(t^2)=\frac{2}{s^3}\,利用此結果驗證\mathcal{L}(e^{-3t}t^2)=\frac{2}{(s+3)^3}$$

定理：$\mathcal{L}\{f(at)\}=\frac{1}{a}F\left(\frac{s}{a}\right)$

證明：$\mathcal{L}\{f(at)\}=\int_0^\infty e^{-st}f(at)dt$，取 $y=at$，$t=\frac{y}{a}$

$$=\int_0^\infty e^{-s\left(\frac{y}{a}\right)}f(y)\frac{1}{a}dy$$

$$=\frac{1}{a}\int_0^\infty e^{-\left(\frac{s}{a}\right)y}f(y)dy$$

$$=\frac{1}{a}F\left(\frac{s}{a}\right)$$

例 3　(1)$f(t) = \cos t$，$\mathcal{L}\{f(t)\} = \dfrac{s}{1 + s^2} = F(s)$，則

$$\mathcal{L}\{f(\omega t)\} = \frac{1}{\omega} F\left(\frac{s}{\omega}\right) = \frac{1}{\omega} \frac{\dfrac{s}{\omega}}{1 + \left(\dfrac{s}{\omega}\right)^2} = \frac{s}{s^2 + \omega^2}$$

(2)$f(t) = t^n$，$\mathcal{L}(f(t)) = \dfrac{n!}{s^{n+1}} = F(s)$ n為正整數，則

$$\mathcal{L}\{f(3t)\} = \frac{1}{3} F\left(\frac{s}{3}\right) = \frac{1}{3} \cdot \frac{n!}{\left(\dfrac{s}{3}\right)^{n+1}} = \frac{3^n \cdot n!}{s^{n+1}}$$

讀者可試從定義驗證之。

例 4　求$\mathcal{L}(e^{2t} \sin 2t)$

解：

(方法一)

$$\mathcal{L}(\sin 2t) = \frac{2}{s^2 + 4} = F(s)$$

$$\therefore \mathcal{L}(e^{2t} \sin 2t) = F(s - 2) = \frac{2}{(s - 2)^2 + 4}$$

(方法二)

$$\mathcal{L}(\sin t) = \frac{1}{s^2 + 1} = F(s)，$$

$$\mathcal{L}(e^t \sin t) = F(s-1) = \frac{1}{(s-1)^2 + 1} = G(s)$$

$$\therefore \mathcal{L}(e^{2t} \sin 2t) = \frac{1}{2} G\left(\frac{s}{2}\right) = \frac{1}{2} \cdot \frac{1}{\left(\frac{s}{2} - 1\right)^2 + 1}$$

$$= \frac{1}{2} \cdot \frac{1}{\left(\frac{s}{2} - 1\right)^2 + 1}$$

$$= \frac{2}{(s-2)^2 + 4}$$

隨堂練習

驗證 $\mathcal{L}(e^{-bt} \cos bt) = \dfrac{s+b}{(s+b)^2 + b^2}$

定理：若 $\mathcal{L}\{f(t)\} = F(s)$ 則 $\mathcal{L}\{t^n f(t)\} = (-1)^n \dfrac{d^n}{ds^n} F(s)$

證明：(只證 $n = 1$，2 之情況)

$$F(s) = \int_0^\infty e^{-st} f(t) dt$$

$$則 \frac{d}{ds} F(s) = \frac{d}{ds} \int_0^\infty e^{-st} f(t) dt = \int_0^\infty \frac{\partial}{\partial s} (e^{-st}) f(t) dt$$

$$= \int_0^\infty (-t) e^{-st} f(t) dt = (-1) \int_0^\infty e^{-st} t f(t) dt$$

$$= (-1) \mathcal{L}\{t f(t)\}$$

$$\therefore \mathcal{L}\{t f(t)\} = (-1) \frac{d}{ds} F(s)$$

$$\frac{d^2}{ds^2}F(s) = \frac{d^2}{ds^2}\int_0^\infty e^{-st}f(t)dt$$

$$= \frac{d}{ds}(-1)\int_0^\infty e^{-st} \cdot tf(t)dt$$

$$= (-1)\int_0^\infty \frac{\partial}{\partial s}e^{-st} \cdot tf(t)dt$$

$$= (-1)\int_0^\infty (-t)e^{-st} \cdot tf(t)dt$$

$$= (-1)^2\int_0^\infty e^{-st} \cdot t^2 f(t)dt$$

$$= (-1)^2\mathcal{L}\{t^2 f(t)\}$$

$$\therefore \mathcal{L}\{t^2 f(t)\} = (-1)^2\frac{d^2}{ds^2}F(s)$$

例 5 求 $\mathcal{L}(\sin t + t\cos t)$

解：

$$\mathcal{L}(\sin t + t\cos t) = \mathcal{L}(\sin t) + \mathcal{L}(t\cos t)$$

$$= \frac{1}{1+s^2} + (-1)\frac{d}{ds}\mathcal{L}(\cos t)$$

$$= \frac{1}{1+s^2} - \frac{d}{ds}\frac{s}{1+s^2}$$

$$= \frac{1}{1+s^2} - \frac{(1+s^2) - s \cdot 2s}{(1+s^2)^2} = \frac{2s^2}{(1+s^2)^2}$$

例 6　求 $\mathscr{L}(t^2e^{3t})$

解：

$$\mathscr{L}(t^2e^{3t}) = (-1)^2\frac{d^2}{ds^2}\mathscr{L}(e^{3t}) = \frac{d^2}{ds^2}\frac{1}{(s-3)} = \frac{2}{(s-3)^3}$$

別解：

$$\because \mathscr{L}(t^2) = \frac{2}{s^3} = F(s)$$

$$\therefore \mathscr{L}(t^2e^{3t}) = F(s-3) = \frac{2}{(s-3)^3}$$

例 7　求 $\mathscr{L}(t\cos 2t)$

解：

$$\mathscr{L}(\cos 2t) = \frac{s}{s^2+4}$$

$$\therefore \mathscr{L}(t\cos 2t) = (-1)\frac{d}{ds}\frac{s}{s^2+4} = -\frac{(s^2+4) - s\cdot 2s}{(s^2+4)^2}$$

$$= \frac{s^2-4}{(s^2+4)^2}$$

隨堂練習

請至少用 3 種方法驗證 $\mathscr{L}(t^2e^t) = \dfrac{2}{(s-1)^3}$

定理：若 $\mathscr{L}(f(t)) = F(s)$，且 $\displaystyle\lim_{t\to 0}\frac{f(t)}{t}$ 存在，則 $\mathscr{L}\left(\dfrac{f(t)}{t}\right) = \displaystyle\int_s^\infty F(\lambda)d\lambda$

證明：$\displaystyle\int_s^\infty F(\lambda)d\lambda = \int_s^\infty\left[\int_0^\infty e^{-\lambda t}f(t)dt\right]d\lambda$

$\displaystyle\qquad\qquad = \int_0^\infty f(t)\left[\int_s^\infty e^{-\lambda t}d\lambda\right]dt$

$\displaystyle\qquad\qquad = \int_0^\infty f(t)\cdot\left[\frac{-1}{t}e^{-\lambda t}\right]_s^\infty dt$

$\displaystyle\qquad\qquad = \int_0^\infty f(t)\left[\frac{1}{t}e^{-st}\right]dt$

$\displaystyle\qquad\qquad = \int_0^\infty \frac{f(t)}{t}e^{-st}dt = \mathcal{L}\left(\frac{f(t)}{t}\right)$

例 8　求 $\mathcal{L}\left(\dfrac{\sin\theta t}{t}\right)$

解：

取 $f(t) = \sin\theta t$

$\mathcal{L}(f(t)) = \mathcal{L}(\sin\theta t) = \dfrac{\theta}{s^2 + \theta^2}$

$\therefore \mathcal{L}\left(\dfrac{f(t)}{t}\right) = \displaystyle\int_s^\infty \frac{\theta}{\lambda^2 + \theta^2}d\lambda$

$\displaystyle\qquad\qquad = \tan^{-1}\frac{\lambda}{\theta}\Big]_s^\infty = \frac{\pi}{2} - \tan^{-1}\frac{s}{\theta}$

隨堂練習

用 $t^3 = \dfrac{t^4}{t}$ ，驗證 $\mathcal{L}\left(\dfrac{f(t)}{t}\right) = \displaystyle\int_s^\infty F(\lambda)d\lambda$

定理：$\mathcal{L}\{u(t-a)f(t-a)\} = e^{-as}F(s)$

證明：讀者應可回憶：

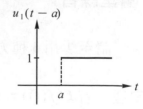

$$u(t-a)=\begin{cases} 1 \text{ , } t>a \\ 0 \text{ , } t<a \end{cases}$$

$$\therefore \mathcal{L}\{u(t-a)f(t-a)\}=\int_0^\infty e^{-st}u(t-a)f(t-a)dt$$

$$=\int_0^a e^{-st}\cdot 0\cdot f(t-a)dt+\int_a^\infty e^{-st}\cdot 1\cdot f(t-a)dt$$

$$=\int_a^\infty e^{-st}f(t-a)dt \text{ , 取 } y=t-a \text{ 則}$$

$$=\int_0^\infty e^{-s(y+a)}f(y)dy=e^{-as}\int_0^\infty e^{-sy}f(y)dy$$

$$=e^{-as}F(s)$$

例 9　$\mathcal{L}\{2u(t-1)\}=2\mathcal{L}\{u(t-1)\}=2e^{-s}\cdot\dfrac{1}{s}=\dfrac{2}{s}e^{-s}$

例 10　若 $f(t)=\begin{cases} 0 & \text{ , } 0\le t<3 \\ (t-3)^2 & \text{ , } t\ge 3 \end{cases}$　求 $\mathcal{L}\{f(t)\}$

解：

(方法一)

令 $g(t)=u(t-3)h(t-3)$，$h(t)=t^2$，$t\ge 0$

則 $\mathcal{L}\{f(t)\}=\mathcal{L}\{u(t-3)h(t-3)\}$

$$=e^{-3s}\mathcal{L}\{t^2\}=\dfrac{2!}{s^3}e^{-3s} \quad 即 \mathcal{L}\{f(t)\}=\dfrac{2}{s^3}e^{-3s}$$

(方法二)

若讀者對 u 函數不熟悉，可以用拉氏轉換之定義

$$\mathcal{L}\{f(t)\} = \int_3^\infty (t-3)^2 e^{-st} dt，y = t - 3$$

$$= \int_0^\infty y^2 e^{-s(y+3)} dy$$

$$= e^{-3s} \int_0^\infty y^2 e^{-sy} dy$$

$$= e^{-3s} \cdot \frac{2}{s^3}$$

隨堂練習

驗證：$\mathcal{L}(f(t)) = \dfrac{1 - e^{-\pi s}}{s}$，$f(t) = \begin{cases} 1 & , & 0 < t < \pi \\ 0 & , & t > \pi \end{cases}$

定理：若 $f(t + p) = f(t)$，$p > 0$，即 f 是週期 $T = p$ 之週期函數，則

$$\mathcal{L}\{f(t)\} = \frac{\int_0^p e^{-st} f(t)dt}{1 - e^{-sp}}$$

證明：$\mathcal{L}\{f(t)\} = \int_0^\infty e^{-st} f(t)dt$

$$= \int_0^p e^{-st} f(t)dt + \int_p^{2p} e^{-st} f(t)dt$$

$$+ \int_{2p}^{3p} e^{-st} f(t)dt + \cdots \quad \cdots\cdots\cdots\cdots\cdots\cdots\cdots\cdots\cdots * $$

但 $\int_p^{2p} e^{-st} f(t)dt \xnderset{y=t-p}{=\!=\!=} \int_0^p e^{-s(y+p)} f(y+p)dy$

$$= e^{-sp} \int_0^p e^{-sy} f(y)dy$$

$$(\because f(y+p) = f(y))$$

同法可證

$$\int_{2p}^{3p} e^{-st} f(t) dt = \int_0^p e^{-s(y+2p)} f(y+2p) dy \quad (y = t - 2p)$$

$$= e^{-s(2p)} \int_0^p e^{-sy} f(y) dy \quad (\because f(y+2p) = f(y))$$

$$= e^{-2sp} \int_0^p e^{-sy} f(y) dy$$

代以上結果入*得

$$\mathcal{L}\{f(t)\} = \int_0^p e^{-sy} f(y) dy + e^{-sp} \int_0^p e^{-sy} f(y) dy$$

$$+ e^{-2sp} \int_0^p e^{-sy} f(y) dy + \cdots$$

$$= (1 + e^{-sp} + e^{-2sp} + \cdots) \int_0^p e^{-sy} f(y) dy$$

$$= \frac{1}{1 - e^{-sp}} \int_0^p e^{-sy} f(y) dy \text{，} s > 0$$

例 11　設 $f(t)$ 為週期是 2π 之函數，在 $0 \le t < 2\pi$ 間，$f(t)$ 之定義為

$$f(t) = \begin{cases} \sin t & \text{，} 0 \le t < \pi \\ 0 & \text{，} \pi \le t < 2\pi \end{cases} \text{求} \mathcal{L}\{f(t)\}$$

解：

$$p = 2\pi$$

$$\therefore \mathcal{L}\{f(t)\} = \frac{1}{1 - e^{-2\pi s}} \left[\int_0^\pi e^{-st} \sin t \, dt + \int_\pi^{2\pi} e^{-st} \cdot 0 \, dt \right]$$

$$= \frac{1}{1 - e^{-2\pi s}} \int_0^\pi e^{-st} \sin t \, dt$$

$$= \frac{1}{1 - e^{-2\pi s}} \left\{ \frac{e^{-st}(-s \sin t - \cos t)}{s^2 + 1} \right\} \Big|_0^\pi$$

$$= \frac{1}{1 - e^{-2\pi s}} \left\{ \frac{1 + e^{-\pi s}}{s^2 + 1} \right\} = \frac{1}{(1 - e^{-\pi s})(s^2 + 1)}$$

導函數之拉氏轉換

定理：$\mathcal{L}\{f'(t)\} = sF(s) - f(0)$

證明：$\mathcal{L}\{f'(t)\} = \int_0^\infty e^{-st} f'(t)dt = \int_0^\infty e^{-st} df(t)$

$$= \lim_{M \to \infty} e^{-st} f(t)\Big]_0^M - \int_0^\infty f(t)de^{-st}$$

$$= \lim_{M \to \infty} (e^{-sM} f(M) - f(0)) + s \int_0^\infty e^{-st} f(t)dt \cdots\cdots \quad (1)$$

但 $\lim_{M \to \infty} e^{-sM} f(M) = 0$ (註)

$$\therefore (1) = s \int_0^\infty e^{-st} f(t)dt - f(0) = sF(s) - f(0)$$

推論：$\mathcal{L}\{f''(t)\} = s^2 F(s) - sf(0) - f'(0)$

證明：$\mathcal{L}\{f''(t)\} = s\mathcal{L}\{f''(t)\} - f'(0)$

$$= s[s\mathcal{L}\{F(t)\} - f(0)] - f'(0)$$

$$= s^2 \mathcal{L}\{F(t)\} - sf(0) - f'(0)$$

我們可推廣上述結果到更一般之情況：

$$\mathcal{L}\{f^{(n)}(t)\} = s^n \mathcal{L}\{f(t)\} - s^{n-1} f(0) - s^{n-2} f'(0)$$
$$- sf^{(n-2)}(0) - f^{(n-1)}(0)$$

註：在高等工程數學中，$\mathcal{L}(f(t))$存在(即收斂)之條件為：在 $t \geq t_0$ 時存在某些常數 M，b 使得 $|f(t)| \leq Me^{bt}$，因此 $|f(t)e^{-st}| \leq Me^{(b-s)t}$，當 $s > b$，$t \to \infty$ 時 $|f(t)e^{-st}| \to 0$，即 $\lim_{t \to \infty} f(t)e^{-st} = 0$。

◆ 作　業

1. 試由 $\mathcal{L}\{\cos bt\} = \dfrac{s}{s^2 + b^2}$ 求 $\mathcal{L}\{\sin bt\}$

Ans： $\dfrac{b}{s^2 + b^2}$

2. 求 $\mathcal{L}\{5e^{-3t}\cos 2t\}$

Ans： $\dfrac{10(s + 3)}{(s + 3)^2 + 4}$

3. 試證 $\mathcal{L}\left\{\displaystyle\int_0^t f(u)\,du\right\} = \dfrac{F(s)}{s}$ ， $F(s) = \mathcal{L}\{f(t)\}$

4. 若 $f(t) = \begin{cases} \sin t & , \ 0 < t < \pi \\ 0 & , \ t > \pi \end{cases}$ ，求 $\mathcal{L}\{f(t)\}$

Ans： $\dfrac{1 + e^{-\pi s}}{s^2 + 1}$

5. 求 $\mathcal{L}(\sin t + t\cos t)$

Ans： $\dfrac{2s^2}{(s^2 + 1)^2}$

6. $\cosh t = \dfrac{1}{2}(e^t + e^{-t})$ ，求 $\mathcal{L}(\cosh t)$

Ans： $\dfrac{s}{s^2 - 1}$

7. 求 $\mathcal{L}(t2^t)$ 。(提示： $t2^t = te^{t\ln 2}$)

Ans： $\dfrac{1}{(s - \ln 2)^2}$

8. 求 $\mathcal{L}\left\{\dfrac{e^{-t}\sin t}{t}\right\}$，並利用此結果取 $s=0$，

證明 $\displaystyle\int_0^\infty \dfrac{e^{-t}\sin t}{t}dt = \dfrac{\pi}{4}$

◆3-4 反拉氏轉換

若 $\mathcal{L}\{f(t)\}=F(s)$，則稱 $f(t)=\mathcal{L}^{-1}\{F(s)\}$ 為反拉氏轉換(Inverse Laplace Transformation)。

由高等微積分可證明出，若 $f(t)$，$g(t)$ 在 $(0,\infty)$ 中為連續函數，且若 $\mathcal{L}[f(t)]=\mathcal{L}[g(t)]$，即若 $F(s)=G(s)$ 則在 $(0,\infty)$ 中 $f(t)=g(t)$。

$F(s)$	$f(t)=\mathcal{L}^{-1}\{F(s)\}$
$\dfrac{1}{s}$	1
$\dfrac{1}{s^n}$	$\dfrac{t^{n-1}}{\Gamma(n)}$
$\dfrac{1}{s-a}$	e^{at}
$\dfrac{1}{s^{n+1}}$，$n=0$，1，$2\cdots$	$\dfrac{t^n}{n!}$
$\dfrac{1}{s^2+a^2}$	$\dfrac{\sin at}{a}$
$\dfrac{s}{s^2+a^2}$	$\cos at$

定理：$\mathcal{L}^{-1}\{c_1F_1(s)+c_2F_2(s)\}=c_1\mathcal{L}^{-1}\{F_1(s)\}+c_2\mathcal{L}^{-1}\{F_2(s)\}$

證明：$\mathcal{L}\{c_1 f_1(t) + c_2 f_2(t)\} = c_1 \mathcal{L}\{f(t)\} + c_2 \mathcal{L}\{f_2(t)\}$

$$= c_1 F_1(s) + c_2 F_2(s)$$

$$\therefore \mathcal{L}^{-1}\{c_1 F_1(s) + c_2 F_2(s)\} = c_1 f_1(t) + c_2 f_2(t)$$

$$= c_1 \mathcal{L}^{-1}\{F_1(s)\} + c_2 \mathcal{L}^{-1}\{F_2(s)\}$$

定理：$\mathcal{L}^{-1}\{F(s-a)\} = e^{at} f(t)$

證明：$\because \mathcal{L}\{e^{at} f(t)\} = F(s-a)$

$$\therefore e^{at} f(t) = \mathcal{L}^{-1}(F(s-a))$$

其它還有一些常用之反拉氏轉換：

$$\mathcal{L}^{-1}(F(as)) = \frac{1}{a} f\left(\frac{t}{a}\right)$$

$$\mathcal{L}^{-1}(F^{(n)}(s)) = (-1)^n t^n f(t)$$

$$\mathcal{L}^{-1}(sF(s)) = f'(t) + f(0)\delta(t)$$

$$\mathcal{L}^{-1}\left(\int_s^\infty F(u)du\right) = \frac{f(t)}{t}$$

$$\mathcal{L}^{-1}\left(\frac{F(s)}{s}\right) = \int_0^t f(u)du$$

$$\mathcal{L}^{-1}(e^{-as}F(s)) = \begin{cases} f(t-a) & , t > u \\ 0 & , t < a \end{cases}$$

例 1　求 (1) $\mathcal{L}^{-1}\left\{\dfrac{1}{s^2+4}\right\}$　　(2) $\mathcal{L}^{-1}\left\{\dfrac{s+1}{s^2+4}\right\}$

(3) $\mathcal{L}^{-1}\left\{\dfrac{1}{s^2+2s+5}\right\}$　(4) $\mathcal{L}^{-1}\left\{\dfrac{2s+1}{s^2+2s+5}\right\}$

(5) $\mathcal{L}^{-1}\left\{\dfrac{1}{(s-2)^3}\right\}$

解：

(1) $\mathcal{L}^{-1}\left\{\dfrac{1}{s^2+4}\right\}=\dfrac{1}{2}\sin 2t$

(2) $\mathcal{L}^{-1}\left\{\dfrac{s+1}{s^2+4}\right\}=\mathcal{L}^{-1}\left\{\dfrac{s}{s^2+4}\right\}+\mathcal{L}^{-1}\left\{\dfrac{1}{s^2+4}\right\}$

$\qquad\qquad = \mathcal{L}^{-1}\left\{\dfrac{s}{s^2+4}\right\}+\dfrac{1}{2}\mathcal{L}^{-1}\left\{\dfrac{2}{s^2+4}\right\}$

$\qquad\qquad = \cos 2t+\dfrac{1}{2}\sin 2t$

(3) $\mathcal{L}^{-1}\left\{\dfrac{1}{s^2+2s+5}\right\}=\mathcal{L}^{-1}\left\{\dfrac{1}{(s+1)^2+2^2}\right\}$

$\qquad\qquad\qquad = \dfrac{1}{2}\mathcal{L}^{-1}\left\{\dfrac{2}{(s+1)^2+2^2}\right\}$

$\qquad\qquad\qquad = \dfrac{1}{2}e^{-t}\mathcal{L}^{-1}\left\{\dfrac{2}{s^2+2^2}\right\}$

$\qquad\qquad\qquad = \dfrac{1}{2}e^{-t}\sin 2t$

(4) $\mathcal{L}^{-1}\left\{\dfrac{2s+1}{s^2+2s+5}\right\}=\mathcal{L}^{-1}\left\{\dfrac{2s+1}{(s+1)^2+4}\right\}$

$\quad = \mathcal{L}^{-1}\left\{\dfrac{2(s+1)-1}{(s+1)^2+4}\right\}$

$\quad = 2\mathcal{L}^{-1}\left\{\dfrac{s+1}{(s+1)^2+4}\right\}-\dfrac{1}{2}\mathcal{L}^{-1}\left\{\dfrac{2}{(s+1)^2+4}\right\}$

$\quad = 2e^{-t}\mathcal{L}^{-1}\left\{\dfrac{s}{s^2+4}\right\}-\dfrac{1}{2}e^{-t}\mathcal{L}\left\{\dfrac{2}{s^2+4}\right\}$

$\quad = 2e^{-t}\cos 2t-\dfrac{1}{2}e^{-t}\sin 2t$

(5) $\mathcal{L}^{-1}\left(\dfrac{1}{s^3}\right) = \dfrac{t^2}{\Gamma(3)} = \dfrac{t^2}{2}$

$\therefore \mathcal{L}^{-1}\left(\dfrac{1}{(s-2)^3}\right) = \dfrac{t^2 e^{2t}}{2}$

或 $\mathcal{L}^{-1}\left(\dfrac{1}{(s-2)^3}\right) = e^{2t}\mathcal{L}^{-1}\left(\dfrac{1}{s^3}\right) = e^{2t}\dfrac{t^2}{2}$

例 **2** 　 求 $\mathcal{L}^{-1}\left\{\dfrac{s-2}{s^2-4s+5}\right\}$

解 :

$$\mathcal{L}^{-1}\left\{\dfrac{s-2}{s^2-4s+5}\right\} = \mathcal{L}^{-1}\left\{\dfrac{s-2}{(s-2)^2+1}\right\}$$

$$= e^{2t}\mathcal{L}^{-1}\left\{\dfrac{s}{s^2+1}\right\} = e^{2t}\cos t$$

在例 2 中若 $F(s) = \dfrac{s-3}{s^2-4s+5}$ 時,

$$\mathcal{L}^{-1}\left\{\dfrac{s-3}{s^2-4s+5}\right\} = \mathcal{L}^{-1}\left\{\dfrac{(s-2)-1}{(s-2)^2+1}\right\}$$

$$= \mathcal{L}^{-1}\left\{\dfrac{s-2}{(s-2)^2+1}\right\} - \mathcal{L}^{-1}\left\{\dfrac{1}{(s-2)^2+1}\right\}$$

$$= e^{2t}\mathcal{L}^{-1}\left\{\dfrac{s}{s^2+1}\right\} - e^{2t}\mathcal{L}^{-1}\left\{\dfrac{1}{s^2+1}\right\} = e^{2t}\cos t - e^{2t}\sin t$$

隨堂練習

驗證 $\mathscr{L}^{-1}\left\{\dfrac{2s+3}{s^2-4s+20}\right\} = e^{2t}(2\cos 2t + \sin 2t)$

例 3　求 $\mathscr{L}^{-1}\left\{\dfrac{e^{-\frac{\pi}{3}s}}{s^2+2}\right\}$

解：

$$\mathscr{L}^{-1}\left\{\frac{1}{s^2+2}\right\} = \frac{1}{\sqrt{2}}\sin\sqrt{2}\,t = f(t)$$

$$\therefore \mathscr{L}^{-1}\left\{\frac{e^{-\frac{\pi}{3}s}}{s^2+2}\right\} = \begin{cases} \dfrac{1}{\sqrt{2}}\sin\sqrt{2}\left(t-\dfrac{\pi}{3}\right) & , \ t > \dfrac{\pi}{3} \\[2mm] 0 & , \ t < \dfrac{\pi}{3} \end{cases}$$

例 4　求 (1) $\mathscr{L}^{-1}\left\{\dfrac{e^{-2s}}{s^4}\right\}$　　(2) $\mathscr{L}^{-1}\left\{\dfrac{e^{-2s}}{(s+1)^4}\right\}$

解：

$$(1)\because \mathscr{L}^{-1}\left\{\frac{1}{s^4}\right\} = \frac{t^3}{3!} = \frac{t^3}{6} = f(t)$$

$$\therefore \mathscr{L}^{-1}\left\{\frac{e^{-2s}}{s^4}\right\} = \begin{cases} \dfrac{(t-2)^3}{6} & , \ t > 2 \\[2mm] 0 & , \ t < 2 \end{cases}$$

$(2)\,\mathscr{L}^{-1}\left\{\dfrac{1}{s^4}\right\}=\dfrac{t^3}{6}$ ， $\mathscr{L}^{-1}\left\{\dfrac{1}{(s+1)^4}\right\}=\dfrac{e^{-t}t^3}{6}=f(t)$

故 $\mathscr{L}^{-1}\left\{\dfrac{e^{-2s}}{(s+1)^4}\right\}=u(t-2)\,f(t-2)$

$$=\begin{cases}\dfrac{e^{-(t-2)}(t-2)^3}{6} & ,\ t>2\\[2mm] 0 & ,\ t<2\end{cases}$$

例 4 之(2)提供我們很好之解題策略，讀者宜細心體會。

例 5　求 $\mathscr{L}^{-1}\left\{\dfrac{e^{-2s}}{s(s+1)}\right\}$

解：

$\mathscr{L}^{-1}\left\{\dfrac{1}{s(s+1)}\right\}=\mathscr{L}^{-1}\left\{\dfrac{1}{s}-\dfrac{1}{s+1}\right\}$

$\qquad=\mathscr{L}^{-1}\left\{\dfrac{1}{s}\right\}-\mathscr{L}^{-1}\left\{\dfrac{1}{s+1}\right\}$

$\qquad=1-e^{-t}\mathscr{L}^{-1}\left\{\dfrac{1}{s}\right\}=1-e^{-t}=f(t)$

$\therefore \mathscr{L}^{-1}\left\{\dfrac{e^{-2s}}{s(s+1)}\right\}=u(t-2)\,f(t-2)=\begin{cases}1-e^{-(t-2)} & ,\ t>2\\ 0 & ,\ t<2\end{cases}$

例 6　求 (a) $\mathscr{L}^{-1}\left\{\dfrac{se^{-3s}}{s^2+4}\right\}$ 與 (b) $\mathscr{L}^{-1}\left\{\dfrac{e^{-2s}}{\sqrt{s}-1}\right\}$

解：

(a) $\mathcal{L}^{-1}\left\{\dfrac{s}{s^2+4}\right\} = \cos 2t$

$\therefore \mathcal{L}^{-1}\left\{\dfrac{se^{-3s}}{s^2+4}\right\} = u(t-3)\cos 2(t-3)$

$$= \begin{cases} \cos 2(t-3) & , t > 3 \\ 0 & , t < 3 \end{cases}$$

(b) $\mathcal{L}^{-1}\left\{\dfrac{-1}{\sqrt{s}}\right\} = \dfrac{t^{-\frac{1}{2}}}{\Gamma\left(\dfrac{1}{2}\right)} = \dfrac{t^{-\frac{1}{2}}}{\sqrt{\pi}}$ ， $\mathcal{L}^{-1}\left\{\dfrac{1}{\sqrt{s}-1}\right\} = \dfrac{t^{-\frac{1}{2}}e^{t}}{\sqrt{\pi}} = f(t)$

$\therefore \mathcal{L}^{-1}\left\{\dfrac{e^{-2s}}{\sqrt{s}-1}\right\} = u(t-2)f(t-2)$

$$= \begin{cases} \dfrac{1}{\sqrt{\pi}}(t-2)^{-\frac{1}{2}}e^{t-2} & , t > 2 \\ 0 & , t < 2 \end{cases}$$

隨堂練習

驗證 $\mathcal{L}^{-1}\left(\dfrac{2s-1}{s(s-1)}\right) = 1 + e^{t}$

從而 $\mathcal{L}^{-1}\left(\dfrac{(2s-1)}{s(s-1)}e^{-2s}\right) = \begin{cases} 1 + e^{t-2} & , t > 2 \\ 0 & , t < 2 \end{cases}$

迴旋定理

定理：(迴旋定理Convolution Theorem)：若$\mathcal{L}(f(t)) = F(s)$，$\mathcal{L}(g(t)) = G(s)$，則

$$\mathcal{L}[\int_0^t f(\tau)g(t-\tau)d\tau] = F(s)G(s) \text{ 且}$$

$$\mathcal{L}^{-1}[F(s)G(s)] = \int_0^t f(\tau)g(t-\tau)d\tau = \int_0^t f(t-\tau)g(\tau)d\tau$$

證明：(1) $\mathcal{L}\left[\int_0^t f(\tau)g(t-\tau)d\tau\right]$

$$= \int_0^\infty \left[\int_0^t f(\tau)g(t-\tau)d\tau\right]e^{-st}dt$$

$$= \int_0^\infty \left[\int_0^t f(\tau)g(t-\tau)e^{-st}d\tau\right]dt$$

$$= \int_0^\infty \int_\tau^\infty f(\tau)g(t-\tau)e^{-st}dtd\tau \quad \text{(改變積分順序)}$$

令 $t - \tau = u$ 則上式變為

$$\int_0^\infty \int_0^\infty f(\tau)g(u)e^{-s(u+\tau)}dud\tau$$

$$= \int_0^\infty f(\tau)e^{-s\tau}d\tau \cdot \int_0^\infty g(u)e^{-su}du$$

$$= F(s) \cdot G(s)$$

(2) $\mathcal{L}^{-1}(F(s)G(s)) = \int_0^t f(\tau)g(t-\tau)d\tau$，由(1)之結果即得。

$$= -\int_t^0 f(t-u)g(u)du，\text{（取 } u = t-\tau\text{）}$$

$$= \int_0^t f(t-\tau)g(\tau)d\tau$$

例 7 用迴旋定理求 $\mathcal{L}^{-1}\left(\dfrac{1}{s(s-1)^2}\right)$

解：

(方法一)

$$\mathscr{L}^{-1}\left(\frac{1}{s}\right)=1 \ , \ \mathscr{L}^{-1}\left(\frac{1}{(s-1)^2}\right)=e^t\,\mathscr{L}^{-1}\left\{\frac{1}{s^2}\right\}=te^t$$

$$\therefore \mathscr{L}^{-1}\left(\frac{1}{s}\cdot\frac{1}{(s-1)^2}\right)=\int_0^t 1\cdot\tau e^\tau d\tau$$

$$=\int_0^t \tau e^\tau d\tau = \tau e^\tau - e^\tau\Big|_0^t$$

$$=te^t - e^t + 1$$

(方法二)

$$\mathscr{L}^{-1}\left(\frac{1}{s}\cdot\frac{1}{(s-1)^2}\right)=\int_0^t 1\cdot(t-\tau)e^{t-\tau}d\tau$$

$$=e^t\int_0^\tau (t-\tau)e^{-\tau}d\tau$$

$$=e^t\left[-(t-\tau)e^{-\tau}+e^{-\tau}\right]_0^t$$

$$=te^t - e^t + 1$$

(方法三)

$$\mathscr{L}^{-1}\left(\frac{1}{s}\right)=1 \ , \ \mathscr{L}^{-1}\left(\frac{1}{(s-1)^2}\right)=te^t$$

$$\therefore \mathscr{L}^{-1}\left(\frac{1}{s}\cdot\frac{1}{(s-1)^2}\right)=\int_0^t \tau e^\tau d\tau = te^t - e^t + 1$$

由例 7 可知在應用迴旋定理時，適當地選取 f 與 g 常可簡化計算。

例 8　用迴旋定理求 $\mathscr{L}^{-1}\left(\dfrac{1}{s^2(s-a)}\right)$

解：

$$\mathcal{L}^{-1}\left(\frac{1}{s^2}\right) = t \text{，} \mathcal{L}^{-1}\left(\frac{1}{(s-a)}\right) = e^{at}\mathcal{L}^{-1}\left\{\frac{1}{s}\right\} = e^{at} \cdot 1 = e^{at}$$

（方法一）

$$\mathcal{L}^{-1}\left(\frac{1}{s^2(s-a)}\right) = \int_0^t (t-\tau)e^{a\tau}d\tau$$

$$= (t-\tau)\frac{1}{a}e^{a\tau} + \frac{1}{a^2}e^{a\tau}\Big]_0^t$$

$$= \frac{1}{a^2}e^{at} - \frac{t}{a} - \frac{1}{a^2}$$

（方法二）

$$\mathcal{L}^{-1}\left\{\frac{1}{s^2(s-a)}\right\} = \int_0^t \tau\, e^{a(t-\tau)}\, d\tau$$

$$= e^{at}\int_0^t \tau\, e^{-a\tau}\, d\tau$$

$$= e^{at}\left(-\frac{\tau}{a}e^{-a\tau} - \frac{1}{a^2}e^{-a\tau}\right)\Big]_0^t$$

$$= e^{at}\left(-\frac{t}{a}e^{-at} - \frac{1}{a^2}e^{-at} + \frac{1}{a^2}\right)$$

$$= \frac{1}{a^2}e^{at} - \frac{t}{a} - \frac{1}{a^2}$$

隨堂練習

用迴旋定理：驗證 $\mathcal{L}^{-1}\left(\dfrac{1}{s(s-3)}\right)=\dfrac{1}{3}(e^{3t}-1)$

部份分式

部份分式在求反拉式轉換上很有用，讀者在應用部份分式求反拉式轉換時須記住，我們的目的是求反拉轉換而不是只求分式。分解之技巧可參考拙著"微積分"第九版(全華)。

例 9 求(a)$\mathcal{L}^{-1}\left(\dfrac{1}{s^2-1}\right)$ (b)$\mathcal{L}^{-1}\left(\dfrac{1}{s(s^2-1)}\right)$

(c)$\mathcal{L}^{-1}\left(\dfrac{1}{s(s+1)(s+2)}\right)$

解：

(a)$\dfrac{1}{s^2-1}=\dfrac{1}{2}\left(\dfrac{1}{s-1}-\dfrac{1}{s+1}\right)$

$\therefore \mathcal{L}^{-1}\left(\dfrac{1}{s^2-1}\right)=\dfrac{1}{2}\left[\mathcal{L}^{-1}\left(\dfrac{1}{s-1}\right)-\mathcal{L}^{-1}\left(\dfrac{1}{s+1}\right)\right]$

又$\mathcal{L}\left(\dfrac{1}{s}\right)=1$，$\mathcal{L}^{-1}\left(\dfrac{1}{s-1}\right)=e^{t}$，$\mathcal{L}^{-1}\left(\dfrac{1}{s+1}\right)=e^{-t}$

$\therefore \mathcal{L}^{-1}\left(\dfrac{1}{s^2-1}\right)=\dfrac{1}{2}(e^{t}-e^{-t})$

(b)方法一：

$$\dfrac{1}{s(s^2-1)}=\dfrac{1}{(s-1)s(s+1)}=\dfrac{\frac{1}{2}}{s-1}+\dfrac{-1}{s}+\dfrac{\frac{1}{2}}{s+1}$$

$$\therefore \mathcal{L}^{-1}\left(\frac{1}{s(s^2-1)}\right)=\frac{1}{2}\,\mathcal{L}^{-1}\left(\frac{1}{s-1}\right)-\mathcal{L}^{-1}\left(\frac{1}{s}\right)+\frac{1}{2}\,\mathcal{L}^{-1}\left(\frac{1}{s+1}\right)$$

$$=\frac{1}{2}e^t-1+\frac{1}{2}e^{-\frac{1}{2}}$$

方法二：

由(a)$\mathcal{L}^{-1}\left(\frac{1}{s^2-1}\right)=\frac{1}{2}e^t-\frac{1}{2}e^{-t}$

$$\therefore \mathcal{L}^{-1}\left(\frac{1}{s(s^2-1)}\right)=\int_0^x\left(\frac{1}{2}e^x-\frac{1}{2}e^{-x}\right)dx$$

$$=\frac{1}{2}e^t+\frac{1}{2}e^{-t}-1$$

(c)方法一：

$$\frac{1}{s(s+1)(s+2)}=\frac{\frac{1}{2}}{s}+\frac{-1}{s+1}+\frac{\frac{1}{2}}{s+2}$$

$$\therefore \mathcal{L}^{-1}\left(\frac{1}{s(s+1)(s+2)}\right)$$

$$=\frac{1}{2}\mathcal{L}^{-1}\left(\frac{1}{s}\right)-\mathcal{L}^{-1}\left(\frac{1}{s+1}\right)+\frac{1}{2}\mathcal{L}^{-1}\left(\frac{1}{s+2}\right)$$

$$=\frac{1}{2}-e^{-t}+\frac{1}{2}e^{-2t}$$

方法二：

$$\because \frac{1}{(s+1)(s+2)} = \frac{1}{s+1} - \frac{1}{s+2},$$

$$\mathscr{L}^{-1}\left(\frac{1}{(s+1)(s+2)}\right) = \mathscr{L}^{-1}\left(\frac{1}{s+1}\right) - \mathscr{L}^{-1}\left(\frac{1}{s+2}\right)$$

$$= e^{-t} - e^{-2t}$$

$$\therefore \mathscr{L}^{-1}\left(\frac{1}{s(s+1)(s+2)}\right) = \int_0^t (e^{-x} - e^{-2x})dx$$

$$= -e^{-t} + \frac{1}{2}e^{-2t} + \frac{1}{2}$$

例 10 求(a)$\mathscr{L}^{-1}\left(\frac{1}{(s-1)^3}\right)$ (b)$\mathscr{L}^{-1}\left(\frac{5}{(s-1)^3}\right)$

(c)$\mathscr{L}^{-1}\left(\frac{1}{(s-1)^3}\right)$ (d)$\mathscr{L}^{-1}\left(\frac{1}{s^2-s}\right)$

解：

(a)方法一：

$$\mathscr{L}^{-1}\left(\frac{1}{s^3}\right) = \frac{1}{2}t^2 \quad \therefore \mathscr{L}^{-1}\left(\frac{1}{(s-1)^3}\right) = e^t \mathscr{L}^{-1}\left(\frac{1}{s^3}\right) \frac{1}{2}t^2 e^t$$

方法二：

$$\frac{1}{s^3} = \frac{d^2}{ds^2}\frac{1}{2s}$$

$$\therefore \mathscr{L}^{-1}\left(\frac{1}{s^3}\right) = \frac{1}{2}\mathscr{L}^{-1}\left(\frac{d^2}{ds^2}\frac{1}{s}\right) = \frac{1}{2}(-1)^2 t^2 = \frac{t^2}{2}$$

$$\therefore \mathscr{L}^{-1}\left(\frac{1}{(s-1)^3}\right) = \frac{1}{2}t^2 e^t$$

(b)方法一：

$$\frac{s}{(s-1)^3} = \frac{s-1+1}{(s-1)^3} = \frac{1}{(s-1)^2} + \frac{1}{(s-1)^3}$$

$$\therefore \mathcal{L}^{-1}\left(\frac{s}{(s-1)^3}\right) = \mathcal{L}^{-1}\left(\frac{1}{(s-1)^2}\right) + \mathcal{L}^{-1}\left(\frac{1}{(s-1)^3}\right)$$

$$又 \frac{1}{s^2} = (-1)\frac{d}{ds}\frac{1}{s}$$

$$\therefore \mathcal{L}^{-1}\left(\frac{1}{s^2}\right) = \mathcal{L}^{-1}\left(\frac{d}{ds}\left(\frac{1}{s}\right)\right) = -(-1)t = t$$

$$\therefore \mathcal{L}^{-1}\left(\frac{1}{(s-1)^2}\right) = te^t$$

$$又 \mathcal{L}^{-1}\left(\frac{1}{(s-1)^3}\right) = \frac{1}{2}t^2e^t \ (由(a))$$

$$\therefore \mathcal{L}^{-1}\left(\frac{s}{(s-1)^3}\right) = te^t + \frac{1}{2}t^2e^t$$

方法二：用部份分式

$$\frac{s}{(s-1)^3} = \frac{A}{s-1} + \frac{B}{(s-1)^2} + \frac{C}{(s-1)^3}$$

$$\therefore s = A(s-1)^2 + B(s-1) + C$$

令 $s = 1$ 得 $C = 1$

移項

$$s - 1 = A(s-1)^2 + B(s-1)$$

$$1 = A(s-1) + B \quad \therefore A = 0 ，B = 1$$

$$\therefore \mathcal{L}^{-1}\left(\frac{s}{(s-1)^3}\right) = \mathcal{L}^{-1}\left(\frac{1}{(s-1)^2}\right) + \mathcal{L}^{-1}\left(\frac{1}{(s-1)^3}\right)$$

餘同(方法一)

(c)方法一：

$$\mathcal{L}^{-1}\left(\frac{1}{s(s-1)^3}\right)=\int_0^t \frac{1}{2}t^2e^t dt=(t^2-2t+2)e^t-2 \text{，（由(a)）}$$

方法二：部份分式

$$\mathcal{L}^{-1}\left(\frac{1}{s(s-1)^3}\right)=\frac{A}{s}+\frac{B}{s-1}+\frac{C}{(s-1)^2}+\frac{D}{(s-1)^3}$$

由視察法 $A=-1$，從而可得 $B=1$，$C=-1$，$D=1$

$$\therefore \mathcal{L}^{-1}\left(\frac{1}{s(s-1)^3}\right)=\mathcal{L}^{-1}\left(\frac{1}{s}\right)+\mathcal{L}^{-1}\left(\frac{1}{s-1}\right)-\mathcal{L}^{-1}\left(\frac{1}{(s-1)^2}\right)$$
$$+\mathcal{L}^{-1}\left(\frac{1}{(s-1)^3}\right)$$
$$=-1+e^t-te^t+\frac{1}{2}t^2e^t$$

方法二：

$$\mathcal{L}^{-1}\left(\frac{1}{s(s-1)^3}\right)=\int_0^x \frac{1}{2}x^2e^x dx=\frac{1}{2}(t^2-2t+2)e^t$$
$$=\frac{1}{2}t^2e^t-te^t+e^t-1$$

(d)方法一：

$$\frac{1}{s^2-s}=\frac{1}{s-1}-\frac{1}{s}$$

$$\therefore \mathcal{L}^{-1}\left(\frac{1}{s^2-s}\right)=\mathcal{L}^{-1}\left(\frac{1}{s-1}\right)-\mathcal{L}^{-1}\left(\frac{1}{s}\right)=e^t-1$$

方法二：

$$\mathcal{L}^{-1}\left(\frac{1}{s-1}\right)=e^t$$

$$\therefore \mathcal{L}^{-1}\left(\frac{1}{s^2-s}\right)=\mathcal{L}^{-1}\left(\frac{1}{s(s-1)}\right)=\int_0^t e^x dx=e^t-1$$

隨堂練習

驗證 $\mathcal{L}^{-1}\left(\dfrac{5s-4}{(s+1)(s-2)^2}\right) = 2te^{2t} + e^{2t} - e^{-t}$

◆ 作　業

1.　求 $\mathcal{L}^{-1}\left(\dfrac{s}{s^2+4s+13}\right)$

Ans：$e^{-2t}\left(\cos 3t - \dfrac{2}{3}\sin 3t\right)$

2.　求 $\mathcal{L}^{-1}\left(\dfrac{s-3}{s^2-1}\right)$

Ans：$2e^{-t} - e^{t}$

3.　求 $\mathcal{L}^{-1}\left(\dfrac{4s-8}{s^2-16}\right)$

Ans：$e^{4t} + 3e^{-4t}$

4.　求 $\mathcal{L}^{-1}\left(\dfrac{1}{s^2(s-5)}\right)$

Ans：$-\dfrac{1}{25} - \dfrac{t}{5} + \dfrac{1}{25}e^{5t}$

5.　求 $\mathcal{L}^{-1}\left(\dfrac{s-2}{s^2+2s+10}\right)$

Ans：$e^{-t}(\cos 3t - \sin t)$

6. 求 $\mathcal{L}^{-1}\left(\dfrac{1}{s^2(s-3)}\right)$

Ans： $\dfrac{1}{9}(e^{3t}-1)-\dfrac{t}{3}$

7. 求 $\mathcal{L}^{-1}\left(\dfrac{1}{s(s^2+4^2)}\right)$

Ans： $\dfrac{1}{4}(1-\cos 2t)$

8. 求 $\mathcal{L}^{-1}\left(\dfrac{1}{s^2(s+1)^2}\right)$

Ans： $te^{-t}+2e^{-t}+t-2$

9. 求 $\mathcal{L}^{-1}\left(\dfrac{e^{-3s}}{\sqrt{s-1}}\right)$

Ans： $\begin{cases}\dfrac{1}{\sqrt{\pi}}(t-3)^{-\frac{1}{2}}e^{(t-3)} & , t>3 \\ \qquad\qquad 0 & , t<3\end{cases}$

10. 用迴旋定理重做第 8.題。

11. 求 $\mathcal{L}(au(t-1)+bu(t-2)+cu(t-3))$

Ans： $\dfrac{a}{s}e^{-t}+\dfrac{b}{s}e^{-2t}+\dfrac{c}{s}e^{-3t}$

12. 求 $\mathcal{L}\left(\dfrac{\sin t}{t}\right)$，利用此結果求 $\int_0^\infty \dfrac{\sin x}{x}dx$

Ans： $\tan^{-1}\dfrac{1}{x}$ ， $\dfrac{\pi}{2}$ （提示： $\dfrac{\pi}{2}-\tan^{-1}x=\tan^{-1}\dfrac{1}{x}$ ）

13. 求 $\mathcal{L}\left(\dfrac{e^{-at}-e^{-bt}}{t}\right)$，利用此結果求 $\int_0^\infty \dfrac{e^{-at}-e^{-bt}}{t}dt$

Ans： $\ln\dfrac{s+a}{s+b}$ ， $\dfrac{a}{b}$

14. 求 $\mathcal{L}^{-1}\left(\ln\left(1+\dfrac{1}{s}\right)\right)$

Ans： $\dfrac{1-e^{-t}}{t}$

（提示：令 $F(s)=\ln\left(1+\dfrac{1}{s}\right)$，則 $F'(s)=\dfrac{1}{s+1}-\dfrac{1}{s}\cdots$）

15. 求 $\mathcal{L}^{-1}\left(\dfrac{1}{(s^2+1)^2}\right)$

Ans： $\dfrac{1}{2}(\sin t - t\cos t)$　（提示：用迴旋定理）

16. $f(t)$，$g(t)$為二函數，試證 $\displaystyle\int_0^t f(u)g(t-u)du=\int_0^t f(t-u)g(u)du$

試說明它的意義

Ans：(b)迴旋公式具交換性

17. 請直接畫出結果

(a) $\mathcal{L}(2u(t-1)+5u(t-3))$　(b) $\mathcal{L}^{-1}\left(\dfrac{3e^{-s}-2e^{-2s}}{s}\right)$

(c) $\mathcal{L}^{-1}\left(\dfrac{e^{-2s}}{s}\right)$　(d) $\mathcal{L}(tu(t-1))$

Ans：(a) $\dfrac{2e^{-s}+5e^{-3s}}{s}$　(b) $3u(t-1)-2u(t-2)$　(c) $u(t-2)$

(d) $\dfrac{(s+1)e^{-s}}{s^2}$

◆3-5 拉氏轉換在微分方程式與積分方程式求解之應用

現在我們就以三個例子說明如何應用拉氏轉換來求解常微分方程式，讀者可看出，其基本過程都很簡單，即：先對微分方程式兩邊取拉氏轉換得$\mathcal{L}\{y\} = F(s)$，然後以反拉氏轉換求出$y = \mathcal{L}^{-1}\{F(s)\}$。

例 1 　解$y' + 3y = e^{-t}$，$t \geq 0$，且初始條件為$y(0) = 0$

解：

這是一階線性方程式，可根據第一章之解法求解，現在我們改用拉氏轉換來解。

第一步：兩邊取拉氏轉換：

$$\mathcal{L}\{y' + 3y\} = \mathcal{L}\{e^{-t}\}$$

$$\therefore \mathcal{L}\{y'\} + 3\mathcal{L}\{y\} = \frac{1}{s+1} \quad \cdots\cdots\cdots\cdots\cdots\cdots\cdots\cdots\cdots\cdots \quad ①$$

$$又 \mathcal{L}\{y'\} + 3\mathcal{L}\{y\} = [s\mathcal{L}\{y\} - y(0)] + 3\mathcal{L}\{y\}$$

$$= (s + 3)\mathcal{L}\{y\} \quad \cdots\cdots\cdots\cdots\cdots\cdots\cdots \quad ②$$

由①②：$\dfrac{1}{s+1} = (s + 3)\mathcal{L}(y)$

第二步：求$\mathcal{L}\{y\} = ?$

$$\mathcal{L}\{y\} = \frac{1}{(s+3)(s+1)} = \frac{1}{2}\left(\frac{1}{s+1} - \frac{1}{s+3}\right)$$

第三步：求反拉氏轉換

$$y = \mathcal{L}^{-1}\left\{\frac{1}{2}\left(\frac{1}{s+1} - \frac{1}{s+3}\right)\right\}$$

$$= \frac{1}{2}\left(\mathcal{L}^{-1}\left\{\frac{1}{s+1}\right\} - \mathcal{L}^{-1}\left\{\frac{1}{s+3}\right\}\right)$$

$$= \frac{1}{2}[e^{-t} - e^{-3t}]$$

例 2 解 $y'' + 3y' + 2y = 0$，初始條件 $y(0) = 1$，$y'(0) = 0$

解：

第一步：兩邊取拉氏轉換：

$\mathcal{L}\{y'' + 3y' + 2y\}$

$= \mathcal{L}\{y''\} + 3\mathcal{L}\{y'\} + 2\mathcal{L}\{y\}$

$= [s^2\mathcal{L}\{y\} - sy(0) - y'(0)] + 3[s\mathcal{L}\{y\} - y(0)] + 2\mathcal{L}\{y\}$

$= [s^2\mathcal{L}\{y\} - s \cdot 1 - 0] + 3[s\mathcal{L}\{y\} - 1] + 2\mathcal{L}\{y\}$

$= (s^2 + 3s + 2)\mathcal{L}\{y\} - s - 3 = 0$

第二步：求 $\mathcal{L}\{y\} = ?$

$\mathcal{L}\{y\} = \dfrac{s+3}{s^2 + 3s + 2} = \dfrac{-1}{s+2} + \dfrac{2}{s+1}$

第三步：求反拉氏轉換

$$y = \mathcal{L}^{-1}\left\{\frac{-1}{s+2} + \frac{2}{s+1}\right\}$$

$$= -1\mathcal{L}^{-1}\left\{\frac{1}{s+2}\right\} + 2\mathcal{L}^{-1}\left\{\frac{1}{s+1}\right\}$$

$$= -e^{-2t} + 2e^{-t}$$

例 3 求 $y'' + 4y = t$, $y(0) = 0$, $y'(0) = 1$

解 :

第一步：兩邊取拉氏轉換：

$\mathcal{L}\{y'' + 4y\} = \mathcal{L}\{t\}$

$\mathcal{L}\{y''\} + 4\mathcal{L}\{y\} = \dfrac{1}{s^2}$ ··· ①

但 $\mathcal{L}\{y''\} + 4\mathcal{L}\{y\}$

$= [s^2\mathcal{L}\{y\} - sy(0) - y'(0)] + 4\mathcal{L}\{y\}$

$= [s^2\mathcal{L}\{y\} - s \cdot 0 - 1] + 4\mathcal{L}\{y\}$

$= (s^2 + 4)\mathcal{L}\{y\} - 1$ ····································· ②

第二步：求 $\mathcal{L}\{y\} = ?$

$\because (s^2 + 4)\mathcal{L}\{y\} - 1 = \dfrac{1}{s^2}$

$\therefore \mathcal{L}\{y\} = \dfrac{1}{s^2(s^2 + 4)} + \dfrac{1}{s^2 + 4} = \dfrac{1}{4}\left[\dfrac{1}{s^2} - \dfrac{1}{s^2 + 4}\right] + \dfrac{1}{s^2 + 4}$

$= \dfrac{1}{4}\,\dfrac{1}{s^2} + \dfrac{3}{4}\,\dfrac{1}{s^2 + 4}$

第三步：求反拉氏轉換

$y = \mathcal{L}^{-1}\left\{\dfrac{1}{4}\,\dfrac{1}{s^2} + \dfrac{3}{4}\dfrac{1}{s^2 + 4}\right\}$

$= \dfrac{1}{4}\mathcal{L}^{-1}\left\{\dfrac{1}{s^2}\right\} + \dfrac{3}{4}\mathcal{L}^{-1}\left\{\dfrac{1}{s^2 + 4}\right\}$

$$= \frac{1}{4} \cdot t + \frac{3}{4} \cdot \frac{1}{2} \mathcal{L}^{-1} \left\{ \frac{2}{s^2 + 4} \right\}$$

$$= \frac{t}{4} + \frac{3}{8} \sin 2t$$

隨堂練習

用拉氏轉換法驗證 $y'' - 4y' - 5y = 0$，但 $y(0) = 0$，$y'(0) = 0$ 之解為 $y = e^{5x} - e^{-x}$

拉氏轉換在積分方程式上之應用

應用迴旋定理，我們可解一些特定形式之積分方程式。

例 4　解 $y(t) = t + \int_0^t y(u) \sin(t - u) du$

解：

第一步：先求拉氏轉換

$\mathcal{L}(y(t)) = \dfrac{1}{s^2} + \mathcal{L}(y(t) * \sin t)$　*表迴旋運算

$Y(s) = \dfrac{1}{s^2} + Y(s) \cdot \dfrac{1}{s^2 + 1}$

第二步：移項

$\dfrac{s^2}{1 + s^2} Y(s) = \dfrac{1}{s^2}$

$Y(s) = \dfrac{1 + s^2}{s^4} = \dfrac{1}{s^4} + \dfrac{1}{s^2}$

第三步：求拉氏逆轉換

$$y(t) = \mathscr{L}^{-1}(\frac{1}{s^4} + \frac{1}{s^2}) = \mathscr{L}^{-1}(\frac{1}{s^4}) + \mathscr{L}^{-1}(\frac{1}{s^2}) = \frac{1}{6}t^3 + t$$

例 5　解 $y(t) = 1 + \int_0^t y(u)e^{t-u}du$

解：

第一步：先求拉氏轉換

$$\mathscr{L}(y(t)) = \frac{1}{s} + \mathscr{L}(y(t)*e^t)$$

$$Y(s) = \frac{1}{s} + Y(s) \cdot \frac{1}{s-1}$$

第二步：移項

$$(1 - \frac{1}{s-1})Y(s) = \frac{1}{s} \text{ ，}$$

$$\frac{s-2}{s-1}Y(s) = \frac{1}{s}$$

$$\therefore Y(s) = \frac{1}{s} \cdot \frac{s-1}{s-2}$$

第三步：求拉氏逆轉換

$$y(t) = \mathscr{L}^{-1}(\frac{1}{s} \cdot \frac{s-1}{s-2}) = \mathscr{L}^{-1}(\frac{1}{2s} + \frac{1}{2(s-2)}) = \frac{1}{2} + \frac{1}{2}e^{2t}$$

例 6 解 $y(t) = \sin t + \int_0^t y(u)\sin(t-u)du$

解：

第一步：先求拉氏轉換

$\mathcal{L}(y(t)) = \mathcal{L}(\sin t) + \mathcal{L}(y(t) * \sin t)$

$Y(s) = \dfrac{1}{1+s^2} + \dfrac{1}{1+s^2}Y(s)$

第二步：移項

$(1 - \dfrac{1}{1+s^2})Y(s) = \dfrac{1}{1+s^2}$

$\therefore \dfrac{s^2}{1+s^2}Y(s) = \dfrac{1}{1+s^2}$

即 $Y(s) = \dfrac{1}{s^2}$

第三步：求拉氏逆轉換

$\mathcal{L}^{-1}(Y(s)) = \mathcal{L}^{-1}(\dfrac{1}{s^2})$

$y(t) = t$

◆ 作 業

用拉氏轉換解下列各題：

1. $y'' + y = t$，$y(0) = 1$，$y'(0) = 2$

Ans：$y = \cos t + \sin t + t$

2. $y'' - 4y' + 3y = 10e^{-2x}$，$y(0) = 2$，$y'(0) = 2$

Ans：$y = \dfrac{1}{3}e^x + e^{3x} + \dfrac{2}{3}e^{-2x}$

3. $2y'' - 5y' + 2y = 2e^{2x}$，$y(0) = 0$，$y'(0) = 1$

Ans：$y = \dfrac{2}{9}e^{2x} + \dfrac{2}{3}xe^x - \dfrac{2}{9}e^{\frac{x}{2}}$

4. $y(t) = t^2 + \int_0^t y(u)\sin(t-u)\,du$

Ans：$y(t) = t^2 + \dfrac{1}{12}t^4$

5. $\int_0^t y(u)\cos(t-u)\,du = y'(t)$，$y(0) = 1$

Ans：$y(t) = 1 + \dfrac{1}{2}t^2$

6. $y(t) = t + 2\int_0^t \cos(t-u)y(u)\,du$

Ans：$y(t) = t + 2 + 2(t-1)e^t$

富利葉級數

◆ 4-1 預備知識

週期函數

　　若對所有x而言，函數 $f(x)$滿足 $f(x + T) = f(x)$，T為一正的常數，則稱 T 為 $f(x)$之最小週期(Least Period)或逕稱T為 $f(x)$之週期。

　　正弦函數 $y = \sin x$即為一週期函數，因$f(x + 2\pi) = \sin(x + 2\pi) = \sin x$其週期為$2\pi$，同理，$y = \cos x$亦為週期$2\pi$之週期函數。正切函數$y = \tan x$，因$f(x + \pi) = \tan(x + \pi) = \tan x$，故$y = \tan x$是週期為$\pi$之週期函數。

例 1　若$f(t)$為週期T之週期函數，試證$f(t+2T)=f(t)$

解：

$\because f(t)$為週期T之週期函數，$f(t+T)=f(t)$，$\forall t\in R$

$\therefore f(t+2T)=f[(t+T)+T]=f(y+T)$
$$=f(y)=f(t+T)=f(t)$$

例 2　求$y=\sin 2x$之週期T

解：

$f(x)=\sin 2x=\sin(2x+2\pi)=\sin(2(x+\pi))=f(x+\pi)$

$\therefore T=\pi$

例 3　試繪下列函數之圖形
$$f(x)=\begin{cases} 1 & ,1>x>0 \\ -1 & ,0>x>-1 \end{cases}，週期 T=2$$

解：

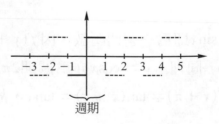

週期

例 4　試繪下列函數之圖形

$$f(x) = \begin{cases} \sin x & , \ 0 < x < \pi \\ 0 & , \ \pi < x < 2\pi \end{cases}, \ 週期 T = 2\pi$$

解：

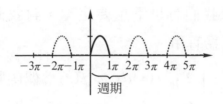

隨堂練習

試繪下列週期函數之圖形

$$f(x) = \begin{cases} 1 & , \ 1 > x > 0 \\ -1 & , \ 0 > x > -1 \end{cases}, \ 週期 T = 2$$

奇函數與偶函數

一個函數 $f(x)$，其定義域為 $(-a, a)$，a 可為 ∞，若 $f(x)$ 滿足 $f(-x) = f(x)$ 者稱為偶函數，如 $f_1(x) = \cos x$，$f_2(x) = x^2$，$f_3(x) = |x|$ 均是。函數 $f(x)$ 滿足 $f(-x) = -f(x)$ 者稱為奇函數，如 $f_1(x) = \sin x$，$f_2(x) = x^3$，$f_3(x) = \dfrac{1}{x}$ 等均是，像 $g(x) = x^2 + x + 1$ 便不為偶函數也不為奇函數。判斷一個函數是否為奇函數，只需看 $f(x) + f(-x) = 0$。當然，函數 f 之定義域亦必須對稱原點。

隨堂練習

判斷 (1) $f(x) = 1 - \cos x$　(2) $f(x) = x^3 + 1$　(3) $f(x) = x^{\frac{2}{3}}$　(4) $f(x) = x \mid x + 2 \mid$ 何者爲奇函數？何者爲偶函數？

由初等微積分我們有以下重要定理，對我們計算富利葉級數或富利葉積分時極爲有用。

定理：$\int_{-a}^{a} f(x)dx = \begin{cases} 2\int_{0}^{a} f(x)dx & : f(x)爲偶函數 \\ 0 & : f(x)爲奇函數 \end{cases}$

證明：(1)$f(x)$爲偶函數：即$f(-x) = f(x)$

$$\int_{-a}^{a} f(x)dx = \int_{-a}^{0} f(x)dx + \int_{0}^{a} f(x)dx$$

但 $\int_{-a}^{0} f(x)dx \overset{y=-x}{=\!=\!=\!=} -\int_{a}^{0} f(-y)dy$

$$= \int_{0}^{a} f(-y)dy = \int_{0}^{a} f(y)dy$$

$$\therefore \int_{-a}^{a} f(x)dx = \int_{-a}^{0} f(x)dx + \int_{0}^{a} f(x)dx = 2\int_{0}^{a} f(x)dx$$

(2)$f(x)$爲奇函數時之證明部份留作練習

例 5　計算：

(1) $\int_{-1}^{1} \sin(t^3)dx$ 　　　　(2) $\int_{-3}^{3} |x| dx$

(3) $\int_{-3}^{3} (x + 5x^3)^{\frac{1}{3}} dx$ 　　(4) $\int_{-1}^{1} (ax^2 + bx + c)dx$

解：

(1)$\because f(x) = \sin(x^3)$爲一奇函數

$$\therefore \int_{-1}^{1} \sin(x^3)dx = 0$$

(2) $\because f(x) = |x|$ 為一偶函數

$$\therefore \int_{-3}^{3} |x|\,dx = 2\int_{0}^{3} x\,dx = 2 \cdot \left.\frac{x^2}{2}\right|_{0}^{3} = 9$$

(3) $\because f(x) = (x + 5x^3)^{\frac{1}{3}}$ 為一奇函數

$$\therefore \int_{-3}^{3} (x + 5x^3)^{\frac{1}{3}}\,dx = 0$$

(4) $\int_{-1}^{1} (ax^2 + bx + c)dx$

$$= a\int_{-1}^{1} x^2 dx + b\int_{-1}^{1} x\,dx + c\int_{-1}^{1} 1\,dx$$

$$= 2a\int_{0}^{1} x^2 dx + b \cdot 0 + 2c\int_{0}^{1} 1\,dx = \frac{2}{3}a + 2c$$

例 6　求 $\int_{-2}^{2} x^2 + |x|\,dx$

解：

$$\because f(-x) = (-x)^2 + |-x|$$

$$= x^2 + |x| = f(x) , \therefore f(x)為偶函數$$

$$\therefore \int_{-2}^{2} x^2 + |x|\,dx = 2\int_{0}^{2} x^2 + x\,dx$$

$$= 2\left.\left(\frac{x^3}{3} + \frac{x^2}{2}\right)\right]_{0}^{2}$$

$$= 2\left(\frac{8}{3} + 2\right) = \frac{28}{3}$$

隨堂練習

驗證 $\int_{-1}^{1} x^2 \cos n\pi x \, dx = \dfrac{2(-1)^n}{n^2 \pi^2}$

附：三角函數之積化和差公式

$$2\sin\alpha\cos\beta = \sin(\alpha+\beta) + \sin(\alpha-\beta)$$

$$2\cos\alpha\sin\beta = \sin(\alpha+\beta) - \sin(\alpha-\beta)$$

$$2\cos\alpha\cos\beta = \cos(\alpha+\beta) + \cos(\alpha-\beta)$$

$$2\sin\alpha\sin\beta = \cos(\alpha-\beta) - \cos(\alpha+\beta)$$

◆ 作　業

1. 判斷下列那些函數是奇函數？那些是偶函數？哪些都不是？

(1) $f(x) = \sqrt{1+x^2}$

(2) $f(x) = |x^3|$

(3) $f(x) = x\sin x$

(4) $f(x) = 1 + x^2 + x\sin x$

(5) $f(x) = x|1+x|$

(6) $\dfrac{\pi}{2}$

(7) $\log \dfrac{1+x}{1-x}$

Ans： 奇函數：(7)

偶函數：(1)，(2)，(3)，(4)，(6)

(5)既非奇函數亦非偶函數

2.　試繪下列週期函數之圖形

(1)　$f(x) = x$ ， $1 > x > -1$ ， $T = 2$

(2)　$f(x) = \begin{cases} x & , 1 > x > 0 \\ 1 - x & , 2 > x > 1 \end{cases}$ ， $T = 2$

(3)　$f(x) = x^2$ ， $2 > x > -1$ ， $T = 3$

3.　若 $f(x)$ ， $g(x)$ 均為偶函數，試證 $f(x) + g(x)$ 亦為偶函數

4.　計算

(1)　$\int_0^\pi x \sin x \, dx$

(2)　$\int_{-1}^1 x \cos(x^3) \, dx$

(3)　$\int x^2 \cos x \, dx$

Ans:　(1) $\dfrac{3}{2}\pi$　(2) 0　(3) $x^2 \sin x + 2x\cos - 2\sin x + c$

◆ 4-2　富利葉級數

一些有用的三角積分結果

預備定理：

1.　$\int_{-L}^{L} \sin \dfrac{k\pi x}{L} \, dx = \int_{-L}^{L} \cos \dfrac{k\pi x}{L} \, dx = 0$ ； $k = 1, 2, 3, \cdots$

2.　$\int_{-L}^{L} \cos \dfrac{m\pi x}{L} \cos \dfrac{n\pi x}{L} \, dx = \int_{-L}^{L} \sin \dfrac{m\pi x}{L} \sin \dfrac{n\pi x}{L} \, dx = \begin{cases} 0 & m \neq n \\ L & m = n \end{cases}$

3.　$\int_{-L}^{L} \sin \dfrac{m\pi x}{L} \cos \dfrac{n\pi x}{L} \, dx = 0$

其中 m 與 n 為任意正整數。

證明：(1) $\int_{-L}^{L} \sin \dfrac{k\pi x}{L}\, dx = -\dfrac{L}{k\pi} \cos \dfrac{k\pi x}{L} \Big|_{-L}^{L}$

$\qquad\qquad\qquad = -\dfrac{L}{k\pi} \cos k\pi + \dfrac{L}{k\pi} \cos(-k\pi) = 0$

$\qquad\quad \int_{-L}^{L} \cos \dfrac{k\pi x}{L}\, dx = \dfrac{L}{k\pi} \sin \dfrac{k\pi x}{L} \Big|_{-L}^{L}$

$\qquad\qquad\qquad = \dfrac{L}{k\pi} \sin k\pi - \dfrac{L}{k\pi} \sin(-k\pi) = 0$

(2) $\cos A \cos B = \dfrac{1}{2}\{\cos(A-B) + \cos(A+B)\}$,

$\quad \sin A \sin B = \dfrac{1}{2}\{\cos(A-B) - \cos(A+B)\}$

① $m \neq n$ 時：

$\qquad \int_{-L}^{L} \cos \dfrac{m\pi x}{L} \cos \dfrac{n\pi x}{L}\, dx$

$\qquad = \dfrac{1}{2} \int_{-L}^{L} \left\{ \cos \dfrac{(m-n)\pi x}{L} + \cos \dfrac{(m+n)\pi x}{L} \right\} dx = 0$

$\qquad$ 及

$\qquad \int_{-L}^{L} \sin \dfrac{m\pi x}{L} \sin \dfrac{n\pi x}{L}\, dx$

$\qquad = \dfrac{1}{2} \int_{-L}^{L} \left\{ \cos \dfrac{(m-n)\pi x}{L} - \cos \dfrac{(m+n)\pi x}{L} \right\} dx = 0$

② $m = n$ 時：

$\qquad \int_{-L}^{L} \cos \dfrac{m\pi x}{L} \cos \dfrac{n\pi x}{L}\, dx = \dfrac{1}{2} \int_{-L}^{L} \left(1 + \cos \dfrac{2n\pi x}{L}\right) dx = L$

$\qquad \int_{-L}^{L} \sin \dfrac{m\pi x}{L} \sin \dfrac{n\pi x}{L}\, dx = \dfrac{1}{2} \int_{-L}^{L} \left(1 - \cos \dfrac{2n\pi x}{L}\right) dx = L$

(3) 留作習題

我們可進一步推導出：

1. $\quad \int_{c}^{c+2L} \sin \dfrac{k\pi x}{L}\, dx = \int_{c}^{c+2L} \cos \dfrac{k\pi x}{L}\, dx = 0$, $k = 1, 2, 3, \cdots$

2. $\displaystyle\int_c^{c+2L} \cos\frac{m\pi x}{L}\cos\frac{n\pi x}{L}\,dx = \int_c^{c+2L}\sin\frac{m\pi x}{L}\sin\frac{n\pi x}{L}\,dx$

$$= \begin{cases} 0, & m \neq n \\ L, & m = n \end{cases}$$

3. $\displaystyle\int_c^{c+2L}\sin\frac{m\pi x}{L}\cos\frac{n\pi x}{L}\,dx = 0$

富利葉級數之定義

設 $f(x)$ 定義於區間 $(-L, L)$，$(-L, L)$ 外之區間均有 $f(x+2L)$ $=f(x)$，即 $f(x)$ 有週期 $2L$，則富利葉級數(Fourier series)定義爲

$$\frac{a_0}{2} + \sum_{n=1}^{\infty}\left(a_n\cos\frac{n\pi x}{L} + b_n\sin\frac{n\pi x}{L}\right)$$

$$a_n = \frac{1}{L}\int_{-L}^{L}f(x)\cos\frac{n\pi x}{L}\,dx$$

$$b_n = \frac{1}{L}\int_{-L}^{L}f(x)\sin\frac{n\pi x}{L}\,dx \qquad n = 0, 1, 2, \cdots$$

若 $A + \displaystyle\sum_{n=1}^{\infty}\left(a_n\cos\frac{n\pi x}{L} + b_n\sin\frac{n\pi x}{L}\right)$ 在 $(-L, L)$ 中均匀收歛到 $f(x)$，即

$$f(x) = A + \sum_{n=1}^{\infty}\left(a_n\cos\frac{n\pi x}{L} + b_n\sin\frac{n\pi x}{L}\right) \quad\cdots\cdots\cdots\cdots\cdots \quad (1)$$

1. a_n：

我們以 $\cos\dfrac{m\pi x}{L}$ 遍乘(1)之二邊：

$$f(x) \cos \frac{m\pi x}{L} = A \cos \frac{m\pi x}{L} + \sum_{n=1}^{\infty} \left(a_n \cos \frac{m\pi x}{L} \cos \frac{n\pi x}{L} \right.$$

$$\left. + b_n \cos \frac{m\pi x}{L} \sin \frac{n\pi x}{L} \right)$$

$$\int_{-L}^{L} f(x) \cos \frac{m\pi x}{L} dx$$

$$= A \underbrace{\int_{-L}^{L} \cos \frac{m\pi x}{L} dx}_{0} + \sum_{n=1}^{\infty} \left\{ a_n \int_{-L}^{L} \cos \frac{m\pi x}{L} \cdot \cos \frac{n\pi x}{L} dx \right.$$

$$\left. + b_n \underbrace{\int_{-L}^{L} \cos \frac{m\pi x}{L} \sin \frac{n\pi x}{L} dx}_{0} \right\}$$

$$= \sum_{n \neq m} a_n \underbrace{\int_{-L}^{L} \cos \frac{m\pi x}{L} \cos \frac{n\pi x}{L} dx}_{0} + a_m \underbrace{\int_{-L}^{L} \cos \frac{m\pi x}{L} \cos \frac{m\pi x}{L} dx}_{m=n \text{ 時此積分結果為 } L}$$

$$= a_m L$$

$$\therefore a_m = \frac{1}{L} \int_{-L}^{L} f(x) \cos \frac{m\pi x}{L} dx , \ m = 1, 2, \cdots 。$$

因此，等價地，$a_n = \frac{1}{L} \int_{-L}^{L} f(x) \cos \frac{m\pi x}{L} dx$，$n = 1, 2, \cdots$

2. b_n：

同 1. 之推演方式，只不過在導 1. a_m 時我們先乘 $\cos \frac{m\pi x}{L}$ 而在

求 b_m 時，我們乘的是 $\sin \frac{m\pi x}{L}$，如此，我們可得：

$$b_m = \frac{1}{L} \int_{-L}^{L} f(x) \sin \frac{m\pi x}{L} dx , \ m = 1, 2, \cdots$$

因此，等價地，$b_n = \dfrac{1}{L} \displaystyle\int_{-L}^{L} f(x) \sin \dfrac{n\pi x}{L}\, dx$，$n = 1,\ 2,\ \cdots$

3. A：

$$\int_{-L}^{L} f(x)\,dx = \int_{-L}^{L} A\,dx + \sum_{n=1}^{\infty}\left(a_n \int_{-L}^{L} \cos \frac{n\pi x}{L}\, dx \right.$$

$$\left. + b_n \int_{-L}^{L} \sin \frac{n\pi x}{L}\, dx \right)$$

$$= 2AL$$

令 $a_0 = \dfrac{1}{L} \displaystyle\int_{-L}^{L} f(x)\,dx$，則 $A = \dfrac{a_0}{2}$

因此，A，a_n，b_n 均已求出。

積分之上、下限為 $c + 2L$，c 時，上述結果仍然成立，即：

若 $f(x)$ 之週期 $2L$，係數 a_n 與 b_n 為：

$$\begin{cases} a_n = \dfrac{1}{L} \displaystyle\int_{c}^{c+2L} f(x) \cos \dfrac{n\pi x}{L}\, dx \\[3mm] b_n = \dfrac{1}{L} \displaystyle\int_{c}^{c+2L} f(x) \sin \dfrac{n\pi x}{L}\, dx \end{cases} \qquad n = 0, 1, 2, \cdots$$

上式之 c 為任意實數。

因為 $\dfrac{a_0}{2} = \dfrac{1}{2L} \displaystyle\int_{-L}^{L} f(x)\,dx$，所以其常數值 $\dfrac{a_0}{2}$ 可解釋為 $f(x)$ 在一個週期內之平均數。

在此須特別強調級數(1)只是相對 $f(x)$ 之級數，本書為入門書，因此假設收斂到 $f(x)$。

定理：若$f(x)$為偶函數則其富利葉級數之$b_n = 0$，

若$f(x)$為奇函數則其富利葉級數之$a_n = 0$

證明：(1) $f(x)$為偶函數，其富利葉級數之b_n為

$$b_n = \frac{1}{L} \int_{-L}^{L} f(x) \sin \frac{n\pi x}{L} \, dx$$

令$g(x) = f(x) \sin \dfrac{n\pi x}{L}$，則

$$g(-x) = f(x) \sin \frac{n\pi(-x)}{L} = -f(x) \sin \frac{n\pi x}{L} = -g(x)$$

$\therefore g(x)$為奇函數

從而$b_n = \dfrac{1}{L} \int_{-L}^{L} f(x) \sin \dfrac{n\pi x}{L} \, dx = 0$

(2) $f(x)$為奇函數，其富利葉級數之a_n為

$$a_n = \frac{1}{L} \int_{-L}^{L} f(x) \cos \frac{n\pi x}{L} \, dx$$

令$h(x) = f(x) \cos \dfrac{n\pi x}{L}$，則

$$h(-x) = f(-x) \cos \frac{n\pi(-x)}{L} = -f(x) \cos \frac{n\pi x}{L} = -h(x)$$

$\therefore h(x)$為奇函數

從而$a_n = \dfrac{1}{L} \int_{-L}^{L} f(x) \cos \dfrac{n\pi x}{L} \, dx = 0$

由上定理，若$f(x)$為偶函數，那麼其富利葉級數不含餘弦項，$f(x)$為奇函數則不含正弦函數，因此可簡化計算步驟。

定理：$f(t)$為週期T之週期函數則

$$\int_{t_0}^{t_0 + T} f(t)dt = \int_{0}^{T} f(t)dt$$

為了便於求給定週期T之週期函數$f(t)$之富利葉級數，我們可寫成

$$f(t) = \frac{a}{2} + \sum_{n=1}^{\infty} a_n \cos\frac{2n\pi}{T}x + b_n \sin\frac{2n\pi}{T}x$$

$$a_0 = \int_{t_0}^{t_0+T} f(x)dx$$

$$a_n = \frac{2}{T} \int_{t_0}^{t_0+T} f(x)\cos\frac{2n\pi}{T}x\,dx$$

$$b_n = \frac{2}{T} \int_{t_0}^{t_0+T} f(x)\sin\frac{2n\pi}{T}x\,dx$$

例 1 求 $f(x) = x^2$，$-1 < x < 1$，$T = 2$ 之富利葉級數

解：

$\because f(x) = x^2$，$-1 < x < 1$ 為偶函數

$\therefore a_0 = \frac{2}{2} \int_{-1}^{1} x^2 dx = \frac{2}{3}$

$a_n = \frac{2}{2} \int_{-1}^{1} x^2 \cos\frac{2n\pi}{2}x\,dx = \int_{-1}^{1} x^2 \cos n\pi x\,dx$

$\quad = 2\int_{0}^{1} x^2 \cos n\pi x\,dx = \frac{2(-1)^n}{n^2\pi^2}$

$\therefore f(x) = \frac{1}{3} - \frac{2}{\pi^2}(\cos\pi - \frac{1}{4}\cos 2\pi x + \frac{1}{9}\cos 3\pi x\cdots)$

例 2 求 $f(x) = x$，$1 > x > -1$，$T = 2$ 之富利葉級數

解：

$f(x)$ 為一奇函數 $\quad \therefore a_n = 0$

$$a_0 = \frac{2}{2} \int_{-1}^{1} x dx = 0$$

$$b_n = \frac{2}{2} \int_{-1}^{1} x \sin \frac{2n\pi}{2} x dx = \int_{-1}^{1} x \sin n\pi x dx = 2 \int_{0}^{1} x \sin n\pi x dx$$

$$= 2 \left[\frac{-x}{n\pi} \cos n\pi x + \frac{1}{n\pi} \sin n\pi x \right] \Big|_{0}^{1}$$

$$= \begin{cases} \dfrac{2}{n\pi} & \text{，} n \text{爲奇數} \\[2mm] \dfrac{-2}{n\pi} & \text{，} n \text{爲偶數} \end{cases}$$

$$\therefore f(x) = \frac{2}{\pi} \left[\sin \pi x - \frac{1}{2} \sin 2\pi x + \frac{1}{3} \sin 3\pi x - \frac{1}{4} \sin 4\pi x \cdots \right]$$

隨堂練習

驗證 $f(x) = x$，$-\pi < x < \pi$，$T = 2\pi$ 之富利葉級數爲

$$f(x) = 2\sin x - \sin 2x + \frac{2}{3} \sin 3x - \cdots$$

例 3 求 $f(x) = x^2$，$\pi > x > -\pi$，$T = 2\pi$ 之富利葉級數，並試以 此結果求 $\displaystyle\sum_{n=1}^{\infty} \frac{1}{n^2} = ?$ 又 $\displaystyle\sum_{n=1}^{\infty} (-1)^{n+1} \frac{1}{n^2} = ?$

解：

$f(x)$ 爲一偶函數 $\quad \therefore b_n = 0$

$$(1) a_0 = \frac{2}{2\pi} \int_{-\pi}^{\pi} x^2 dx = \frac{2}{\pi} \int_{0}^{\pi} x^2 dx = \frac{2}{3} \pi^2$$

$$a_n = \frac{2}{2\pi} \int_{-\pi}^{\pi} x^2 \cos\frac{2n\pi x}{2\pi} dx = \frac{2}{\pi} \int_0^{\pi} x^2 \cos nx \, dx$$

$$= \frac{2}{\pi} \left[-\frac{x^2}{n} \sin nx + \frac{2x}{n^2} \cos nx - \frac{2}{n^3} \sin nx \right] \Bigg|_0^{\pi}$$

$$= \frac{4}{n^2} \cos n\pi = \begin{cases} \dfrac{4}{n^2} & ，n \text{ 爲偶數} \\[3mm] -\dfrac{4}{n^2} & ，n \text{ 爲奇數} \end{cases}$$

$$\therefore f(x) = \frac{a_2}{2} + \sum_{n=1}^{\infty} a_n \cos\frac{2n\pi x}{2\pi}$$

$$= \frac{\pi^3}{3} + \sum_{n=1}^{\infty} \frac{4}{n^2} \cos n\pi \cdot \cos n\pi$$

$$= \frac{\pi^3}{3} + 4 \left\{ \frac{-\cos x}{1^2} + \frac{\cos 2x}{2^2} - \frac{\cos 3x}{3^2} + \frac{\cos 4x}{4^2} - \cdots \right\}$$

$$= \frac{\pi^2}{3} - 4 \left\{ \frac{\cos x}{1^2} - \frac{1}{2^2} \cos 2x + \frac{1}{3^2} \cos 3x \right.$$

$$\left. -\frac{1}{4^2} \cos 4x + \cdots \right\}$$

(2) $f(x)$ 在 $x = \pi$ 爲連續

$$f(\pi) = \pi^2 = \frac{\pi^2}{3} - 4 \left\{ \frac{\cos 3\pi}{1^2} - \frac{\cos 2\pi}{2^2} + \frac{\cos 3\pi}{3^2} - \frac{\cos 4\pi}{4^2} + \cdots \right\}$$

$$\therefore \frac{2\pi^2}{3} = -4 \left\{ \frac{-1}{1^2} - \frac{1}{2^2} + \frac{-1}{3^2} - \frac{1}{4^2} + \cdots \right\}$$

$$= -4 \left\{ \frac{1}{1^2} + \frac{1}{2^2} + \frac{1}{3^2} + \frac{1}{4^2} + \cdots \right\}$$

即 $\dfrac{1}{1^2} + \dfrac{1}{2^2} + \dfrac{1}{3^2} + \cdots = \dfrac{\pi^2}{6}$

(3)由(1)

$$f(x) = \dfrac{\pi^2}{3} - 4\left\{ \dfrac{\cos x}{1^2} - \dfrac{1}{2^2}\cos 2x + \dfrac{1}{3^2}\cos 3x \right.$$

$$\left. - \dfrac{1}{4^2}\cos 4x + \cdots \right\}$$

令 $x = 0$ 則

$$f(0) = 0 = \dfrac{\pi^2}{3} - 4\left\{ \dfrac{1}{1^2} - \dfrac{1}{2^2} + \dfrac{1}{3^2} - \dfrac{1}{4^2} + \cdots \right\}$$

$$\therefore \dfrac{1}{1^2} - \dfrac{1}{2^2} + \dfrac{1}{3^2} - \dfrac{1}{4^2} + \cdots = \dfrac{\pi^2}{12}$$

例 4 求 $f(x) = \begin{cases} -1 & , -1 < x < 0 \\ 1 & , 0 < x < 1 \end{cases}$ ，$T = 2$ 之富利葉級數，並

以此結果驗證 $1 - \dfrac{1}{3} + \dfrac{1}{5} - \dfrac{1}{7} + \cdots = \dfrac{\pi}{4}$

解 :

$$\because f(-x) = \begin{cases} -1 & , -1 < -x < 0 \\ 1 & , 0 < x < 1 \end{cases}$$

$$\Rightarrow f(-x) = \begin{cases} -1 & , 1 > x > 0 \\ 1 & , 0 > x > -1 \end{cases}, \ f(-x) + f(x) = 0 \text{，知}$$

$f(x)$為一奇函數 $\quad \therefore a_n = 0$

$$a_0 = \dfrac{2}{T}\int_{-1}^{1} f(x)dx = \dfrac{2}{2}\int_{-1}^{0}(-1) + \dfrac{2}{2}\int_{0}^{1}(1)dx = 0$$

$$b_n = \frac{2}{T}\int_{-1}^{1}f(x)\sin\frac{2n\pi}{2}xdx = \int_{-1}^{1}f(x)\sin n\pi x dx$$

$$= \int_{-1}^{0}(-1)\sin n\pi x dx + \int_{0}^{1}(1)\sin n\pi x dx$$

$$= \frac{\cos n\pi x}{n\pi}\Big|_{-1}^{0} + \frac{-\cos n\pi x}{n\pi}\Big|_{0}^{1}$$

$$= \frac{1-\cos n\pi}{n\pi} + \frac{-\cos n\pi + 1}{n\pi}$$

$$= \frac{2-2\cos n\pi}{n\pi} = \begin{cases} \dfrac{4}{n\pi} & , n\text{ 為奇數} \\ 0 & , n\text{ 為偶數} \end{cases}$$

$$\therefore f(x) = \frac{4}{\pi}\left(\frac{\sin \pi x}{1} + \frac{\sin 3\pi x}{3} + \frac{\sin 5\pi x}{5} + \cdots\right)$$

讀者可取 $x = \dfrac{1}{2}$ 以驗證 $1 - \dfrac{1}{3} + \dfrac{1}{5} - \dfrac{1}{7} + \cdots = \dfrac{\pi}{4}$

例 5　求 $f(x) = \begin{cases} 0 & , -1 < x < 0 \\ x & , 0 < x < 1 \end{cases}$ ，$T = 2$ 之富利葉級數，並以

此結果驗證 $1 - \dfrac{1}{3} + \dfrac{1}{5} - \dfrac{1}{7} + \cdots = \dfrac{\pi}{4}$

解 :

$$a_0 = \frac{2}{T}\int_{-1}^{1}f(x)dx = \int_{-1}^{0}0dx + \int_{0}^{1}xdx = \frac{1}{2}$$

$$a_n = \frac{2}{T}\int_{-1}^{1}f(x)\cos\frac{2n\pi x}{T}dx$$

$$= \int_{-1}^{0}0\cdot\cos n\pi x dx + \int_{0}^{1}x\cos n\pi x dx$$

$$= \frac{\sin n\pi x}{n\pi} + \frac{\cos n\pi x}{n^2\pi^2}\Big|_0^1$$

$$= \begin{cases} \dfrac{-2}{n^2\pi^2} & , n \text{ 為奇數} \\ 0 & , n \text{ 為偶數} \end{cases}$$

$$b_n = \frac{2}{T}\int_{-1}^1 f(x)\sin\frac{2n\pi x}{T}dx = \int_{-1}^1 f(x)\sin n\pi x\, dx$$

$$= \int_{-1}^0 0\sin n\pi x\, dx + \int_0^1 x\sin n\pi x\, dx$$

$$= \frac{-x\cos n\pi x}{n\pi} + \frac{\sin n\pi x}{n^2\pi^2}\Big|_0^1$$

$$= \frac{-\cos n\pi}{n\pi} = \begin{cases} \dfrac{-1}{n\pi} & , n \text{ 為偶數} \\ \dfrac{1}{n\pi} & , n \text{ 為奇數} \end{cases}$$

$$\therefore f(x) = \frac{1}{4} - \frac{2}{\pi^2}\left(\cos\pi x + \frac{1}{9}\cos 3\pi x + \frac{1}{25}\cos 5\pi x + \cdots\right)$$

$$+ \frac{1}{\pi}\left(\sin\pi x - \frac{1}{2}\sin 2\pi x + \frac{1}{3}\sin 3\pi x \cdots\right)$$

取 $x = \dfrac{1}{2}$

$$f\left(\frac{1}{2}\right) = \frac{1}{2} = \frac{1}{4} - \frac{2}{\pi^2}(0) + \frac{1}{\pi}\left(1 - \frac{1}{3} + \frac{1}{5} - \frac{1}{7} + \cdots\right)$$

$$\therefore 1 - \frac{1}{3} + \frac{1}{5} - \frac{1}{7} + \cdots = \frac{\pi}{4}$$

隨堂練習

驗證 $f(x) = \begin{cases} 0 & , -5 < x < 0 \\ 3 & , 0 < x < 5 \end{cases}$，$T = 10$ 之富利葉級數為

$$\frac{3}{2} + \frac{6}{\pi}\left(\sin\frac{\pi x}{5} + \frac{1}{3}\sin\frac{3\pi x}{5} + \frac{1}{5}\sin\frac{5\pi x}{5} + \cdots\right)$$

　　以上所談的富利葉級數內容上是函數 $f(x)$ 之定義域為 $(-L, L)$ 在適當之條件下可展開成含有正弦項與餘弦項之級數。當 $f(x)$ 為奇函數時，其富利葉級數只有正弦項，$f(x)$ 為偶函數時，其富利葉級數只含餘弦項。而本子節所談之半幅富利葉正弦或富利餘弦級數，是只含正弦項或餘弦項之級數，這裡所稱的半幅是因為 $f(x)$ 之定義域常是 $(0, L)$ 為 $(-L, L)$ 一半故名之。在求函數 $f(x)$ 之半幅正弦級數或半幅餘弦級數，可將 $f(x)$ 做奇擴展(Odd Extension)或偶擴展(Even Extention)，使原定義域變為 $(-L, L)$，同時可得：

1. 半幅正弦級數：$a_n = 0$，$b_n = \dfrac{2}{L}\displaystyle\int_0^L f(x)\sin\frac{n\pi x}{L}dx$

2. 半幅餘弦級數：$a_n = \dfrac{2}{L}\displaystyle\int_0^L f(x)\cos\frac{n\pi x}{L}dx$，$b_n = 0$

例 6　　求 $f(x) = 1$ 在 $2 > x > 0$ 之半幅正弦級數

解：

$$T = 2$$

$$\therefore b_n = \frac{2}{T}\int_o^T f(x)\sin\frac{n\pi x}{T}dx = \int_o^2 1\sin\frac{n\pi x}{2}dx$$

$$= -\frac{2}{n\pi}\cos\frac{n\pi x}{2}\Big]_o^2 = -\frac{2}{n\pi}(\cos n\pi - 1)$$

$$= \frac{2}{n\pi}(1 - (-1)^n)$$

$$= \begin{cases} 0 & ，n 爲偶數 \\ \dfrac{4}{n\pi} & ，n 爲奇數 \end{cases}$$

$$\therefore 1 = f(x) = \frac{4}{\pi}\left(\frac{1}{1}\sin\frac{\pi x}{2} + \frac{1}{3}\sin\frac{3\pi x}{2} + \frac{1}{5}\sin\frac{5\pi x}{2} + \cdots\right)$$

例 7　　求 $f(x) = x$ 在 $2 > x > 0$ 之半幅餘弦級數

解：

$$T = 2$$

$$\therefore a_n = \frac{2}{T}\int_o^T f(x)\cos\frac{n\pi x}{T}dx = \int_o^2 x\cos\frac{n\pi x}{2}dx$$

$$= -\frac{2x}{n\pi}\sin\frac{n\pi x}{2}x + \frac{4}{n^2\pi^2}\cos\frac{n\pi}{2}x\Big]_o^2$$

$$= \frac{4}{n^2\pi^2}(\cos n\pi - 1) = \begin{cases} \dfrac{-4}{n^2\pi^2} & ，n 爲偶數(n \neq 0) \\ 0 & ，n 爲奇數 \end{cases}$$

又 $n = 0$ 時 $a_0 = \int_0^2 x dx = 2$

$$\therefore x = f(x)$$

$$= 1 - \frac{8}{\pi^2}\left(\frac{1}{1^2}\cos\frac{\pi x}{2} + \frac{1}{3^2}\cos\frac{3\pi x}{2} + \frac{1}{5^2}\cos\frac{5\pi x}{2} + \cdots\right)$$

例 8　　求 $f(x) = x^2$，$1 > x > 0$ 之半幅正弦級數

解：

$$\therefore b_n = \frac{2}{T}\int_o^T f(x)\sin\frac{n\pi}{T}x\,dx = 2\int_o^1 x^2\sin n\pi x\,dx$$

$$= 2\left[-\frac{x^2}{n\pi}\cos n\pi x - \frac{2x}{n^2\pi^2}\sin n\pi x + \frac{2}{n^3\pi^3}\cos n\pi x\right]_o^1$$

$$= 2\left[-\frac{1}{n\pi}\cos n\pi + \frac{2}{n^3\pi^3}\cos n\pi - \frac{2}{n^3\pi^3}\right]$$

$$= \begin{cases} \dfrac{2}{n\pi} - \dfrac{8}{n^3\pi^3} & ，n\ \text{為奇數} \\[3mm] -\dfrac{2}{n\pi} & ，n\ \text{為偶數} \end{cases}$$

$$\therefore x^2 = f(x)$$

$$= \left[\left(\frac{2}{\pi} - \frac{8}{\pi^3}\right)\sin\pi x - \frac{1}{\pi}\sin 2\pi x + \left(\frac{2}{3\pi} - \frac{8}{27\pi^3}\right)\sin 3\pi x\right.$$

$$\left. - \frac{1}{2\pi}\sin 4\pi x + \left(\frac{2}{5\pi} - \frac{8}{125\pi^3}\right)\sin 5\pi x - \frac{1}{3\pi}\sin 6\pi x + \cdots\right]$$

隨堂練習

驗證 $f(x) = 1$，$1 > x > 0$ 之半幅正弦級數為

$$f(x) = \frac{4}{\pi}\left(\sin\pi x + \frac{1}{3}\sin 3\pi x + \frac{1}{5}\sin 5\pi x + \cdots\right)$$

◆ 作 業

1. 求 $f(x) = 1 - |x|$，$-3 \leqq x \leqq 3$，$T = 6$ 之富利葉級數

Ans： $-\dfrac{1}{2} + \dfrac{12}{\pi^2}\left(\cos\dfrac{\pi}{3}x + \dfrac{1}{9}\cos\dfrac{3\pi x}{3} + \dfrac{1}{25}\cos\dfrac{5\pi}{3}x + \cdots\right)$

2. 求 $f(x) = 1 - x^2$，$1 > x > -1$，$T = 2$ 之富利葉級數

Ans： $\dfrac{2}{3} + \dfrac{4}{\pi^2}\left(\cos\pi x - \dfrac{1}{4}\cos 2\pi x + \dfrac{1}{9}\cos 3\pi x - \cdots\right)$

3. 求 $f(x) = \begin{cases} 0 & , -\pi < x < 0 \\ \pi & , 0 < x < \pi \end{cases}$，$T = 2\pi$ 之富利葉級數

Ans： $\dfrac{\pi}{2} + 2\left[\sin x + \dfrac{\sin 3x}{3} + \dfrac{\sin 5x}{5} + \cdots\right]$

4. 求 $f(x) = |\sin x|$，$\pi > x > -\pi$，$T = 2\pi$ 之富利葉級數

Ans： $\dfrac{2}{\pi} - \dfrac{4}{\pi}\left(\dfrac{1}{3\times 1}\cos 2x + \dfrac{1}{5\times 3}\cos 4x + \cdots\right)$

5. 求 $f(x) = \begin{cases} 1 & -\dfrac{\pi}{2} < x < \dfrac{\pi}{2} \\ 0 & \dfrac{\pi}{2} < x < \dfrac{3}{2}\pi \end{cases}$，$T = 2\pi$ 之富利葉級數

Ans： $\dfrac{1}{2} + \dfrac{2}{\pi}\left(\cos x - \dfrac{1}{3}\cos 3x + \dfrac{1}{5}\cos 5x\cdots\right)$

6. 求 $f(x) = |x|$，$\pi > x > -\pi$，$T = 2\pi$ 之富利葉級數

Ans： $\dfrac{\pi}{2} - \dfrac{4}{\pi}\left(\cos x + \dfrac{1}{9}\cos 3x + \dfrac{1}{25}\cos 5x + \cdots\right)$

7. 求 $f(x) = \begin{cases} x & , 1 > x > 0 \\ 0 & , 2 > x > 1 \end{cases}$，$T = 2$ 之富利葉級數

Ans：$\dfrac{1}{4} - \dfrac{2}{\pi^2}\left[\cos\pi x + \dfrac{\cos 3\pi x}{9} + \dfrac{\cos 5\pi x}{25} + \cdots\right]$

$\qquad + \dfrac{1}{\pi}\left[\sin\pi x - \dfrac{\sin 2\pi x}{2} + \dfrac{\sin 3\pi x}{3} - \cdots\right]$

8. 求 $f(x) = \begin{cases} x & , \ 0 < x < 1 \\ 0 & , \ 1 < x < 2 \end{cases}$，$T = 2$ 之富利葉級數，並以此求

$\dfrac{1}{1^2} + \dfrac{1}{3^2} + \dfrac{1}{5^2} + \dfrac{1}{7^2} + \cdots$

Ans：(令 $x = 0$) $\dfrac{\pi^2}{8}$

9. 由例 7 求 $f(x)$ 之半幅正弦級數

Ans：$f(x) = \dfrac{4}{\pi}\left(\sin\dfrac{\pi x}{2} - \dfrac{1}{2}\sin\dfrac{2\pi x}{2} + \dfrac{1}{3}\sin\dfrac{3\pi x}{2} - \cdots\right)$

10. 試證 $\displaystyle\int_{-L}^{L} \sin\dfrac{n\pi x}{L}\cos\dfrac{n\pi x}{L}\,dx = 0$

11. $f(t)$ 爲週期 T 之週期函數，試證 $\displaystyle\int_{t_0}^{t_0+T} f(t)dt = \int_{0}^{T} f(t)dt$

矩　陣

◆ 5-1　線性聯立方程組

n 元線性聯立方程組之名詞

考慮下列線性聯立方程組：

$$\begin{cases} a_{11}x_1 + a_{12}x_2 + \cdots + a_{1n}x_n = b_1 \\ a_{21}x_1 + a_{22}x_2 + \cdots + a_{2n}x_n = b_2 \\ \quad\vdots \qquad\qquad\qquad\qquad\quad \vdots \\ a_{m1}x_1 + a_{m2}x_2 + \cdots + a_{mn}x_n = b_m \end{cases}$$

聯立方程組中，若 $b_1 = b_2 = \cdots = b_m = 0$ 時稱為齊次線性方程組 (Homogeneous System of Linear Equations)。

例 1　$\begin{cases} x + y = 4 \\ 2x + 3y = 10 \end{cases}$ 恰有一組解$(2，2)$，幾何表現為二相異直線交於一點$(2，2)$。

$\begin{cases} x + y = 4 \\ 2x + 2y = 8 \end{cases}$ 有無窮多組解，其幾何表現為同一直線。

$\begin{cases} x + y = 4 \\ 2x + 2y = 5 \end{cases}$ 無解，其幾何表現為二平行線。

n 元線性聯立方程組之解法——Gauss-Jordan 法

Gauss-Jordan 解法之步驟

1.　將本節所述之聯立方程組寫成如下之擴張矩陣(Augmented Matrix)：

$$\underbrace{\begin{bmatrix} a_{11} & a_{12} & \cdots & a_{1n} \\ a_{21} & a_{22} & \cdots & a_{2n} \\ \vdots & \vdots & \vdots \\ a_{m1} & a_{m2} & \cdots & a_{mn} \end{bmatrix}}_{\text{係數矩陣}} \underbrace{\begin{bmatrix} b_1 \\ b_2 \\ \vdots \\ b_m \end{bmatrix}}_{\text{右手係數}} \quad\cdots\cdots\cdots\cdots\cdots\cdots\cdots\cdots\cdots *$$

其中 $\begin{bmatrix} a_{11} & a_{12} & \cdots & a_{1n} \\ a_{21} & a_{22} & \cdots & a_{2n} \\ \vdots & \vdots & \vdots \\ a_{m1} & a_{m2} & \cdots & a_{mn} \end{bmatrix}$ 稱為係數矩陣(Coefficient Matrix)，

$\begin{bmatrix} b_1 \\ b_2 \\ \vdots \\ b_m \end{bmatrix}$ 稱為右手係數(Right-hand Coefficient)

2. 透過基本列運算將*化成簡化之列梯形式：

在此標題中出現了二個在線性代數中很重要的名詞，首先是基本列運算(Elementary Row Operation)：基本列運算有三種：①任意二列對調②任一列乘上異於零之數③任一列乘上一個異於零之數再加上另一列，這些運算亦稱爲列等值(Row Equivalent)，也就是這些運算只是便於我們求得解集合，並不會改變聯立方程組之解集合。

其次，簡化之列梯形式(Row Reduced Echelon Form)是指一個矩陣同時滿足下列三個條件：

(1) 每列之左邊第一個非零元素必爲 1 且包含該元素之同行之其他元素均爲 0。

(2) 設第 k 列及第 $k+1$ 列均不爲零列(所謂零列是指矩陣中之元素均爲 0 之列)若 $a_{k,i}$ 及 $a_{k+1,j}$ 均爲該列異於 0 之第一個元素則 $i < j$。

(3) 所有零列必在非零列之下方。

例如 $\begin{bmatrix} 1 & 0 & 0 \\ 0 & 1 & 0 \\ 0 & 0 & 1 \end{bmatrix}$、$\begin{bmatrix} 1 & 2 & 0 \\ 0 & 0 & 1 \\ 0 & 0 & 0 \end{bmatrix}$、$\begin{bmatrix} 1 & 3 & 0 & 6 \\ 0 & 0 & 1 & 3 \\ 0 & 0 & 0 & 0 \end{bmatrix}$ 均爲簡化之梯形式。

3. 將求得之簡化之列梯形式由後列向前列，逐一代入求解，亦即用後代法(Back Substitution)求解。

例 2 解 $\begin{cases} x_1 + x_2 + 3x_3 = -2 \\ -x_1 - 2x_2 = -1 \\ 2x_1 + 2x_2 - 3x_3 = 5 \end{cases}$

解：

$$
\begin{bmatrix} 1 & 1 & 3 & | & -2 \\ -1 & -2 & 0 & | & -1 \\ 2 & 2 & -3 & | & 5 \end{bmatrix} \rightarrow \begin{bmatrix} ① & 1 & 3 & | & -2 \\ 0 & -1 & 3 & | & -3 \\ 0 & 0 & -9 & | & 9 \end{bmatrix}
$$

$$
\rightarrow \begin{bmatrix} ① & 1 & 3 & | & -2 \\ 0 & -1 & 3 & | & -3 \\ 0 & 0 & ① & | & -1 \end{bmatrix} \rightarrow \begin{bmatrix} ① & 1 & 0 & | & 1 \\ 0 & -1 & 0 & | & 0 \\ 0 & 0 & ① & | & -1 \end{bmatrix}
$$

$$
\rightarrow \begin{bmatrix} ① & 1 & 0 & | & 1 \\ 0 & ① & 0 & | & 0 \\ 0 & 0 & ① & | & -1 \end{bmatrix} \rightarrow \begin{bmatrix} ① & 0 & 0 & | & 1 \\ 0 & ① & 0 & | & 0 \\ 0 & 0 & ① & | & -1 \end{bmatrix}
$$

$\therefore x_1 = 1$，$x_2 = 0$，$x_3 = -1$

例 3　$\begin{cases} x + 2y + 4z = 3 \\ 2x - y + z = 7 \\ -4x + 7y + 5z = 4 \end{cases}$

解：

$$
\begin{bmatrix} ① & 2 & 4 & | & 3 \\ 2 & -1 & 1 & | & 7 \\ -4 & 7 & 5 & | & 4 \end{bmatrix} \rightarrow \begin{bmatrix} ① & 2 & 4 & | & 3 \\ 0 & -5 & -7 & | & 1 \\ 0 & 15 & 21 & | & 16 \end{bmatrix}
$$

$$
\rightarrow \begin{bmatrix} ① & 2 & 4 & | & 3 \\ 0 & ① & \dfrac{7}{5} & | & -\dfrac{1}{5} \\ 0 & 15 & 21 & | & 16 \end{bmatrix} \rightarrow \begin{bmatrix} 1 & 2 & 4 & | & 3 \\ 0 & 1 & \dfrac{7}{5} & | & -\dfrac{1}{5} \\ 0 & 0 & 0 & | & 19 \end{bmatrix}
$$

$\because$ 其第三列表示 $0x + 0y + 0z = 19$

$\therefore$ 聯立方程組無解。

例 4　解 $\begin{cases} x_1 + 2x_2 - x_3 + x_4 = 2 \\ 2x_1 + x_2 + x_3 - x_4 = 3 \\ x_1 + 2x_2 - 3x_3 + 2x_4 = 2 \end{cases}$

解：

$$\begin{bmatrix} 1 & 2 & -1 & 1 & 2 \\ 2 & 1 & 1 & -1 & 3 \\ 1 & 2 & -3 & 2 & 2 \end{bmatrix} \rightarrow \begin{bmatrix} ① & 2 & -1 & 1 & 2 \\ 0 & -3 & 3 & -3 & -1 \\ 0 & 0 & -2 & 1 & 0 \end{bmatrix}$$

$$\rightarrow \begin{bmatrix} ① & 2 & -1 & 1 & 2 \\ 0 & ① & -1 & 1 & \dfrac{1}{3} \\ 0 & 0 & 1 & -\dfrac{1}{2} & 0 \end{bmatrix}$$

$$\rightarrow \begin{bmatrix} ① & 0 & 1 & -1 & \dfrac{4}{3} \\ 0 & ① & -1 & 1 & \dfrac{1}{3} \\ 0 & 0 & 1 & -\dfrac{1}{2} & 0 \end{bmatrix} \begin{bmatrix} ① & 0 & 0 & -\dfrac{1}{2} & \dfrac{4}{3} \\ 0 & ① & 0 & \dfrac{1}{2} & \dfrac{1}{3} \\ 0 & 0 & ① & -\dfrac{1}{2} & 0 \end{bmatrix}$$

這是一個簡化的列梯形式，我們停止列運算，並取 $x_4 = t$，

則 $x_3 = \dfrac{t}{2}$，$x_2 = -\dfrac{t}{2} + \dfrac{1}{3}$，$x_1 = \dfrac{t}{2} + \dfrac{4}{3}$，$t \in R$

t 稱為自由變數(free variable)，顯然此聯立方程組有無限多

組解。

隨堂練習

用本節方法解 $\begin{cases} x + y + z = -1 \\ \quad\quad y + z = -1 \\ \quad\quad 2y + 3z = 3 \end{cases}$

Ans：$x = 0$，$y = -6$，$z = 5$

◆ 作 業

1. 解 $\begin{cases} \quad\quad\quad x_3 + 2x_4 = -1 \\ x_1 - 4x_2 + 2x_3 + 9x_4 = 0 \\ 3x_1 - 12x_2 - x_3 + 13x_4 = 7 \end{cases}$

Ans：$x_1 = 2 + 4t - 5s$，$x_2 = t$，$x_3 = -1 - 2s$，$x_4 = s$；s，$t \in R$

2. 解 $\begin{cases} x_1 + 2x_2 + 3x_3 = 9 \\ 4x_1 + 5x_2 + 6x_3 = 24 \\ 2x_1 + 7x_2 + 12x_3 = 30 \end{cases}$

Ans：$x_1 = t + 1$，$x_2 = -2t + 4$，$x_3 = t$；$t \in R$

3. 解 $\begin{cases} x_1 + x_2 = 5 \\ 2x_1 + x_2 - x_3 = 6 \\ 3x_1 - 2x_2 + 2x_3 = 7 \end{cases}$

Ans：$x_1 = \dfrac{19}{7}$，$x_2 = \dfrac{16}{7}$，$x_3 = \dfrac{12}{7}$

◆5-2　矩陣之基本運算

矩陣意義

定義：下列是一個有 m 個列(Row)，n 個行(Column)之陣列 (Array)，我們稱此陣列為 m 列 n 行矩陣(Matrix)，其階數為 $m \times n$。

$$\begin{bmatrix} a_{11} & a_{12} & \cdots & a_{1n} \\ a_{21} & a_{22} & \cdots & a_{2n} \\ \cdots & \cdots & \cdots & \cdots \\ a_{m1} & a_{m2} & \cdots & a_{mn} \end{bmatrix}$$

a_{ij} 為第 i 列第 j 行元素。

例 1　$A = \begin{bmatrix} 1 & -2 & 8 & 0 \\ 4 & 0 & -5 & -1 \\ 0 & 4 & 3 & -2 \end{bmatrix}$ 為一 3×4 階矩陣，$a_{13} = 8$，

$a_{32} = 4$，$a_{14} = 0$

若矩陣之列數與行數均為 n 時，我們稱此種矩陣為 n 階方陣 (Square Matrix)。

若兩個矩陣有相同之階數，則稱此二矩陣為同階矩陣。

二矩陣相等之條件

$A = [a_{ij}]$，$B = [b_{ij}]$，若且惟若 A，B 有相同之階數且 $a_{ij} = b_{ij} \forall i$，$j$ 則 $A = B$。

例 2　自下列矩陣解出 a，b，c，d 之值。
$$\begin{bmatrix} a & b+c \\ a+b & a+d \end{bmatrix} = \begin{bmatrix} 1 & -1 \\ 3 & 0 \end{bmatrix}$$

解：

$$\begin{cases} a = 1 \\ a+b = 3 \\ b+c = -1 \\ a+d = 1 \end{cases}$$
　　解之 $a = 1$，$b = 2$，$c = -3$，$d = 0$

矩陣之加法

　　若 $A = [a_{ij}]_{m \times n}$，$B = [b_{ij}]_{m \times n}$，則定義 $C = A + B$ 為 $C = [c_{ij}]_{m \times n}$
其中 $c_{ij} = a_{ij} + b_{ij} \,\forall\, i$，$j$。

定理：A，B，C 為同階矩陣，則

　　(1) $A + B = B + A$ (滿足交換律)。

　　(2) $(A + B) + C = A + (B + C)$ (滿足結合律)。

　　(2) 之證明：

　　令 $A = [a_{ij}]_{m \times n}$，$B = [b_{ij}]_{m \times n}$，$C = [c_{ij}]_{m \times n}$

　　則 $A + (B + C)$ 與 $(A + B) + C$ 均為 $m \times n$ 階矩陣，因它們在

　　$(i，j)$ 位置之元素滿足 $a_{ij} + (b_{ij} + c_{ij}) = (a_{ij} + b_{ij}) + c_{ij}$

　　$\therefore A + (B + C) = (A + B) + C$

矩陣之減法

若 $A = [a_{ij}]_{m \times n}$，$B = [b_{ij}]_{m \times n}$，則定義 $C = A - B$ 為 $C = [c_{ij}]_{m \times n}$，其中 $c_{ij} = a_{ij} - b_{ij} \forall i$，$j$。

純量與矩陣之乘法

若 λ 為一純量(scalar)，且 $A = [a_{ij}]_{m \times n}$ 則定義 $C = \lambda A$ 為 $C = [c_{ij}]_{m \times n}$，其中 $c_{ij} = \lambda a_{ij} \forall i$，$j$。

例 3　$A = \begin{bmatrix} 1 & 0 & 3 \\ -2 & 1 & -1 \end{bmatrix}$，$B = \begin{bmatrix} 0 & 2 & 1 \\ -3 & 1 & -4 \end{bmatrix}$ 則

設 $C = \begin{bmatrix} 1 & 0 \\ 2 & 0 \end{bmatrix}$ 則 $A + C$ 不成立，(因 A，C 為不同之階數)。

$2A = \begin{bmatrix} 2 & 0 & 6 \\ -4 & 2 & -2 \end{bmatrix}$

矩陣與矩陣之乘法

矩陣之乘法有兩種，一是剛剛我們討論過的純量與矩陣之乘積，一是二個矩陣之乘積。

若 A 為一 $m \times n$ 階矩陣，B 為一 $n \times p$ 階矩陣，則 $C = A \cdot B$ 為一 $m \times p$ 階矩陣。上述 AB 可乘之條件為 A 之行數必需等於 B 之列數。若 $C = A \cdot B$ (A，B 為可乘)，則 $c_{ij} = \sum_{k=1}^{n} a_{ik}b_{kj}$，一般而言，$A$，$B$ 即便可乘，$AB = BA$ 不恒成立，若 $AB = BA$ 則特稱 A，B 為可交換(Commute)。

例 4 $A = \begin{bmatrix} 1 & 0 & 3 \\ -2 & 1 & -1 \end{bmatrix}$, $B = \begin{bmatrix} 1 & 1 \\ 1 & 1 \\ -2 & 0 \end{bmatrix}$, A 為 2×3 階矩陣, B

為 3×2 階矩陣, 故 A, B 為可乘, 其結果為一 2×2 階矩陣。

矩陣之轉置

任意二矩陣 $A = [a_{ij}]_{m \times n}$, $B = [b_{ij}]_{m \times n}$ 若 $a_{ij} = b_{ji} \forall i$, j, 則 A 為 B 之轉置矩陣(Transpose Matrix), A 之轉置矩陣常用 A^T 表之, 有一些書是用 A^t, ^tA 或 A' 來表示。

轉置矩陣之性質

1. $(A^T)^T = A$

2. $(AB)^T = B^T A^T$(設 A, B 為可乘)

3. $(A + B)^T = A^T + B^T$(設 A, B 為同階)

4. A 為方陣則 $|A| = |A^T|$, 即 A 之行列式與其轉置之行列式同。

例 5 $A = \begin{bmatrix} 1 & 0 & 3 \\ -2 & 1 & -1 \end{bmatrix}$ 則 A 之轉置矩陣 A^T 為 $\begin{bmatrix} 1 & -2 \\ 0 & 1 \\ 3 & -1 \end{bmatrix}$

簡單地說, A 之第一個橫列為 A^T 之第一個縱行, A 之第二個橫列為 A^T 之第二個縱行, …。

矩陣之逆

A為一n階方陣，若存在一方陣B使得$AB = I$則稱B為A之反矩陣(Inverse Matrix)。

定理：若B為A之反矩陣則$AB = BA = I$，且B為唯一。

注意：下列幾個術語均為同義(A為n階方陣)

(1)A^{-1}存在。

(2)$|A| \neq 0$ (A之行列式值不為0)。

(3)A為非奇異矩陣(Non-singular matrix)。

(4)A為全秩(Full Rank)。

二階行列式

二階行列式之計算通式為

$$\begin{vmatrix} a & b \\ c & d \end{vmatrix} = ad - bc$$

在三、四……階之行列式計算見下節。

例 6　求$A = \begin{bmatrix} 4 & 2 \\ 2 & 1 \end{bmatrix}$之反矩陣。

解：

$$\because |A| = \begin{vmatrix} 4 & 2 \\ 2 & 1 \end{vmatrix} = 0 \quad \therefore A^{-1}不存在。$$

一般用來求方陣之反矩陣的方法有下列二種：

1. 解方程式法：

例如求 $A = \begin{bmatrix} 1 & -1 \\ 1 & 2 \end{bmatrix}$ 之反矩陣。

取 $A^{-1} = \begin{bmatrix} x & z \\ y & w \end{bmatrix}$ 則 $\begin{bmatrix} 1 & -1 \\ 1 & 2 \end{bmatrix} \begin{bmatrix} x & z \\ y & w \end{bmatrix} = \begin{bmatrix} 1 & 0 \\ 0 & 1 \end{bmatrix}$

即 $\begin{bmatrix} x-y & z-w \\ x+2y & z+2w \end{bmatrix} = \begin{bmatrix} 1 & 0 \\ 0 & 1 \end{bmatrix}$

則 $x = \dfrac{2}{3}$ ， $y = -\dfrac{1}{3}$ ， $w = z = \dfrac{1}{3}$

$\therefore A^{-1} = \dfrac{1}{3} \begin{bmatrix} 2 & 1 \\ -1 & 1 \end{bmatrix}$

2. 用列運算：其法是將擴張矩陣 $[A|I]$ 經列運算求得 $[I|A^{-1}]$ 。
   以上例爲例重做如下：

$$\underbrace{\begin{bmatrix} 1 & -1 \\ 1 & 2 \end{bmatrix}}_{A} \; \underbrace{\begin{bmatrix} 1 & 0 \\ 0 & 1 \end{bmatrix}}_{I}$$

$$\left[\begin{array}{cc|cc} 1 & -1 & 1 & 0 \\ 0 & 3 & -1 & 1 \end{array}\right] \rightarrow \left[\begin{array}{cc|cc} 1 & -1 & 1 & 0 \\ 0 & 1 & -\dfrac{1}{3} & \dfrac{1}{3} \end{array}\right] \rightarrow \underbrace{\left[\begin{array}{cc|cc} 1 & 0 & \dfrac{2}{3} & \dfrac{1}{3} \\ 0 & 1 & -\dfrac{1}{3} & \dfrac{1}{3} \end{array}\right]}_{I \qquad A^{-1}}$$

$$\therefore A^{-1} = \begin{bmatrix} \dfrac{2}{3} & \dfrac{1}{3} \\ -\dfrac{1}{3} & \dfrac{1}{3} \end{bmatrix}$$

與上例之解方程式方法所得之答案相同。

隨堂練習

驗證 $A = \begin{bmatrix} a & b \\ c & d \end{bmatrix}$，若 A^{-1} 存在則 $A^{-1} = \dfrac{1}{|A|} \begin{bmatrix} d & -b \\ -c & a \end{bmatrix}$，$|A|$ 爲

A 之行列式

例 7　若 A，B 均爲 n 階非奇異陣，且 A，B 爲交換陣，試證 A^{-1}，

B^{-1} 亦爲交換陣。

解：

$(AB)^{-1} = B^{-1}A^{-1}$，$(BA)^{-1} = A^{-1}B^{-1}$

$\because A$，B 爲交換陣 $AB = BA$

$\therefore (AB)^{-1} = (BA)^{-1}$，即 $A^{-1}B^{-1} = B^{-1}A^{-1}$

因此，A^{-1}，B^{-1} 爲交換陣。

◆ 作 業

1. 若 $A = \begin{bmatrix} 1 & 0 & -2 \\ -1 & 1 & 1 \end{bmatrix}$，$B^T = \begin{bmatrix} 1 & -1 & 2 \\ 0 & 0 & 1 \end{bmatrix}$，求 $A \cdot B$ 及 $B \cdot A$

Ans：$\begin{bmatrix} -3 & -2 \\ 0 & 1 \end{bmatrix}$；$\begin{bmatrix} 1 & 0 & -2 \\ -1 & 0 & 2 \\ 1 & 1 & -3 \end{bmatrix}$

2. 給定方陣 A，試驗證下列等式

(1)　$A = \begin{bmatrix} 1 & -1 \\ 0 & 2 \end{bmatrix}$，驗證 $A^2 - 3A + 2I = 0$

(2)　$A = \begin{bmatrix} 1 & 1 \\ 1 & -2 \end{bmatrix}$，驗證 $A^2 + A - 3I = 0$

3.　求 $\left(3 \begin{bmatrix} -1 & 0 \\ 2 & 1 \end{bmatrix} - 2 \begin{bmatrix} 1 & 1 \\ 1 & 1 \end{bmatrix} \right) \begin{bmatrix} 2 & 1 \\ -1 & 1 \end{bmatrix}$

Ans：$\begin{bmatrix} -8 & -7 \\ 7 & 5 \end{bmatrix}$

4.　求下列方陣之反矩陣

(1)　$\begin{bmatrix} 1 & -1 \\ 0 & 2 \end{bmatrix}$　　　　　　　　(2)　$\begin{bmatrix} -3 & 5 \\ 2 & 1 \end{bmatrix}$

(3)　$\begin{bmatrix} 0 & 1 & 0 \\ 2 & 0 & 0 \\ 0 & 0 & 3 \end{bmatrix}$　　　　(4)　$\begin{bmatrix} 2 & 0 & 3 \\ 1 & 1 & -1 \\ -2 & 0 & -3 \end{bmatrix}$

Ans：(1) $\dfrac{1}{2} \begin{bmatrix} 2 & 1 \\ 0 & 1 \end{bmatrix}$　　　(2) $-\dfrac{1}{13} \begin{bmatrix} 1 & -5 \\ -2 & -3 \end{bmatrix}$

(3) $\begin{bmatrix} 0 & \dfrac{1}{2} & 0 \\ 1 & 0 & 0 \\ 0 & 0 & \dfrac{1}{3} \end{bmatrix}$　　　(4) $\begin{bmatrix} 0 & 0 & -\dfrac{1}{2} \\ -\dfrac{1}{2} & 1 & \dfrac{3}{2} \\ 1 & 0 & 1 \end{bmatrix}$

5.(1)　A 為任一方陣，若滿足 $A = A^T$ 時稱 A 為對稱陣，而 $A = -A^T$ 時稱 A 為斜對稱陣，試證任一方陣 A 可表成 $A = \dfrac{1}{2}(A + A^T) + \dfrac{1}{2}(A - A^T)$，並證明 $\dfrac{1}{2}(A + A^T)$ 為對稱陣，$\dfrac{1}{2}(A - A^T)$ 為斜對稱陣。

(2)　利用(1)之結果將A表成對稱陣與斜對稱陣之和

$$\left(A = \begin{bmatrix} 6 & 5 & 3 \\ 5 & 2 & -1 \\ 4 & -1 & 9 \end{bmatrix} \right) 。$$

Ans：$A = \dfrac{1}{2} \begin{bmatrix} 12 & 10 & 7 \\ 10 & 4 & -2 \\ 7 & -2 & 18 \end{bmatrix} + \dfrac{1}{2} \begin{bmatrix} 0 & 0 & -1 \\ 0 & 0 & 0 \\ 1 & 0 & 0 \end{bmatrix}$

6.　$A = \begin{bmatrix} \cos\theta & \sin\theta & 0 \\ -\sin\theta & \cos\theta & 0 \\ 0 & 0 & 1 \end{bmatrix}$，試證 $A^T A = I$

7.　若A為非奇異陣，試證$(A^T)^{-1} = (A^{-1})^T$(提示$(A^{-1}A)^T = I^T = I$)

8.　A，B為二同階方陣，舉一反例說明下列是否關係成立？又成立之條件為何？

(1)　$(A + B)(A + B) = A^2 + 2AB + B^2$

(2)　$(A + B)(A - B) = A^2 - B^2$

Ans：A，B為可變換，即 $AB = BA$

◆ 5-3　行列式

　　行列式概念最早出現於解線性方程組的過程中，十七世紀末，日本數學家關孝和與德國數學家萊布尼茨的著作中就已使用行列式來線性方程式的問題，本書行列式除了解線性方程組外也為了解矩陣的特徵多項式。行列式的定義有好幾種方式，有從重排(Permutation)的角度,但較抽象,我們是從餘因式(Cofactor)展開著手:

A 中之一元素 a_{ij},如果我們將包括 a_{ij} 之列與行刪除掉可得到的 $n-1$ 階行列式 M_{ij},則方陣 A 之 a_{ij} 的餘因式 $C_{ij}=(-1)^{i+j} M_{ij}$

對任一 $n \times n$ 矩陣:

$$A = \begin{bmatrix} a_{11} & a_{12} & \cdots & a_{1n} \\ a_{21} & a_{22} & \cdots & a_{2n} \\ \vdots & \vdots & \ddots & \vdots \\ a_{n1} & a_{n2} & \cdots & a_{nn} \end{bmatrix}$$

其行列式 det A 可以用餘因子表示:

$$\det(A) = a_{1j} C_{1j} + a_{2j} C_{2j} + a_{3j} C_{3j} + \cdots + a_{nj} C_{nj}$$

(對第 j 縱行的餘因子分解)

$$\det(A) = a_{i1} C_{i1} + a_{i2} C_{i2} + a_{i3} C_{i3} + \cdots + a_{in} C_{in}$$

(對第 i 橫列的餘因子分解)

例 1　根據下列指定之方式用餘因式法求 A:

$$\begin{vmatrix} 2 & 3 & -1 \\ 0 & 4 & 2 \\ -5 & 1 & -3 \end{vmatrix}$$

(1)用第一列展開
(2)用第二行展開

解:

令 A 為所求行列式則

$(1)A = 2(-1)^{1+1}\begin{vmatrix} 4 & 2 \\ 1 & -3 \end{vmatrix} + 3(-1)^{1+2}\begin{vmatrix} 0 & 2 \\ -5 & -3 \end{vmatrix}$

$\qquad + (-1)(-1)^{1+3}\begin{vmatrix} 0 & 4 \\ -5 & 1 \end{vmatrix}$

$\qquad = 2(-14) - 3(10) + (-20) = -78$

$(2)A = 3(-1)^{1+2}\begin{vmatrix} 0 & 2 \\ -5 & -3 \end{vmatrix} + 4(-1)^{2+2}\begin{vmatrix} 2 & -1 \\ -5 & -3 \end{vmatrix}$

$\qquad + 1(-1)^{3+2}\begin{vmatrix} 2 & -1 \\ 0 & 2 \end{vmatrix}$

$\qquad = -30 - 44 - 4 = -78$

高階$(n \geq 3)$行列式之計算

在 $n = 3$ 時有 Sarrus 氏法：

$= aei + bfg + cdh - gec - hfa - idb$

Sarrus 法在 4 階時便不適用，在此介紹 Chio 氏降階法：Chio 氏法在 $n \geq 3$ 階之行列式均可適用。

$$A = \begin{vmatrix} a_{11} & a_{12} & \cdots & a_{1n} \\ a_{21} & a_{22} & \cdots & a_{2n} \\ a_{31} & a_{32} & \cdots & a_{3n} \\ \cdots & \cdots & \cdots & \cdots \\ a_{n1} & a_{n2} & \cdots & a_{nn} \end{vmatrix}$$

$$= \frac{1}{a_{11}^{n-2}} \begin{vmatrix} \begin{vmatrix} a_{11} & a_{12} \\ a_{21} & a_{22} \end{vmatrix} & \begin{vmatrix} a_{11} & a_{13} \\ a_{21} & a_{23} \end{vmatrix} & \cdots & \begin{vmatrix} a_{11} & a_{1n} \\ a_{21} & a_{2n} \end{vmatrix} \\ \begin{vmatrix} a_{11} & a_{12} \\ a_{31} & a_{32} \end{vmatrix} & \begin{vmatrix} a_{11} & a_{13} \\ a_{31} & a_{33} \end{vmatrix} & \cdots & \begin{vmatrix} a_{11} & a_{1n} \\ a_{31} & a_{3n} \end{vmatrix} \\ \cdots & \cdots & \cdots & \cdots \\ \begin{vmatrix} a_{11} & a_{12} \\ a_{n1} & a_{n2} \end{vmatrix} & \begin{vmatrix} a_{11} & a_{13} \\ a_{n1} & a_{n3} \end{vmatrix} & \cdots & \begin{vmatrix} a_{11} & a_{1n} \\ a_{n1} & a_{nn} \end{vmatrix} \end{vmatrix}$$

若 $a_{11} = 0$ 時，則第一列(行)必需與其它列(行)交換，以使新行列式之 $a_{11} \neq 0$，若在行或列變換時應注意正負之改變。

例 2　試用 Sarrus 氏法與 Chio 氏法求例 1 之行列式

$$\begin{vmatrix} 2 & 3 & -1 \\ 0 & 4 & 2 \\ -5 & 1 & -3 \end{vmatrix}$$

解：

(1) Sarrus 氏法

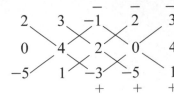

$$\begin{vmatrix} 2 & 3 & -1 \\ 0 & 4 & 2 \\ -5 & 1 & -3 \end{vmatrix}$$

$$= 2 \cdot 4(-3) + 3 \cdot 2 \cdot (-5) + (-1) \cdot 0 \cdot (1) - (-5) \cdot 4$$

$$\cdot (-1) - 1 \cdot 2 \cdot 2 - (-3) \cdot 0 \cdot 3$$

$$= -24 - 30 + 0 - 20 - 4 - 0$$

$$= -78$$

(2) Chio 氏法

$$\begin{vmatrix} 2 & 3 & -1 \\ 0 & 4 & 2 \\ -5 & 1 & -3 \end{vmatrix} = \frac{1}{2^{3-2}} \begin{vmatrix} \begin{vmatrix} 2 & 3 \\ 0 & 4 \end{vmatrix} & \begin{vmatrix} 2 & -1 \\ 0 & 2 \end{vmatrix} \\ \begin{vmatrix} 2 & 3 \\ -5 & 1 \end{vmatrix} & \begin{vmatrix} 2 & -1 \\ -5 & -3 \end{vmatrix} \end{vmatrix}$$

$$= \frac{1}{2} \begin{vmatrix} 8 & 4 \\ 17 & -11 \end{vmatrix} = \begin{vmatrix} 4 & 2 \\ 17 & -11 \end{vmatrix}$$

$$= 4 \times (-11) - 2 \times 17 = -78$$

隨堂練習

以餘因式法分別用第一列展開與第二行展開驗證 $\begin{vmatrix} 2 & 3 & 4 \\ 1 & 2 & 3 \\ 1 & 1 & 1 \end{vmatrix} = 0$

例 3 求 $\begin{vmatrix} 3 & 0 & -1 & 2 \\ 0 & 1 & 1 & -1 \\ 1 & -3 & 2 & 0 \\ 0 & 0 & 4 & 0 \end{vmatrix}$

解：

方法一：Chio 氏法

本例為四階行列式，故無法應用 Sarrus 氏法求解。

$$\begin{vmatrix} 3 & 0 & -1 & 2 \\ 0 & 1 & 1 & -1 \\ 1 & -3 & 2 & 0 \\ 0 & 0 & 4 & 0 \end{vmatrix}$$

$$= \frac{1}{3^{4-2}} \begin{vmatrix} \begin{vmatrix} 3 & 0 \\ 0 & 1 \end{vmatrix} & \begin{vmatrix} 3 & -1 \\ 0 & 1 \end{vmatrix} & \begin{vmatrix} 3 & 2 \\ 0 & -1 \end{vmatrix} \\ \begin{vmatrix} 3 & 0 \\ 1 & -3 \end{vmatrix} & \begin{vmatrix} 3 & -1 \\ 1 & 2 \end{vmatrix} & \begin{vmatrix} 3 & 2 \\ 1 & 0 \end{vmatrix} \\ \begin{vmatrix} 3 & 0 \\ 0 & 0 \end{vmatrix} & \begin{vmatrix} 3 & -1 \\ 0 & 4 \end{vmatrix} & \begin{vmatrix} 3 & 2 \\ 0 & 0 \end{vmatrix} \end{vmatrix}$$

$$= \frac{1}{9} \begin{vmatrix} 3 & 3 & -3 \\ -9 & 7 & -2 \\ 0 & 12 & 0 \end{vmatrix} = \frac{1}{9} \cdot \frac{1}{3^{3-2}} \begin{vmatrix} \begin{vmatrix} 3 & 3 \\ -9 & 7 \end{vmatrix} & \begin{vmatrix} 3 & -3 \\ -9 & -2 \end{vmatrix} \\ \begin{vmatrix} 3 & 3 \\ 0 & 12 \end{vmatrix} & \begin{vmatrix} 3 & -3 \\ 0 & 0 \end{vmatrix} \end{vmatrix}$$

$$= \frac{1}{27} \begin{vmatrix} 48 & -33 \\ 36 & 0 \end{vmatrix} = 44$$

方法二(餘因式法)

$$
\begin{vmatrix} 3 & 0 & -1 & 2 \\ 0 & 1 & 1 & -1 \\ 1 & -3 & 2 & 0 \\ 0 & 0 & 4 & 0 \end{vmatrix} = 4(-1)^{4+3} \begin{vmatrix} 3 & 0 & 2 \\ 0 & 1 & -1 \\ 1 & -3 & 0 \end{vmatrix}
$$

$$
= -4 \left(3(-1)^{1+1} \begin{vmatrix} 1 & -1 \\ -3 & 0 \end{vmatrix} + 1(-1)^{3+1} \begin{vmatrix} 0 & 2 \\ 1 & -1 \end{vmatrix} \right)
$$

$$
= -4(3(-3)+(-2)) = 44
$$

隨堂練習

$$
\begin{vmatrix} 2 & 1 & 0 & 4 \\ 1 & 0 & 2 & 1 \\ 3 & 3 & -1 & 2 \\ 0 & 0 & 1 & 0 \end{vmatrix}
$$

Ans： -7

行列式之性質

定理：在下列情況下，行列式值均爲 0：(1)行列式之某列(行)之要
素均爲 0；(2)任意二相異列(行)對應之元素均成比例。

例 4　$\begin{vmatrix} a & b & c \\ 0 & 0 & 0 \\ d & e & f \end{vmatrix} = 0$，$\begin{vmatrix} a & b & 0 \\ c & d & 0 \\ e & f & 0 \end{vmatrix} = 0$

$\begin{vmatrix} a & b & c \\ ka & kb & kc \\ d & e & f \end{vmatrix} = 0$，$\begin{vmatrix} a & d & ka \\ b & e & kb \\ c & f & kc \end{vmatrix} = 0$

定理：行列式之某一列(行)之元素均乘$k(k \neq 0)$則此行列式值為原行列式值之k倍。

$$k\begin{vmatrix} a & b & c \\ d & e & f \\ g & h & i \end{vmatrix} = \begin{vmatrix} ka & kb & kc \\ d & e & f \\ g & h & i \end{vmatrix}$$

定理：將方陣A之一列(行)移動p列(行)而得一新方陣B，則
$|A| = |B| \cdot (-1)^p$

定理：行列式中之某一列(行)乘上k倍加上另一列(行)則行列式值不變及$|AB| = |A||B|$，A，B為同階方陣。

例 5　證：$\begin{vmatrix} 1 & \alpha & \beta\gamma \\ 1 & \beta & \gamma\alpha \\ 1 & \gamma & \alpha\beta \end{vmatrix} = \begin{vmatrix} 1 & \alpha & \alpha^2 \\ 1 & \beta & \beta^2 \\ 1 & \gamma & \gamma^2 \end{vmatrix}$，$\alpha\beta\gamma \neq 0$

解：

$$\begin{vmatrix} 1 & \alpha & \beta\gamma \\ 1 & \beta & \gamma\alpha \\ 1 & \gamma & \alpha\beta \end{vmatrix} = \frac{1}{\alpha\beta\gamma} \begin{vmatrix} \alpha & \alpha^2 & \alpha\beta\gamma \\ \beta & \beta^2 & \alpha\beta\gamma \\ \gamma & \gamma^2 & \alpha\beta\gamma \end{vmatrix} = \frac{1}{\alpha\beta\gamma} \begin{vmatrix} \alpha\beta\gamma & \alpha & \alpha^2 \\ \alpha\beta\gamma & \beta & \beta^2 \\ \alpha\beta\gamma & \gamma & \gamma^2 \end{vmatrix}$$

$$= \begin{vmatrix} 1 & \alpha & \alpha^2 \\ 1 & \beta & \beta^2 \\ 1 & \gamma & \gamma^2 \end{vmatrix}$$

例 6　求過 (x_1, y_1) 及 (x_2, y_2) 之直線方程式

解：

$$\begin{cases} ax + by + c = 0 \\ ax_1 + by_1 + c = 0 \\ ax_2 + by_2 + c = 0 \end{cases}$$

即 $\begin{bmatrix} x & y & 1 \\ x_1 & y_1 & 1 \\ x_2 & y_2 & 1 \end{bmatrix} \begin{bmatrix} a \\ b \\ c \end{bmatrix} = 0$

若欲使上述齊次方程組有異於 0 之解惟有係數方陣之行列式為 0

$\therefore \begin{vmatrix} x & y & 1 \\ x_1 & y_1 & 1 \\ x_2 & y_2 & 1 \end{vmatrix} = 0$ 是為所求

矩陣之秩

定義：A爲一$m \times n$矩陣，若存在一個(至少有一個)r階子方陣之行列式不爲 0，而所有之$r+1$階方陣的行列式均爲 0，則稱A之秩(rank)爲 r，以 $\text{Rank}(A) = r$ 或 $R(A) = r$ 表之。

下面這個定理是判斷矩陣之秩的最簡易有效方法：

定理：$m \times n$階矩陣，若其列梯形式中有k個零列$(k \geq 0)$則此矩陣之秩爲$m - k$。亦即矩陣之秩爲其列梯形式中之非零列個數。

例 7　求$A = \begin{bmatrix} 1 & 2 & 3 & 4 \\ 2 & 2 & 7 & 3 \\ 1 & 2 & 3 & 0 \\ 3 & 4 & 10 & 3 \end{bmatrix}$ 之秩。

解：

在例 7 裡，若我們用行列式法判斷$R(A)$將是一件相當麻煩的事，因此我們用列運算，看最後化成列梯形式之結果有幾個非零列：

$$\begin{bmatrix} 1 & 2 & 3 & 4 \\ 2 & 2 & 7 & 3 \\ 1 & 2 & 3 & 0 \\ 3 & 4 & 10 & 3 \end{bmatrix} \rightarrow \begin{bmatrix} 1 & 2 & 3 & 4 \\ 0 & 2 & -1 & 5 \\ 0 & 0 & 0 & 4 \\ 0 & 2 & -1 & 9 \end{bmatrix}$$

$$\rightarrow \begin{bmatrix} 1 & 2 & 3 & 4 \\ 0 & 2 & -1 & 5 \\ 0 & 0 & 0 & 4 \\ 0 & 0 & 0 & 4 \end{bmatrix} \rightarrow \begin{bmatrix} 1 & 2 & 3 & 4 \\ 0 & 2 & -1 & 5 \\ 0 & 0 & 0 & 4 \\ 0 & 0 & 0 & 0 \end{bmatrix}$$

$$\therefore \text{rank}(A) = 3$$

隨堂練習

驗證 $\begin{bmatrix} 1 & -2 & 3 \\ 2 & 0 & -4 \\ 5 & -2 & -5 \end{bmatrix}$ 之秩為 2

Cramer 法則

Cramer法則是用行列式來解線性聯立方程組，因為Cramer法則之導出涉及餘因子之觀念，有志者可參考其他基礎線性代數書籍，本書只列出結果。

1. 二元聯立方程組：

$$\begin{cases} ax + by = c \\ a'x + b'y = c' \end{cases}$$

則

$$x = \frac{\begin{vmatrix} c & b \\ c' & b' \end{vmatrix}}{\begin{vmatrix} a & b \\ a' & b' \end{vmatrix}} \, , \, y = \frac{\begin{vmatrix} a & c \\ a' & c' \end{vmatrix}}{\begin{vmatrix} a & b \\ a' & b' \end{vmatrix}} \, , \, 但 \begin{vmatrix} a & b \\ a' & b' \end{vmatrix} \neq 0$$

例 8 用 Cramer 法則解 $\begin{cases} 2x + 3y = 7 \\ 3x - y = 8 \end{cases}$

解：

$$x = \frac{\begin{vmatrix} 7 & 3 \\ 8 & -1 \end{vmatrix}}{\begin{vmatrix} 2 & 3 \\ 3 & -1 \end{vmatrix}} = \frac{-31}{-11} = \frac{31}{11}$$

$$y = \frac{\begin{vmatrix} 2 & 7 \\ 3 & 8 \end{vmatrix}}{\begin{vmatrix} 2 & 3 \\ 3 & -1 \end{vmatrix}} = \frac{-5}{-11} = \frac{5}{11}$$

2. 三元聯立方程組

$$\begin{cases} a\,x + b\,y + c\,z = d \\ a'\,x + b'\,y + c'\,z = d' \\ a''\,x + b''\,y + c''\,z = d'' \end{cases}$$

則

$$x = \frac{\begin{vmatrix} d & b & c \\ d' & b' & c' \\ d'' & b'' & c'' \end{vmatrix}}{\begin{vmatrix} a & b & c \\ a' & b' & c' \\ a'' & b'' & c'' \end{vmatrix}} \; , \; y = \frac{\begin{vmatrix} a & d & c \\ a' & d' & c' \\ a'' & d'' & c'' \end{vmatrix}}{\begin{vmatrix} a & b & c \\ a' & b' & c' \\ a'' & b'' & c'' \end{vmatrix}}$$

$$z = \dfrac{\begin{vmatrix} a & b & d \\ a' & b' & d' \\ a'' & b'' & d'' \end{vmatrix}}{\begin{vmatrix} a & b & c \\ a' & b' & c' \\ a'' & b'' & c'' \end{vmatrix}} \ , \ \text{但} \begin{vmatrix} a & b & c \\ a' & b' & c' \\ a'' & b'' & c'' \end{vmatrix} \neq 0$$

讀者可將上述規則擴充列三個以上未知數之情形。

例 9 用 Cramer 法則解 $\begin{cases} 3x + 2y + 4z = 7 \\ 2x - y + z = 3 \\ x + 2y + 3z = 4 \end{cases}$

解：

$$\Delta = \begin{vmatrix} 3 & 2 & 4 \\ 2 & -1 & 1 \\ 1 & 2 & 3 \end{vmatrix} = -5$$

$$\therefore x = \dfrac{\begin{vmatrix} 7 & 2 & 4 \\ 3 & -1 & 1 \\ 4 & 2 & 3 \end{vmatrix}}{\Delta} = \dfrac{-5}{-5} = 1$$

$$y = \dfrac{\begin{vmatrix} 3 & 7 & 4 \\ 2 & 3 & 1 \\ 1 & 4 & 3 \end{vmatrix}}{\Delta} = \dfrac{0}{-5} = 0$$

$$z = \frac{\begin{vmatrix} 3 & 2 & 7 \\ 2 & -1 & 3 \\ 1 & 2 & 4 \end{vmatrix}}{\Delta} = \frac{-5}{-5} = 1 \quad (讀者自行驗證之)$$

隨堂練習

寫出例 9 之詳細步驟。

◆ 作　業

1.　解 $\begin{cases} x + y + z = -1 \\ y + z \qquad = 1 \\ 4y + 6z \quad = 6 \end{cases}$ 用(1) Gauss 法　(2) Cramer 法則

Ans：$x = -2$，$y = 0$，$z = 1$

2.　已知線性系統 $AX = B$

$$A = \begin{bmatrix} -1 & 1 & 2 \\ 3 & -1 & 1 \\ -1 & 3 & 4 \end{bmatrix}, \quad X = \begin{bmatrix} X_1 \\ X_2 \\ X_3 \end{bmatrix}, \quad B = \begin{bmatrix} 2 \\ 6 \\ 4 \end{bmatrix}$$

(1)　以 Gauss 消去法求解。

(2)　寫出上述系統的簡化梯形。

(3)　求 A 的行列式值。

(4)　以 Cramer's 法則解 x_1，x_2，x_3。

Ans：$x_1 = 1$，$x_2 = -1$，$x_3 = 2$

3. 求 $\begin{bmatrix} 2 & 5 & -3 & -2 \\ -2 & -3 & 2 & -5 \\ 1 & 3 & -2 & 2 \\ -1 & -6 & 4 & 3 \end{bmatrix}$ 之行列式及其秩

Ans：-4；4

4. 求 $\begin{bmatrix} 1 & 1 & 1 \\ 2 & 2 & 2 \\ -1 & 1 & -3 \\ 1 & 2 & 0 \end{bmatrix}$ 之秩

Ans：1

5. 求 $\begin{bmatrix} 2 & 1 & 3 & 1 \\ 1 & 0 & 1 & 1 \\ 2 & 1 & 3 & 1 \\ -1 & 0 & -1 & -1 \end{bmatrix}$ 之秩

Ans：2

6. 求上題之行列式

Ans：0

7. 求 $\dfrac{d}{dx} \begin{vmatrix} x^2 & x^3 \\ 2x & 3x+1 \end{vmatrix}$

Ans：$2x + 9x^2 - 8x^3$

8. 用 Cramer 法則解本章 5-1 節作業第 3 題。

◆ 5-4 方陣特徵值之意義

定義：A為一 n 階方陣，若存在一非零向量 v 及純量 λ 使得 $Av = \lambda v$，λ 為 A 之一特徵值(characteristic value，eigen value)，v 為 λ 之特徵向量(characteristic vector，eigen vector) v 不為零向量。

方程式 $Av = \lambda v$ 亦可寫成

$$(A - \lambda I)v = 0 \cdots\cdots\cdots\cdots\cdots\cdots\cdots\cdots \quad (1)$$

因 v 不為零向量故 λ 為 A 之特徵值的充要條件為

$$|A - \lambda I| = 0 \text{ 或 } |\lambda I - A| = 0 \cdots\cdots\cdots\cdots\cdots\cdots \quad (2)$$

若將(2)展開，便可得到 λ 之特徵多項式(characteristic polynomial)

$$P(\lambda) : |\lambda I - A| = P(\lambda)$$
$$= \lambda^n + s_{n-1}\lambda^{n-1} + \cdots + s_1\lambda_1 + s_0 \quad \cdots\cdots \quad (3)$$

由(3)知 n 階實方程式應有 n 個特徵值，其中可能有若干個複數根或重根，$P(\lambda) = 0$ 稱為特徵方程式(characteristic equation)。

定理：設 A 為一方陣，λ 為一純量，則下列各敘述相等。

(1) λ 為 A 之一特徵值。

(2) $(A - \lambda I)v = 0$ 具有一非零解。

(3) $A - \lambda I$ 為奇異方陣，即 $A - \lambda I$ 為不可逆。

(4) $|A - \lambda I| = 0$。

定理：A為n階方陣，$P(\lambda)$為A之特徵多項式則

$P_A(\lambda) = \lambda^n + s_1\lambda^{n-1} + s_2\lambda^{n-2} + \cdots + s_n = 0$

其中$s_m = (-1)^m$ (A之所有沿主對角線之m階行列式之和)，

顯然$s_1 = -t_r(A) = -(a_{11} + a_{22} + \cdots + a_{nn})$，

$\quad s_n = (-1)^n\lambda_1 \cdot \lambda_2\cdots\lambda_n$，$s_n = (-1)^n|A|$。

證明：$P(\lambda) = |\lambda I - A| = (-1)^n|A - \lambda I| = 0$ $\cdots\cdots\cdots\cdots\cdots\cdots$ ①

$$= (-1)^n\begin{vmatrix} a_{11}-\lambda & a_{12} & \cdots & a_{1n} \\ a_{21} & a_{22}-\lambda & \cdots & a_{2n} \\ \cdots & \cdots & \cdots & \\ a_{n1} & a_{n2} & \cdots & a_{nn}-\lambda \end{vmatrix} = 0 \cdots\cdots\cdots\cdots$$ ②

$\therefore P(\lambda) = (\lambda - \lambda_1)(\lambda - \lambda_2)\cdots(\lambda - \lambda_n) = 0$ $\cdots\cdots\cdots\cdots\cdots\cdots$ ③

在③、②中令$\lambda = 0$則$s_n = (-1)^n\lambda_1\lambda_2\cdots\lambda_n = (-1)^n \cdot |A|$

又由考察$(a_{11}-\lambda)(a_{22}-\lambda)\cdots(a_{nn}-\lambda) = 0$中之$\lambda^{n-1}$係數：

$\because (a_{11}-\lambda)(a_{22}-\lambda)\cdots(a_{nn}-\lambda)$

$= (-1)^n(\lambda - a_{11})(\lambda - a_{22})\cdots(\lambda - a_{nn})$ $\cdots\cdots\cdots\cdots\cdots\cdots$ ④

$= (-1)^n(\lambda^n + s_1\lambda^{n-1} + s_2\lambda^{n-2} + \cdots) = 0$

得 $\lambda^n + s_1\lambda^{n-1} + s_2\lambda^{n-2} + \cdots = 0$ $\cdots\cdots\cdots\cdots\cdots\cdots$ ⑤

$\therefore s_1 = -(a_{11} + a_{22} + \cdots + a_{nn}) = -tr(A)$

(比較④、⑤中λ^{n-1}之係數)

在此以常用之2階與3階方陣為例說明之：

1. 2階方陣：

$\begin{bmatrix} a & b \\ c & d \end{bmatrix}$對應之特徵方程式$\lambda^2 - (a+d)\lambda + (ad-bc) = 0$：

(1)λ係數s_1：$\begin{bmatrix} a & b \\ c & d \end{bmatrix}$，$s_1 = -(a + d)$

(2)常數項係數：$s_2 = \begin{vmatrix} a & b \\ c & d \end{vmatrix} = ad - bc$

2. 3 階方陣：

$$\begin{bmatrix} a & b & c \\ d & e & f \\ g & h & i \end{bmatrix}$$

對應之特徵方程式$\lambda^3 + s_1\lambda^2 + s_2\lambda + s_3 = 0$；其中

(1)λ^2係數s_1：

$$\begin{bmatrix} \textcircled{a} & b & c \\ d & \textcircled{e} & f \\ g & h & \textcircled{i} \end{bmatrix}, \quad s_1 = -(a + e + i)$$

(2)λ係數s_2：

$$\begin{bmatrix} \textcircled{a} & \textcircled{b} & c \\ \textcircled{d} & \textcircled{e} & f \\ g & h & i \end{bmatrix} \qquad \begin{bmatrix} \textcircled{a} & b & \textcircled{c} \\ d & e & f \\ \textcircled{g} & h & \textcircled{i} \end{bmatrix} \qquad \begin{bmatrix} a & b & c \\ d & \textcircled{e} & \textcircled{f} \\ g & \textcircled{h} & \textcircled{i} \end{bmatrix}$$

$$\begin{vmatrix} a & b \\ d & e \end{vmatrix} + \qquad\qquad \begin{vmatrix} a & c \\ g & i \end{vmatrix} \qquad + \begin{vmatrix} e & f \\ h & i \end{vmatrix}$$

$$s_2 = \left(\begin{vmatrix} a & b \\ d & e \end{vmatrix} + \begin{vmatrix} a & c \\ g & i \end{vmatrix} + \begin{vmatrix} e & f \\ h & i \end{vmatrix} \right)$$

(3)常數項係數

$$s_3 = - \begin{vmatrix} a & b & c \\ d & e & f \\ g & h & i \end{vmatrix}$$

推論：A為n階方陣，若且唯若 A 為奇異陣則 A 至少有一特徵值為 0。

所謂奇異陣(Singular matrix)是指行列式為 0 之方陣，若方陣 A 之行列式不為 0 則稱 A 為非奇異陣(Non-singular matrix)，因此 A為奇異陣，意指A為可逆，反矩陣不存在，A非全秩(Non full rank)。

例 1　求$A = \begin{vmatrix} 0 & 1 & 0 \\ 0 & 0 & 1 \\ -a_3 & -a_2 & -a_1 \end{vmatrix}$ 之特徵方程式。

解：

A之特徵方程式為

$$\lambda^3 - \lfloor 0 + 0 + (-a_1)\rfloor\lambda^2 + \left(\begin{vmatrix} 0 & 1 \\ 0 & 0 \end{vmatrix} + \begin{vmatrix} 0 & 0 \\ -a_3 & -a_1 \end{vmatrix} \right.$$

$$\left. + \begin{vmatrix} 0 & 1 \\ -a_2 & -a_1 \end{vmatrix} \right)\lambda - \begin{vmatrix} 0 & 1 & 0 \\ 0 & 0 & 1 \\ -a_3 & -a_2 & -a_1 \end{vmatrix} = 0$$

$$\therefore \lambda^3 + a_1\lambda^2 + a_2\lambda + a_3 = 0$$

例2　求$A = \begin{bmatrix} 1 & 2 \\ 3 & 2 \end{bmatrix}$之特徵值及對應之特徵向量

解：

$A = \begin{bmatrix} 1 & 2 \\ 3 & 2 \end{bmatrix}$之特徵方程式為$\lambda^2 - 3\lambda - 4 = 0$

$\therefore \lambda^2 - 3\lambda - 4 = (\lambda - 4)(\lambda + 1) = 0$之特徵值為$4, -1$

(1) $\lambda = 4$時

$$(A - \lambda I)v = \left(\begin{bmatrix} 1 & 2 \\ 3 & 2 \end{bmatrix} - 4 \begin{bmatrix} 1 & 0 \\ 0 & 1 \end{bmatrix} \right) \begin{bmatrix} x_1 \\ x_2 \end{bmatrix}$$

$$= \begin{bmatrix} -3 & 2 \\ 3 & -2 \end{bmatrix} \begin{bmatrix} x_1 \\ x_2 \end{bmatrix} = \begin{bmatrix} 0 \\ 0 \end{bmatrix}$$

$$\begin{bmatrix} -3 & 2 & | & 0 \\ 3 & -2 & | & 0 \end{bmatrix} \rightarrow \begin{bmatrix} -3 & 2 & | & 0 \\ 0 & 0 & | & 0 \end{bmatrix}$$

$\therefore$可令$x_1 = 2t$，$x_2 = 3t$，即$v_1 = c_1 \begin{bmatrix} 2 \\ 3 \end{bmatrix}$

(2) $\lambda = -1$時

$$(A - \lambda I)v = \left(\begin{bmatrix} 1 & 2 \\ 3 & 2 \end{bmatrix} - (-1) \begin{bmatrix} 1 & 0 \\ 0 & 1 \end{bmatrix} \right) \begin{bmatrix} x_1 \\ x_2 \end{bmatrix} = \begin{bmatrix} 2 & 2 \\ 3 & 3 \end{bmatrix} \begin{bmatrix} x_1 \\ x_2 \end{bmatrix} = \begin{bmatrix} 0 \\ 0 \end{bmatrix}$$

$$\begin{bmatrix} 2 & 2 & | & 0 \\ 3 & 3 & | & 0 \end{bmatrix} \rightarrow \begin{bmatrix} 1 & 1 & | & 0 \\ 1 & 1 & | & 0 \end{bmatrix} \rightarrow \begin{bmatrix} 1 & 1 & | & 0 \\ 0 & 0 & | & 0 \end{bmatrix}$$

$\therefore$可令$x_2 = t$，$x_1 = -t$，即$v_2 = c_2 \begin{bmatrix} -1 \\ 1 \end{bmatrix}$

例 **3**　求 $A = \begin{bmatrix} 1 & -1 & 0 \\ -1 & 2 & -1 \\ 0 & -1 & 1 \end{bmatrix}$ 之特徵值及對應之特徵向量

解：

$A = \begin{bmatrix} 1 & -1 & 0 \\ -1 & 2 & -1 \\ 0 & -1 & 1 \end{bmatrix}$ 之特徵方程式爲

$\lambda^3 - 4\lambda^2 + (1+1+1)\lambda = 0$

$\lambda(\lambda^2 - 4\lambda + 3) = \lambda(\lambda - 3)(\lambda - 1) = 0$

$\therefore \lambda = 0, 1, 3$

(1) $\lambda = 0$ 時

$$(A - \lambda I)v = \left(\begin{bmatrix} 1 & -1 & 0 \\ -1 & 2 & -1 \\ 0 & -1 & 1 \end{bmatrix} - 0 \begin{bmatrix} 1 & 0 & 0 \\ 0 & 1 & 0 \\ 0 & 0 & 1 \end{bmatrix} \right) \begin{bmatrix} x_1 \\ x_2 \\ x_3 \end{bmatrix}$$

$$= \begin{bmatrix} 1 & -1 & 0 \\ -1 & 2 & -1 \\ 0 & -1 & 1 \end{bmatrix} \begin{bmatrix} x_1 \\ x_2 \\ x_3 \end{bmatrix} = \begin{bmatrix} 0 \\ 0 \\ 0 \end{bmatrix}$$

$$\left[\begin{array}{ccc|c} 1 & -1 & 0 & 0 \\ -1 & 2 & -1 & 0 \\ 0 & -1 & 1 & 0 \end{array} \right] \rightarrow \left[\begin{array}{ccc|c} 1 & -1 & 0 & 0 \\ 0 & 1 & -1 & 0 \\ 0 & -1 & 1 & 0 \end{array} \right] \rightarrow \left[\begin{array}{ccc|c} 1 & 0 & -1 & 0 \\ 0 & 1 & -1 & 0 \\ 0 & 0 & 0 & 0 \end{array} \right]$$

$\therefore$ 令 $x_3 = t$，$x_2 = t$，$x_1 = t$

即 $v_1 = c_1 \begin{bmatrix} 1 \\ 1 \\ 1 \end{bmatrix}$

(2)$\lambda = 1$ 時

$$(A - \lambda I)v = \left(\begin{bmatrix} 1 & -1 & 0 \\ -1 & 2 & -1 \\ 0 & -1 & 1 \end{bmatrix} - \begin{bmatrix} 1 & 0 & 0 \\ 0 & 1 & 0 \\ 0 & 0 & 1 \end{bmatrix} \right) \begin{bmatrix} x_1 \\ x_2 \\ x_3 \end{bmatrix}$$

$$= \begin{bmatrix} 0 & -1 & 0 \\ -1 & 1 & -1 \\ 0 & -1 & 0 \end{bmatrix} \begin{bmatrix} x_1 \\ x_2 \\ x_3 \end{bmatrix} = \begin{bmatrix} 0 \\ 0 \\ 0 \end{bmatrix}$$

$$\begin{bmatrix} 0 & -1 & 0 & | & 0 \\ -1 & 1 & -1 & | & 0 \\ 0 & -1 & 0 & | & 0 \end{bmatrix} \rightarrow \begin{bmatrix} 0 & 0 & 0 & | & 0 \\ -1 & 0 & -1 & | & 0 \\ 0 & -1 & 0 & | & 0 \end{bmatrix}$$

$\therefore x_2 = 0$，令 $x_3 = t$，$x_1 = -t$

即 $v_2 = c_2 \begin{bmatrix} -1 \\ 0 \\ 1 \end{bmatrix}$

(3)$\lambda = 3$：

$$(A - \lambda I)v = \left(\begin{bmatrix} 1 & -1 & 0 \\ -1 & 2 & -1 \\ 0 & -1 & 1 \end{bmatrix} - 3 \begin{bmatrix} 1 & 0 & 0 \\ 0 & 1 & 0 \\ 0 & 0 & 1 \end{bmatrix} \right) \begin{bmatrix} x_1 \\ x_2 \\ x_3 \end{bmatrix}$$

$$= \begin{bmatrix} -2 & -1 & 0 \\ -1 & -1 & -1 \\ 0 & -1 & -2 \end{bmatrix} \begin{bmatrix} x_1 \\ x_2 \\ x_3 \end{bmatrix} = \begin{bmatrix} 0 \\ 0 \\ 0 \end{bmatrix}$$

$$\begin{bmatrix} -2 & -1 & 0 & | & 0 \\ -1 & -1 & -1 & | & 0 \\ 0 & -1 & -2 & | & 0 \end{bmatrix} \rightarrow \begin{bmatrix} 2 & 1 & 0 & | & 0 \\ 1 & 1 & 1 & | & 0 \\ 0 & 1 & 2 & | & 0 \end{bmatrix} \rightarrow \begin{bmatrix} 1 & 1 & 1 & | & 0 \\ 2 & 1 & 0 & | & 0 \\ 0 & 1 & 2 & | & 0 \end{bmatrix}$$

$$\rightarrow \begin{bmatrix} 1 & 1 & 1 & 0 \\ 0 & 1 & 2 & 0 \\ 0 & 1 & 2 & 0 \end{bmatrix} \rightarrow \begin{bmatrix} 1 & 0 & -1 & 0 \\ 0 & 1 & 2 & 0 \\ 0 & 0 & 0 & 0 \end{bmatrix}$$

$$\therefore 令 t_3 = t，x_2 = -2t，x_1 = t$$

$$即 v_3 = c_3 \begin{bmatrix} 1 \\ -2 \\ 1 \end{bmatrix}$$

下例是一個特徵方程式有重根的情況。

例 4 求 $A = \begin{bmatrix} 0 & 1 & 1 \\ 1 & 0 & 1 \\ 1 & 1 & 0 \end{bmatrix}$ 之特徵值與對應之特徵向量

解：

$A = \begin{bmatrix} 0 & 1 & 1 \\ 1 & 0 & 1 \\ 1 & 1 & 0 \end{bmatrix}$ 之特徵值方程式爲

$$\lambda^3 - 0\lambda^2 + (-1-1-1)\lambda - 2 = \lambda^3 - 3\lambda - 2$$
$$= (\lambda + 1)^2 (\lambda - 2)$$
$$= 0$$

$$\therefore \lambda = -1(重根),\ 2$$

(1)$\lambda = -1$

$$(A - \lambda I)v = \left(\begin{bmatrix} 0 & 1 & 1 \\ 1 & 0 & 1 \\ 1 & 1 & 0 \end{bmatrix} - (-1)\begin{bmatrix} 1 & 0 & 0 \\ 0 & 1 & 0 \\ 0 & 0 & 1 \end{bmatrix} \right) \begin{bmatrix} x_1 \\ x_2 \\ x_3 \end{bmatrix}$$

$$= \begin{bmatrix} 1 & 1 & 1 \\ 1 & 1 & 1 \\ 1 & 1 & 1 \end{bmatrix} \begin{bmatrix} x_1 \\ x_2 \\ x_3 \end{bmatrix} = \begin{bmatrix} 0 \\ 0 \\ 0 \end{bmatrix}$$

$$\begin{bmatrix} 1 & 1 & 1 & | & 0 \\ 1 & 1 & 1 & | & 0 \\ 1 & 1 & 1 & | & 0 \end{bmatrix} = \begin{bmatrix} 1 & 1 & 1 & | & 0 \\ 0 & 0 & 0 & | & 0 \\ 0 & 0 & 0 & | & 0 \end{bmatrix}$$

$\therefore$ 令 $x_3 = t$，$x_2 = s$，$x_1 = -t-s$

$$v_1 = \begin{bmatrix} -t-s \\ t \\ s \end{bmatrix} = t\begin{bmatrix} -1 \\ 1 \\ 0 \end{bmatrix} + s\begin{bmatrix} -1 \\ 0 \\ 1 \end{bmatrix}$$

即 $v_1 = c_1 \begin{bmatrix} -1 \\ 1 \\ 0 \end{bmatrix} + c_2 \begin{bmatrix} -1 \\ 0 \\ 1 \end{bmatrix}$

(2)$\lambda = 2$ 時

$$(A - \lambda I)v = \left(\begin{bmatrix} 0 & 1 & 1 \\ 1 & 0 & 1 \\ 1 & 1 & 0 \end{bmatrix} - 2\begin{bmatrix} 1 & 0 & 0 \\ 0 & 1 & 0 \\ 0 & 0 & 1 \end{bmatrix} \right) \begin{bmatrix} x_1 \\ x_2 \\ x_3 \end{bmatrix}$$

$$= \begin{bmatrix} -2 & 1 & 1 \\ 1 & -2 & 1 \\ 1 & 1 & -2 \end{bmatrix} \begin{bmatrix} x_1 \\ x_2 \\ x_3 \end{bmatrix} = \begin{bmatrix} 0 \\ 0 \\ 0 \end{bmatrix}$$

$$\begin{bmatrix} -2 & 1 & 1 & | & 0 \\ 1 & -2 & 1 & | & 0 \\ 1 & 1 & -2 & | & 0 \end{bmatrix} \rightarrow \begin{bmatrix} 0 & 0 & 0 & | & 0 \\ 1 & -2 & 1 & | & 0 \\ 1 & 1 & -2 & | & 0 \end{bmatrix}$$

$$\rightarrow \begin{bmatrix} 0 & 0 & 0 & | & 0 \\ 1 & -2 & 1 & | & 0 \\ 0 & 3 & -3 & | & 0 \end{bmatrix} \rightarrow \begin{bmatrix} 0 & 0 & 0 & | & 0 \\ 1 & -2 & 1 & | & 0 \\ 0 & 1 & -1 & | & 0 \end{bmatrix} \rightarrow \begin{bmatrix} 0 & 0 & 0 & | & 0 \\ 1 & 0 & -1 & | & 0 \\ 0 & 1 & -1 & | & 0 \end{bmatrix}$$

$\therefore x_3 = t$，$x_2 = t$，$x_1 = t$

即 $v_3 = c \begin{bmatrix} 1 \\ 1 \\ 1 \end{bmatrix}$

隨堂練習

$A = \begin{bmatrix} 2 & 2 & 3 \\ 1 & 3 & 3 \\ 1 & 2 & 4 \end{bmatrix}$，求 A 之特徵值及對應之特徵向量

Ans：特徵值 $\lambda = 1$ 時 $v_1 = c_1 \begin{bmatrix} -2 \\ 1 \\ 0 \end{bmatrix}$，$v_2 = c_2 \begin{bmatrix} 3 \\ 0 \\ -1 \end{bmatrix}$，

$\lambda = 7$ 時 $v_3 = c_3 \begin{bmatrix} 1 \\ 1 \\ 1 \end{bmatrix}$

例 5　設 A 為一方陣，若 $A^2 = A$，試證 A 之特徵值為 0 或 1。

解：

$\because Av = \lambda v$，(λ為特徵值，v為對應之特徵向量)

$\therefore A(Av) = A(\lambda v)$

即$A^2 v = A\lambda v = \lambda Av = \lambda(\lambda v) = \lambda^2 v$

又$A = A^2$

$\therefore Av = A^2 v$，即$\lambda v = \lambda^2 v$

$\lambda(\lambda - 1)v = 0$，但$v \neq 0$

$\therefore \lambda = 0$ 或 1

方陣A之特徵向量是異於 $\underset{\sim}{0}$ 之向量，在此再特別強調。

◆ 作　業

1.　求下列各方陣之特徵值及對應之特徵向量：

(1) $\begin{bmatrix} 4 & 2 \\ 3 & -1 \end{bmatrix}$　(2) $\begin{bmatrix} 6 & 8 \\ 8 & -6 \end{bmatrix}$

Ans：(1)$\lambda_1 = 5$，$x_1 = c_1 \begin{bmatrix} 2 \\ 1 \end{bmatrix}$；$\lambda_2 = -2$；$x_2 = c_2 \begin{bmatrix} 1 \\ -3 \end{bmatrix}$

(2)$\lambda_1 = 10$，$x_1 = c_1 \begin{bmatrix} 2 \\ 1 \end{bmatrix}$；$\lambda_2 = -10$；$x_2 = c_2 \begin{bmatrix} -1 \\ 2 \end{bmatrix}$

2.　求下列各方陣之特徵值及對應之特徵向量：

(1) $\begin{bmatrix} 1 & 1 & -2 \\ -1 & 2 & 1 \\ 0 & 1 & -1 \end{bmatrix}$　　(2) $\begin{bmatrix} 1 & 0 & 0 \\ 0 & 0 & 1 \\ 0 & 1 & 0 \end{bmatrix}$

$(3)\ \begin{bmatrix} 3 & 0 & 1 \\ 0 & 2 & 0 \\ 1 & 0 & 3 \end{bmatrix}$
$\qquad (4)\ \begin{bmatrix} 3 & -2 & -2 \\ -1 & 2 & 0 \\ 1 & -1 & 1 \end{bmatrix}$

Ans： $(1)\lambda_1 = -1$，$v_1 = c_1 \begin{bmatrix} 0 \\ 1 \\ 1 \end{bmatrix}$；$\lambda_2 = 2$；$v_2 = c_2 \begin{bmatrix} 1 \\ 3 \\ 1 \end{bmatrix}$；

$\qquad \lambda_3 = 1$；$v_3 = c_3 \begin{bmatrix} 3 \\ 2 \\ 1 \end{bmatrix}$

$\qquad (2)\lambda_1 = -1$，$v_1 = c_1 \begin{bmatrix} 0 \\ 1 \\ -1 \end{bmatrix}$；$\lambda_2 = \lambda_3 = 1$；$v = c_2 \begin{bmatrix} 1 \\ 0 \\ 0 \end{bmatrix} + c_3 \begin{bmatrix} 0 \\ 1 \\ 1 \end{bmatrix}$

$\qquad (3)\lambda_1 = 4$，$v_1 = c_1 \begin{bmatrix} 1 \\ 0 \\ 1 \end{bmatrix}$；$\lambda_2 = \lambda_3 = 2$；$v_2 = c_2 \begin{bmatrix} 1 \\ 0 \\ -1 \end{bmatrix} + c_3 \begin{bmatrix} 0 \\ 1 \\ 0 \end{bmatrix}$

$\qquad (4)\lambda_1 = 1$，$v_1 = c_1 \begin{bmatrix} 1 \\ 1 \\ 0 \end{bmatrix}$；$\lambda_2 = 2$；$v_2 = c_2 \begin{bmatrix} 0 \\ 1 \\ -1 \end{bmatrix}$；$\lambda_3 = 3$；

$\qquad v_3 = c_3 \begin{bmatrix} -1 \\ 1 \\ -1 \end{bmatrix}$

3. A爲任一方陣，λ爲A之特徵值，X爲對應之特徵向量，試證 λ^3爲A^3之特徵值，其對應之特徵向量仍爲X。

6

向量分析

◆ 6-1　向量之基本概念

向量

簡單地說，向量(Vector)是一個具有大小(Magnitude)與方向(Direction)之量。與向量相對的是純量(Scalar)。

　　　我們以一個平面上二點 $P(a,b)$，$Q(c,d)$ 而言，以 P 為始點，Q 為終點之向量以 $\overrightarrow{PQ}$ 表示，則定義 $\overrightarrow{PQ} = [c-a, d-b]$，而 $c-a$，$d-b$ 稱為分量(Component)。$\overrightarrow{PQ}$ 之長度記做 $|\overrightarrow{PQ}|$，定義 $|\overrightarrow{PQ}| = \sqrt{(c-a)^2 + (d-b)^2}$，向量之長度又稱為歐幾里得模(Euclidean Norm)，若 $|\overrightarrow{PQ}| = 1$ 則稱 $\overrightarrow{PQ}$ 為單位向量(Unit Vector)。$\overrightarrow{QP}$ 為以 Q 為始點，P 為終點，則 $\overrightarrow{QP} = [a-c, b-d]$，顯然 $|\overrightarrow{QP}| = |\overrightarrow{PQ}|$，故 $\overrightarrow{PQ}$ 與 $\overrightarrow{QP}$ 為大小相等但方向相反之二向量。

向量基本運算

　　　設二向量 V_1，V_2，若 $V_1 = [a,b]$，$V_2 = [c,d]$，則

1.　$V_1 + V_2 = [a+c, b+d]$，(顯然：$V_1 + V_2 = V_2 + V_1$)。

2.　$\lambda V_1 = [\lambda a, \lambda b]$，$\lambda \in R$。

3.　$V_1 \cdot V_2 = ac + db$(顯然 $V_1 \cdot V_2 = V_2 \cdot V_1$)。

　　　所有分量均為 0 之向量稱為零向量(Zero Vector)，V 為零向量則 $V = [0,0]$，零向量以 $\underset{\sim}{0}$ 表之。

　　　若 U 為一非零向量(即 U 中至少有一分量不為 0)則 $U/|U|$ 為單位向量(Unit Vector)。

例 1　若 $A = [-1,2]$，$B = [0,-3]$，$C = [4,3]$ 求 $V = (2A + 3B) + (A - C)$ 及 $|V|$

解 :

$(1) 2A + 3B = 2[-1,2] + 3[0,-3] = [-2,4] + [0,-9]$

$\qquad = [-2,-5]$

$A - C = [-1,2] - [4,3] = [-5,-1]$

$\therefore V = (2A + 3B) + (A - C) = [-2,-5] + [-5,-1]$

$\qquad = [-7,-6]$

$(2) |V| = \sqrt{(-7)^2 + (-6)^2} = \sqrt{85}$

例 2　(向量之幾何表示)設二向量A，B，C如下

則$A + B$為 :

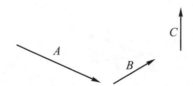

$A + 2B + 2C$則為 :

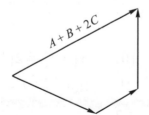

例3 下圖為向量加法之平行四邊形法則(Parallelogram Law for Vector Addition)

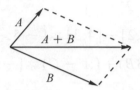

隨堂練習

試據右圖，繪$\frac{1}{2}u + v$

◆ 作 業

1. 若$A = [1, 2, 3]$，$B = [0, 1, 5]$，$C = 2[1, 0, 2]$，計算：

   (1) $|A|$ (2) $|A - B|$ (3) $|2A - C|$

   Ans：(1)$\sqrt{14}$ (2)$\sqrt{14}$ (3)$2\sqrt{5}$

2. 承例1，求(1)A (2)$A - B$之單位向量。

   Ans：(1)$\frac{1}{\sqrt{14}}[1, -2, 3]$ (2)$\frac{1}{\sqrt{14}}[1, -3, -2]$

3.　若平面上二點$M(0, -1)$，$N(-2, 3)$，試求向量$\overrightarrow{MN}$與$\overrightarrow{NM}$，
　　並在座標圖上繪出向量V，使得$V = 2\overrightarrow{MN} - \overrightarrow{NM}$

Ans：$\overrightarrow{MN} = [-2, 4]$，$\overrightarrow{NM} = [2, -4]$

4.　試繪向量w；u_1，u_2，u_3，u，v均為向量

　　　(1)$w = u + 2v$

　　　(2)$w = u_1 + u_2 + u_3$

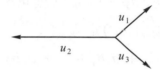

5.　下圖為一平行四邊形，試用u，v表w。

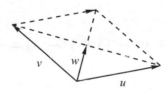

Ans：$w = \dfrac{1}{2}(u + v)$

◆ 6-2 向量點積與叉積

點積

本節我們要介紹二個向量積，一是點積(Dot Product)，另一是叉積(Cross Product)。

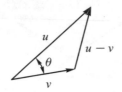

定義：若向量$A = [a_1, a_2, a_3, \cdots, a_n]$，向量$B = [b_1, b_2, b_3, \cdots, b_n]$則 A，B之點積(記做$A \cdot B$)定義為：

$$A \cdot B = a_1 b_1 + a_2 b_2 + a_3 b_3 + \cdots + a_n b_n，n \geq 2$$

例 1 $A = [-1, 0, 1]$，$B = [2, -1, -3]$則$A \cdot B = ?$

解：

$$A \cdot B = (-1)2 + 0(-1) + 1(-3) = -2 + 0 - 3 = -5$$

例 2 $A = [a_1, a_2, a_3]$，$B = [b_1, b_2, b_3]$試證$A \cdot B = B \cdot A$

解：

$$A \cdot B = [a_1, a_2, a_3] \cdot [b_1, b_2, b_3] = a_1 b_1 + a_2 b_2 + a_3 b_3$$

$$B \cdot A = [b_1, b_2, b_3] \cdot [a_1, a_2, a_3] = b_1 a_1 + b_2 a_2 + b_3 a_3$$

$$= a_1 b_1 + a_2 b_2 + a_3 b_3$$

$$\therefore A \cdot B = B \cdot A$$

隨堂練習

驗證 $i \cdot i = j \cdot j = k \cdot k = 1$，且 $i \cdot j = j \cdot k = k \cdot i = 0$。為了書寫方便，三個特殊之單位向量$[1, 0, 0]$，$[0, 1, 0]$，$[0, 0, 1]$分別用$i$，$j$，$k$表示，即$i = [1, 0, 0]$，$j = [0, 1, 0]$，$k = [0, 0, 1]$

點積之性質

1.　$|A|^2 = A \cdot A$

2.　若$A \cdot A = 0$則$A = \underset{\sim}{0}$

3.　$A \cdot (B + C) = A \cdot B + A \cdot C$

我們可證明 1. ，2. 如下：

1.　$|A|^2 = (|A|)^2 = (\sqrt{a_1^2 + a_2^2 + a_3^2})^2 = a_1^2 + a_2^2 + a_3^2$

　　$A \cdot A = [a_1, a_2, a_3] \cdot [a_1, a_2, a_3] = a_1^2 + a_2^2 + a_3^2$

　　$\therefore |A|^2 = A \cdot A$

2.　$A \cdot A = a_1^2 + a_2^2 + a_3^2 = 0 \Rightarrow a_1 = a_2 = a_3 = 0$

　　$\therefore A = \underset{\sim}{0}$

3.　留作習題

定理：$A \cdot B = |A||B|\cos\theta$，$0 \leqq \theta \leqq \pi$

證明：三角學之餘弦定律(Law of Cosine)說，若a，b，c為一三角形的三個邊則有

$c^2 = a^2 + b^2 - 2ab\cos\theta$，

根據右圖，由餘弦定律，我們可得：

$$|A - B|^2 = |A|^2 + |B|^2 - 2|A||B|\cos\theta$$

$$\therefore (A - B) \cdot (A - B) = A \cdot A + B \cdot B - 2|A||B|\cos\theta$$

$(A - B) \cdot (A - B) = A \cdot A - 2A \cdot B + B \cdot B$，代入上式得

$$A \cdot A - 2A \cdot B + B \cdot B = A \cdot A + B \cdot B - 2|A||B|\cos\theta$$

$$\therefore -2A \cdot B = -2|A||B|\cos\theta$$

即 $A \cdot B = |A||B|\cos\theta$

例 3　求 $A = [-1, 0, 2]$，$B = [0, 1, 1]$ 之夾角

解：

$$\cos\theta = \frac{A \cdot B}{|A||B|}$$

$$A \cdot B = [-1, 0, 2] \cdot [0, 1, 1] = (-1)0 + 0(1) + 2(1) = 2$$

$$|A| = \sqrt{(-1)^2 + 0^2 + 2^2} = \sqrt{5}$$

$$|B| = \sqrt{0^2 + 1^2 + 1^2} = \sqrt{2}$$

$$\therefore \cos\theta = \frac{2}{\sqrt{5} \cdot \sqrt{2}} = \frac{2}{\sqrt{10}} = \frac{2\sqrt{10}}{10} = \frac{\sqrt{10}}{5}$$

即 $\theta = \cos^{-1}\frac{\sqrt{10}}{5}$

隨堂練習

驗證兩向量 $\vec{A} = \vec{i} - 2\vec{j} - 2\vec{k}$ 及 $\vec{B} = 6\vec{i} + 3\vec{j} + 2\vec{k}$ 間之夾角為 $\cos^{-1}\left(\dfrac{-4}{\sqrt{21}}\right)$

叉積

定義：若 $A = [a_1, a_2, a_3]$，$B = [b_1, b_2, b_3]$，$(A，B 之叉積記做 A \times B)$ 則定義 $A \times B$ 為

$$A \times B = \begin{vmatrix} i & j & k \\ a_1 & a_2 & a_3 \\ b_1 & b_2 & b_3 \end{vmatrix}$$

對行列式之第 1 列展開，我們有：

$$A \times B = \begin{vmatrix} a_2 & a_3 \\ b_2 & b_3 \end{vmatrix} i - \begin{vmatrix} a_1 & a_3 \\ b_1 & b_3 \end{vmatrix} j + \begin{vmatrix} a_1 & a_2 \\ b_1 & b_2 \end{vmatrix} k$$

由叉積之定義以及行列式性質，我們可立即得到下列兩個性質：

1. $A \times A = \underset{\sim}{0}$

2. $A \times B = - B \times A$

   此外它還有一個等式：

   $$|A \times B|^2 + (A \cdot B)^2 = |A|^2 \cdot |B|^2$$

證明：$|A \times B|^2 + (A \cdot B)^2$

$$= \begin{vmatrix} a_2 & a_3 \\ b_2 & b_3 \end{vmatrix}^2 + \left(- \begin{vmatrix} a_1 & a_3 \\ b_1 & b_3 \end{vmatrix} \right)^2$$

$$+ \begin{vmatrix} a_1 & a_2 \\ b_1 & b_2 \end{vmatrix}^2 + (a_1 b_1 + a_2 b_2 + a_3 b_3)^2$$

$$= (a_2 b_3 - a_3 b_2)^2 + (a_1 b_3 - a_3 b_1)^2 + (a_1 b_2 - a_2 b_1)^2$$
$$+ (a_1 b_1 + a_2 b_2 + a_3 b_3)^2$$

$$= a_2^2 b_3^2 - 2a_2 a_3 b_2 b_3 + a_3^2 b_2^2 + a_1^2 b_3^2 - 2a_1 a_3 b_1 b_3 + a_3^2 b_1^2$$

$$+ a_1^2 b_2^2 - 2a_1 a_2 b_1 b_2 + a_2^2 b_1^2 + a_1^2 b_1^2 + a_2^2 b_2^2 + a_3^2 b_3^2$$

$$+ 2a_1 a_2 b_1 b_2 + 2a_1 a_3 b_1 b_3 + 2a_2 a_3 b_2 b_3$$

$$= a_2^2 b_3^2 + a_3^2 b_2^2 + a_1^2 b_3^2 + a_3^2 b_1^2 + a_1^2 b_2^2 + a_2^2 b_1^2 + a_1^2 b_1^2$$

$$+ a_2^2 b_2^2 + a_3^2 b_3^2$$

$$= a_2^2 (b_3^2 + b_1^2 + b_2^2) + a_3^2 (b_2^2 + b_1^2 + b_3^2) + a_1^2 (b_3^2 + b_2^2 + b_1^2)$$

$$= (a_1^2 + a_2^2 + a_3^2)(b_1^2 + b_2^2 + b_3^2)$$

$$= \|A\| \cdot \|B\|$$

例 4　求 $U = [-1, 0, 2]$ 及 $V = [0, 1, 1]$ 之叉積 $U \times V$

解：

$$U \times V = \begin{vmatrix} i & j & k \\ -1 & 0 & 2 \\ 0 & 1 & 1 \end{vmatrix}$$

$$= \begin{vmatrix} 0 & 2 \\ 1 & 1 \end{vmatrix} i - \begin{vmatrix} -1 & 2 \\ 0 & 1 \end{vmatrix} j + \begin{vmatrix} -1 & 0 \\ 0 & 1 \end{vmatrix} k$$

$$= -2i + j - k \text{ 或 } [-2, 1, -1]$$

隨堂練習

驗證：$j \times i = -k$，$k \times j = -i$，$i \times k = -j$

定理：A、B 為二、三維向量，則 $A \times B$ 與 A 垂直，亦與 B 垂直。

證明：只證$A \times B$與A垂直部份(即$(A \times B) \cdot A = 0$)

$(A \times B) \cdot A$

$$= \left(\begin{vmatrix} a_2 & a_3 \\ b_2 & b_3 \end{vmatrix} i - \begin{vmatrix} a_1 & a_3 \\ b_1 & b_3 \end{vmatrix} j + \begin{vmatrix} a_1 & a_2 \\ b_1 & b_2 \end{vmatrix} k \right) \cdot (a_1 i + a_2 j + a_3 k)$$

$$= \begin{vmatrix} a_2 & a_3 \\ b_1 & b_3 \end{vmatrix} a_1 - \begin{vmatrix} a_1 & a_3 \\ b_1 & b_3 \end{vmatrix} a_2 + \begin{vmatrix} a_1 & a_2 \\ b_1 & b_2 \end{vmatrix} a_3$$

$$= a_2 b_3 a_1 - a_3 b_1 a_1 - a_1 b_3 a_2 + a_3 b_1 a_2 + a_1 b_2 a_3 - a_2 b_1 a_3 = 0$$

定理：$|A \times B| = |A||B|\sin\theta$

為了證明這個定理，我們要利用$|A \times B|^2 = |A|^2|B|^2 - (A \cdot B)^2$

之結果：

$$|A \times B|^2 = |A|^2|B|^2 - (A \cdot B)^2$$

$$= |A|^2|B|^2 - (|A|^2|B|^2\cos^2\theta) = |A|^2|B|^2\sin^2\theta$$

$$\therefore |A \times B| = |A||B|\sin\theta$$

隨堂練習

若$U = [1,2,-3]$，$V = [-1,1,0]$，驗證：

1. $U \cdot V = 1$

2. $U \times V = [3,3,3]$

3. $|U \times V| = 3\sqrt{3}$

平行四邊形面積

如下圖，平行四邊形之面積為

底$\times$高$= h \cdot |B| = |A|\sin\theta \cdot |B| = |A||B|\sin\theta = |A \times B|$

由此可推知，在R^2空間，以$\vec{A}$，$\vec{B}$爲邊之三角形面積爲$\frac{1}{2}|\vec{A}\times\vec{B}|$之絕對值。

例5 求以$M(1, -1, 0)$，$N(2, 1, -1)$，$Q(-1, 1, 2)$爲頂點之三角形面積

解：

$\overrightarrow{MN}=[1, 2, -1]$，$\overrightarrow{MQ}=[-2, 2, 2]$

$\therefore$面積爲$\frac{1}{2}|\overrightarrow{MN}\times\overrightarrow{MQ}|$

$$\overrightarrow{MN}\times\overrightarrow{MQ}=\begin{vmatrix} i & j & k \\ 1 & 2 & -1 \\ -2 & 2 & 2 \end{vmatrix}$$

$$=\begin{vmatrix} 2 & -1 \\ 2 & 2 \end{vmatrix}i-\begin{vmatrix} 1 & -1 \\ -2 & 2 \end{vmatrix}j+\begin{vmatrix} 1 & 2 \\ -2 & 2 \end{vmatrix}k$$

$$=6i+6k$$

$$\therefore 面積=\frac{1}{2}\sqrt{(6)^2+0^2+(6)^2}=3\sqrt{2}$$

隨堂練習

驗證在例 5 中，若我們取 $\overrightarrow{MQ}$，$\overrightarrow{MN}$ 或取 $\overrightarrow{QM}$，$\overrightarrow{QN}$ 結果都是相同的。

三重積

本子節中我們將討論 $A \cdot (B \times C)$，通常以 $[ABC]$ 表之。

定理：$[ABC] = \begin{vmatrix} a_1 & a_2 & a_3 \\ b_1 & b_2 & b_3 \\ c_1 & c_2 & c_3 \end{vmatrix}$

證明：$A \cdot (B \times C) = (a_1 i + a_2 j + a_3 k) \cdot \begin{vmatrix} i & j & k \\ b_1 & b_2 & b_3 \\ c_1 & c_2 & c_3 \end{vmatrix}$

$$= a_1 \begin{vmatrix} b_2 & b_3 \\ c_2 & c_3 \end{vmatrix} - a_2 \begin{vmatrix} b_1 & b_3 \\ c_1 & c_3 \end{vmatrix} + a_3 \begin{vmatrix} b_1 & b_2 \\ c_1 & c_2 \end{vmatrix}$$

$$= \begin{vmatrix} a_1 & a_2 & a_3 \\ b_1 & b_2 & b_3 \\ c_1 & c_2 & c_3 \end{vmatrix}$$

$|A \cdot (B \times C)|$ 是有其特定之幾何意義的；正如下列定義所示：

定理：A，B，C 為 R^3 中三向量，則由 A，B，C 所成之平面六面體之體積為 $|A \cdot (B \times C)|$

證明：$\because |B \times C|$ 為平行六面體之底面積

$\therefore$ 六面體之體積 $V = h|B \times C|$

$$= |A| \cos\theta \cdot |B \times C| = |A \cdot (B \times C)|$$

推論：A，B，B為R^3之三向量，若$|A \cdot (B \times C)| = 0$則$A$，$B$，$C$共面。

例 6　求以$A = i + k$，$B = i - 2k$，$C = i + j + k$為邊之平行六面體之體積。

解：

$$V = |A \cdot (B \times C)| = \begin{Vmatrix} 1 & 0 & 1 \\ 0 & 1 & -2 \\ 1 & 1 & 1 \end{Vmatrix} = \begin{Vmatrix} 1 & -2 \\ 1 & 0 \end{Vmatrix} = 2$$

隨堂練習

若$A = 2i + j + k$，$B = i + k$，$C = j + ak$共面求a

(提示：A，B，C共面$\Rightarrow$以A，B，C為邊之平行六邊體之體積為$0 \Rightarrow V = |A \cdot (B \times C)| = 0$)

Ans：$a = 1$

三維空間之平面與直線方程式

設$\vec{n} = ai + bj + ck$為平面之法向量 (normal vector)，給定一點$P_1(x_1, y_1, z_1)$，取平面上任一點$P(x, y, z)$則$\vec{n} \cdot \overrightarrow{P_1P} = 0$即$[a, b, c] \cdot [x - x_1, y - y_1, z - z_1] = 0$得平面方程式$a(x - x_1) + b(y - y_1) + c(z - z_1) = 0$

例 7　若平面Π之法線與$\vec{n} = 2i - 3j + 5k$平行，且過$(1, 0, -1)$，求此平面之方程式。

解：

(方法一)

∵平面Π之法線與$\vec{n}$平行

∴可設平面Π之方程式為$2x - 3y + 5z = c$

又平面Π過$(1, 0, -1)$　∴$c = 2 \cdot 1 - 3 \cdot 0 + 5(-1) = -3$

∴$2x - 3y + 5z = -3$

(方法二)

平面Π之法向量為$[2, -3, 5]$，過$(1, 0, -1)$

∴$2(x - 1) - 3(y - 0) + 5(z + 1) = 0$

即$2x - 3y + 5z = -3$

設二平面$a_1 x + b_1 y + c_1 z = d_1$與$a_2 x + b_2 y + c_2 z = d_2$，它們的法向量交角即為二平面之交角。

例8　求二平面$x + y + z = 3$與$2x - y + z = 2$之交角

解：

$x + y + z = 3$之法向量為$\vec{n}_1 = [1, 1, 1]$，$2x - y + z = 2$之法向量為$\vec{n}_2 = [2, -1, 1]$，此二平面之交角為

∵$\cos\theta = \dfrac{\vec{n}_1 \cdot \vec{n}_2}{|\vec{n}_1| \cdot |\vec{n}_2|} = \dfrac{2 - 1 + 1}{\sqrt{3} \cdot \sqrt{6}} = \dfrac{2}{\sqrt{18}}$

∴$\theta = \cos^{-1}\dfrac{2}{\sqrt{18}}$

◆ 作　業

1. 計算 $u \cdot v$：

   (1) $u = (\cos\theta)i + (son\theta)j - k$，$v = (\cos\theta)i + (\sin\theta)j + k$

   (2) $u = [1, -2, 3]$，$v = [0, 1, -1]$

   Ans： (1) 0　(2) -5

2. (1) 三角形頂點座標為 $P(2, -1, 1)$，$Q(1, 3, 2)$，$R(-1, 2, 3)$ 求面積。

   (2) 三角形頂點座標為 $P(1, 0, 2)$、$Q(3, 2, 1)$、$R(2, 1, 3)$，求面積。

   Ans： (1) $\dfrac{1}{2}\sqrt{107}$　(2) $2\sqrt{3}$

3. 計算

   (1) $i = 1 - 2j$，$v = 3i - k$，求 $u \times v$

   (2) $u = 2i - 3j + 4k$，$v = 5i + 2j - 3k$

   (3) $u = 3i + 2j + k$，$v = i + j + 2k$，$w = i + 3j + 3k$，求 $|u \cdot (v \times w)|$

   (4) $u = i + 2j - 2k$，$v = 3i + k$，求 $|u \times v|$

   (5) $u = i$，$v = i$，$w = j$，求 $u \times (v \times w)$

   (6) 承 (5) 題，求 $(u \times v) \times w$

   (7) 由 (5)、(6)，你可得到什麼結論？

   Ans： (1) $2i + j + 6k$　(2) $i + 26j + 19k$　(3) 9　(4) $\sqrt{89}$　(5) $-j$

   　　　　(6) $\underset{\sim}{0}$　(7) $u \times (v \times w) = (u \times v) \times w$ 不恆成立

4. 計算下列各組向量之夾角：

(1) $u = 3i - j$，$v = i - \sqrt{3}j$

(2) $u = 3i + 4j + 5k$，$v = -4i + 3j - 5k$

(3) $u = \sqrt{3}i - j$，$v = i - \sqrt{3}j$

Ans： (1)$\dfrac{\pi}{6}$ (2)$\dfrac{2}{3}\pi$ (3)$\dfrac{\pi}{6}$

5. A，B，C爲三同維向量，試證$A \cdot (B + C) = A \cdot B + B \cdot C$。

6. 證明叉積之二個性質：$A \times A = 0$及$A \times B = -B \times A$。

7. 試證$|u \cdot v| \leqq |u||v|$，並以此結果證明$|u + v| \leqq |u| + |v|$。

8. 求一單位向量v使得v同時垂直$v_1 = i - j - 2k$及 $v_2 = -i + 2j + 3k$。

Ans： $\dfrac{1}{\sqrt{3}}(i - j + k)$

9. 若u、v、w爲向量，計算

(1) 若$|u| = 2$，$|v| = \sqrt{2}$，$u \cdot v = 2$，求$|u \times v|$

(2) 若$|u| = 3$，$|v| = 26$，$|u \times v| = 72$，求$u \cdot v$

(3) 求三向量$u = 2i + 3j - k$，$v = i - 2j + 3k$，$w = (2i - j + k)$所圍成平行四邊體之體積

Ans： (1) 2 (2)± 30 (3) 14

◆ 6-3 梯度、旋度與方向導數

梯度

令$f(x,y,z)$為一佈於純量體之可微分函數,則f之梯度(Gradient),一般記做∇f或 Grad f,f之梯度定義為:

$$\nabla f = \frac{\partial f}{\partial x}i + \frac{\partial f}{\partial y}j + \frac{\partial f}{\partial z}k$$

例 1　若$f(x,y,z) = xyz$,求∇f

解:

$$\nabla f = \frac{\partial f}{\partial x}i + \frac{\partial f}{\partial y}j + \frac{\partial f}{\partial z}k$$

$$= yzi + xzj + xyk = [yz, xz, xy]$$

例 2　若$f(x,y,z) = xyz^2$,求$\nabla f|_{(1,0,-2)}$

解:

$$\nabla f|_{(1,0,-2)} = \frac{\partial f}{\partial x}i + \frac{\partial f}{\partial y}j + \frac{\partial f}{\partial z}k|_{(1,0,-2)}$$

$$= [yz^2, xz^2, 2xyz]|_{(1,0,-2)}$$

$$= [0(-2)^2, 1(-2)^2, 2(1)(0)(-2)] = [0, 4, 0]$$

例 3　設 f，g 為可微分函數，試證 $\nabla(f+g)=\nabla f+\nabla g$

解：

$$\nabla(f+g)=\frac{\partial}{\partial x}(f+g)i+\frac{\partial}{\partial y}(f+g)j+\frac{\partial}{\partial z}(f+g)k$$

$$=\frac{\partial f}{\partial x}i+\frac{\partial g}{\partial x}i+\frac{\partial f}{\partial y}j+\frac{\partial g}{\partial y}j+\frac{\partial f}{\partial z}k+\frac{\partial g}{\partial z}k$$

$$=\left(\frac{\partial f}{\partial x}i+\frac{\partial f}{\partial y}j+\frac{\partial f}{\partial z}k\right)+\left(\frac{\partial g}{\partial x}i+\frac{\partial g}{\partial y}j+\frac{\partial g}{\partial z}k\right)$$

$$=\nabla f+\nabla g$$

若 $V=A_1i+A_2j+A_3k$，A_1，A_2，A_3 為 x，y，z 之可微分函數，則規定

$$\nabla\cdot V=\left(\frac{\partial}{\partial x}i+\frac{\partial}{\partial y}j+\frac{\partial}{\partial z}k\right)\cdot(A_1i+A_2j+A_3k)$$

$$=\frac{\partial}{\partial x}A_1+\frac{\partial}{\partial y}A_2+\frac{\partial}{\partial z}A_3$$

例 4　若 $V=xyi+x^2j+(x+2y-z)k$，求 $\nabla\cdot V$

解：

$$\nabla\cdot V=\frac{\partial}{\partial x}xy+\frac{\partial}{\partial y}x^2+\frac{\partial}{\partial z}(x+2y-z)$$

$$=y-1$$

旋度

令 $F = P(x,y,z)i + Q(x,y,z)j + R(x,y,z)k$ 為一向量函數，且 P，Q，R 之偏導函數存在，則 F 之旋度 $\text{Curl}F$，定義為 $\text{Curl}F = \nabla \times F$，即：

$$\text{Curl}F = \begin{vmatrix} i & j & k \\ \dfrac{\partial}{\partial x} & \dfrac{\partial}{\partial y} & \dfrac{\partial}{\partial z} \\ P & Q & R \end{vmatrix}$$

例 5 $F = (x^2 + 3y)i + (yz)j + (x + 2y + z^2)k$，
求 $\text{Curl}F$(即 $\nabla \times F$)

解：

$$\text{Curl}F = \begin{vmatrix} i & j & k \\ \dfrac{\partial}{\partial x} & \dfrac{\partial}{\partial y} & \dfrac{\partial}{\partial z} \\ P & Q & R \end{vmatrix} = \begin{vmatrix} i & j & k \\ \dfrac{\partial}{\partial x} & \dfrac{\partial}{\partial y} & \dfrac{\partial}{\partial z} \\ x^2 + 3y & yz & x + 2y + z^2 \end{vmatrix}$$

$$= \left[\frac{\partial}{\partial y}(x + 2y + z^2) - \frac{\partial}{\partial z}yz \right]i$$

$$- \left[\frac{\partial}{\partial x}(x + 2y + z^2) - \frac{\partial}{\partial z}(x^2 + 3y) \right]j$$

$$+ \left[\frac{\partial}{\partial x}yz - \frac{\partial}{\partial y}(x^2 + 3y) \right]k$$

$$= (2 - y)i - (1 - 0)j + (0 - 3)k$$

$$= (2 - y)i - j - 3k$$

隨堂練習

驗證 $\nabla \cdot (\nabla \times F) = 0$，並請說明等式成立之條件。

例 6 $F = yzi + xzj + xyk$，求 $\mathrm{Curl}F$(即 $\nabla \times F$)

解：

$$\mathrm{Curl}F = \begin{vmatrix} i & j & k \\ \dfrac{\partial}{\partial x} & \dfrac{\partial}{\partial y} & \dfrac{\partial}{\partial z} \\ yz & xz & xy \end{vmatrix}$$

$$= \left[\frac{\partial}{\partial y}xy - \frac{\partial}{\partial z}xz \right]i - \left[\frac{\partial}{\partial x}xy - \frac{\partial}{\partial z}yz \right]j$$

$$+ \left[\frac{\partial}{\partial x}xz - \frac{\partial}{\partial y}yz \right]k$$

$$= (x - x)i - (y - y)j + (z - z)k$$

$$= 0i - 0j + 0k (即零向量)$$

例 7   試證 $\mathrm{Curl}(F + G) = \mathrm{Curl}F + \mathrm{Curl}G$

解：

設 $F = F_1 i + F_2 j + F_3 k$，$G = G_1 i + G_2 j + G_3 k$

$$\mathrm{Curl}(F + G) = \begin{vmatrix} i & j & k \\ \dfrac{\partial}{\partial x} & \dfrac{\partial}{\partial y} & \dfrac{\partial}{\partial z} \\ F_1 + G_1 & F_2 + G_2 & F_3 + G_3 \end{vmatrix}$$

$$= \begin{vmatrix} i & j & k \\ \dfrac{\partial}{\partial x} & \dfrac{\partial}{\partial y} & \dfrac{\partial}{\partial z} \\ F_1 & F_2 & F_3 \end{vmatrix} + \begin{vmatrix} i & j & k \\ \dfrac{\partial}{\partial x} & \dfrac{\partial}{\partial y} & \dfrac{\partial}{\partial z} \\ G_1 & G_2 & G_3 \end{vmatrix}$$

$$= \mathrm{Curl}F + \mathrm{Curl}G$$

隨堂練習

驗證 $\nabla \times (\nabla \cdot F) = 0$

方向導數

u為一單位向量，我們定義函數f在點P於u方向之方向導數(Directional Derivative)記做$D_u f(P)$，定義爲

$$D_u f(P) = \lim_{h \to 0} \frac{f(P + hu) - f(P)}{h}$$

我們可證明的是：若$U = [u_1,\, u_2]$爲一單位向量，即$\|U\| = 1$則

$$D_u f(P) = U \cdot \nabla f|_P$$
$$= [u_1,\, u_2] \cdot [f_x,\, f_y]|_P = (u_1 f_x + u_2 f_y)|_P$$

例 8 若$f(x,y) = x^2 y$，求f沿$a = i + 2j$之方向在$(1,1)$之方向導數

解：

$$a = [1,\, 2]$$

$$U = \frac{1}{\|a\|} a = \left[\frac{1}{\sqrt{5}}, \frac{2}{\sqrt{5}}\right],$$

$$\nabla f = \left[\frac{\partial}{\partial x} f, \frac{\partial}{\partial y} f\right] = [2xy, x^2]$$

$$\therefore D_u(P) = U \cdot \nabla f|_P$$

$$= \left[\frac{1}{\sqrt{5}}, \frac{2}{\sqrt{5}}\right] \cdot [2xy, x^2]\Big|_{(1,\,1)}$$

$$= \frac{2}{\sqrt{5}} xy + \frac{2}{\sqrt{5}} x^2\Big|_{(1,\,1)} = \frac{2}{\sqrt{5}} + \frac{2}{\sqrt{5}} = \frac{4}{\sqrt{5}}$$

例 9 若 $f(x, y, z) = x + y\sin z$，求 f 沿 $a = i + 2j + 2k$ 之方向在 $\left(1, 1, \frac{\pi}{2}\right)$ 之方向導數

解：

$$a = i + 2j + 2k = [1, 2, 2]$$

$$\therefore U = \frac{1}{\|a\|} a = \frac{1}{3}[1, 2, 2] = \left[\frac{1}{3}, \frac{2}{3}, \frac{2}{3}\right],$$

$$\nabla f = \left[\frac{\partial}{\partial x} f, \frac{\partial}{\partial y} f, \frac{\partial}{\partial z} f\right] = [1, \sin z, y\cos z]$$

$$D_u(P) = U \cdot \nabla f|_P = \left[\frac{1}{3}, \frac{2}{3}, \frac{2}{3}\right] \cdot [1, \sin z, y\cos z]\Big|_{\left(1,\,1,\,\frac{\pi}{2}\right)}$$

$$= \frac{1}{3} + \frac{2}{3}\sin z + \frac{2}{3} y\cos z\Big|_{\left(1,\,1,\,\frac{\pi}{2}\right)} = \frac{1}{3} + \frac{2}{3} + 0 = 1$$

隨堂練習

驗證 $z = x^2 + y^2$ 在點$(1，1)$處沿著向量$[1, \sqrt{3}]$之方向導數爲 $1 + \sqrt{3}$

曲面之切平面方程式

給定曲面方程式$f(x, y, z)$，及其上一點P，P之座標爲(x_0, y_0, z_0)，若在(x_0, y_0, z_0)處$\dfrac{\partial f}{\partial x}$，$\dfrac{\partial f}{\partial y}$，$\dfrac{\partial f}{\partial z}$均存在，則可證明過$(x_0, y_0, z_0)$之切面方程式爲

$$\frac{\partial f}{\partial x}\bigg|_{(x_0, y_0, z_0)}(x - x_0) + \frac{\partial f}{\partial y}\bigg|_{(x_0, y_0, z_0)}(y - y_0) + \frac{\partial f}{\partial z}\bigg|_{(x_0, y_0, z_0)}(z - z_0) = 0$$

我們可用梯度之記號來求取曲面在某點之切面方程式或法面方程式。

$$\nabla f|_{(x_0, y_0, z_0)} \cdot [x - x_0, y - y_0, z - z_0] = 0$$

例 10 試求曲面$z^3 + 3xz - 2y = 0$在$(1, 7, 2)$處之切平面方程式

解：

令 $f(x, y, z) = z^3 + 3xz - 2y$ 則

$\nabla f|_{(1, 7, 2)} = [3z - 2, 3(z^2 + x)]|_{(1, 7, 2)} = [6, -2, 15]$

∴所求之切面方程式爲

$\nabla f|_{(1, 7, 2)} \cdot [x - 1, y - 7, z - 2]$

$= [6, -2, 15] \cdot [x - 1, y - 7, z - 2]$

$$=6(x-1)-2(y-7)+15(z-2)=0$$

即$6x-2y+15z=22$

例 11　求$x^2+y^2-4z^2=4$在$(2, -2, 1)$處之切面方程式

解：

令$f(x, y, z)=x^2+y^2-4z^2-4$則

$$\nabla f|_{(2, -2, 1)}=[2x, 2y, -8z]|_{(2, -2, 1)}$$
$$=[4, -4, -8]$$

$\therefore$所求之切面方程式為

$$\nabla f|_{(2, -2, 1)} \cdot [x-2, y+2, z-1]$$
$$=[4, -4, -8] \cdot [x-2, y+2, z-1]$$
$$=4(x-2)-4(y+2)-8(z-1)=0$$

即$4x-4y-8z=8$或$x-y-2z=2$

隨堂練習

驗證曲面$z=x^2+4y^2$在$(-4,1,20)$處之切平面方程式為$8x-8y+z+20=0$

◆ 作 業

1. $F(x,y,z) = 2x^2y + yz^2 + 3xz$，求 $\nabla F(-1, 2, 3)$

Ans：$i + 11j + 9k$

2. $F = x + xy - y$，求 ∇F

Ans：$(a + y)i + (x - 1)j$

3. $F(x, y, z) = xyz$，求 $\nabla F(1, 2, 3)$

Ans：$6i + 3j + 2k$

4. $F(x, y, z) = xy\cos z + x\sin(xyz)$，求 $\nabla F(1, 1, 0)$

Ans：$i + j + k$

5. $F(x, y) = x + xy - y$，求 $\nabla \times F (\text{Curl } F)$

Ans：$(1 + y)i + (x - 1)j$

6. 若 $R = xi + yj + zk$，A 為任意常數向量，試證 $\nabla(A \cdot R) = A$

7. 試證 $\nabla R^2 = 2R$，$r = \sqrt{x^2 + y^2 + z^2}$，$R = xi + yj + zk$

8. 求 $F = xi - 2x^2yj + 2yz^4k$ 在點 $(1, -1, 1)$ 上之散度 $\nabla \cdot F$ 及旋度 $\nabla \times F$

Ans：-8；$2i + 4k$

9. 試證 $\nabla \cdot (u + v) = \nabla \cdot u + \nabla \cdot v$，並說明成立時 u，v 須有之條件。

10. $f(x, y) = 3x^2y + 4x$ 沿由 $(-1, 4)$ 至 $(2, 8)$ 之方向，求 f 在 $(-1, 4)$ 處之方向導數

Ans：$-\dfrac{48}{5}$

11. 求 $f(x, y, z) = 2x^2 + 3y^2 + z^2$ 在 $(1, 2, 3)$ 處沿 $i + 2j - 3k$ 方向

　　導數

Ans： $\dfrac{10}{\sqrt{14}}$

12. 求下列曲面在指定點之切面方程式

　(1) $x^2 + y^2 + z^2 = 25$，$P(2, 3, 2\sqrt{3})$

　(2) $4x^2 - 9y^2 - 9z^2 = 36$，$P(3\sqrt{3}, 2, 2)$

　(3) $z^3 + 3xy - 2y = 0$，$P(1, 7, 2)$

　(4) $z = xy^2 + y$，$P(3, -2, 10)$

Ans： (1)$2x + 3y + 2\sqrt{3}z = 25$

　　　(2)$2\sqrt{3}x - 3y - 3z = 6$

　　　(3)$21x + y + 12z = 52$

　　　(4)$4x - 11y - z = 24$

◆ 6-4　線積分

　　我們學過了很多種形式的積分，例如：

1. 定積分 $\displaystyle\int_a^b f(x)dx$ 是 $f(x)$ 在區間 $[a, b]$ 作積分

2. $\displaystyle\iint_R f(x, y)dA$ 是 $f(x, y)$ 在區域 R 作積分

　　在這一節中介紹之線積分(Line Integral) $\displaystyle\int_C f(x, y)ds$ 是對平滑

曲線(Smooth Curve)C作積分，在這個意義上，線積分稱為曲線積

分也許更為傳神。

線積分 $\int_C f(x, y)ds$ 也是在曲線 C 上劃分許多微分小區間 $P_{i-1}P_i$，

$i = 1, 2, \cdots, n$，弧長 ΔS_i，$(\bar{x}_i, \bar{y}_i)$ 是弧 $P_{i-1}P_i$ 上一點，令 $|P|$ 是 max

$\{P_0P_1, P_1P_2, \cdots, P_{n-1}P_n\}$，則取黎曼和(Riemann Sum) $\sum\limits_{i=1}^{n} f(\bar{x}_i, \bar{y}_i) \Delta S_i$

，然後求 $|P| \to 0$，我們便有

$$\int_C f(x, y)ds = \lim_{|P| \to 0} \sum_{i=1}^{n} f(\bar{x}_i, \bar{y}_i) \Delta S_i$$

若 C 為一平面上之某平滑曲線，且 C 可用下列參數方程式表示：$x = x(t)$，$y = y(t)$，$a \leq t \leq b$，則我們有 n 種方式來計算線積分：

型式 A

$$\int_C f(x, y)ds = \int_a^b f(x(t), y(t))\sqrt{(x'(t))^2 + (y'(t))^2}\,dt$$

讀者應注意的是，曲線 C 之參數式表示可能不只一種，但所得之線積分是惟一的。

上式可推廣到三維之情況：

$$\int_C f(x, y, z)ds$$

$$= \int_a^b f(x(t), y(t), z(t))\sqrt{(x'(t))^2 + (y'(t))^2 + z'(t))^2}\,dt$$

例 1　求 $\int_C x^3 y\, ds$，C 由 $x=2\cos t$，$y=2\sin t$，$0 \le t \le \dfrac{\pi}{2}$ 所決定

解：

$$\int_C x^3 y\, ds = \int_0^{\frac{\pi}{2}} f(x(t),\, y(t))\sqrt{(x'(t))^2+(y'(t))^2}\, dt$$

$$= \int_0^{\frac{\pi}{2}} (2\cos t)^3 (2\sin t)\sqrt{(-2\sin t)^2+(2\cos t)^2}\, dt$$

$$= 32 \int_0^{\frac{\pi}{2}} (\cos t)^3 (\sin t)\, dt$$

$$= 32 \cdot \int_0^{\frac{\pi}{2}} (\cos t)^3\, d(-\cos t)$$

$$= 32 \cdot \frac{-1}{4}(\cos t)^4 \Big]_0^{\frac{\pi}{2}} = 8$$

例 2　求 $\int_C y\, ds$，$C: y=2\sqrt{x}$，$x=0$ 到 $x=3$

解：

$$\int_C y\, ds = \int_0^3 2\sqrt{x}\sqrt{1+(y')^2}\, dx = \int_0^3 2\sqrt{x}\sqrt{1+\frac{1}{x}}\, dx$$

$$= 2\int_0^3 \sqrt{1+x}\, dx = 2\cdot\frac{2}{3}(1+x)^{\frac{3}{2}}\Big]_0^3$$

$$= \frac{28}{3}$$

隨堂練習

驗證 $\int_C (x + y^2)ds = \dfrac{5}{6}\sqrt{2}$；$C$ 為 $(0, 0)$ 到 $(1, 1)$ 之線段，提示：將 C 用適當之參數式表示

型式 B

$$\int_C P(x, y)dx + Q(x, y)dy \text{ 或 } \int_{(a, b)}^{(c, d)} P(x, y)dx + Q(x, y)dy$$

例 3   若 c 為曲線 $x = t$，$y = t^2$，$0 \leq t \leq 1$，求

     (1) $\int_c (x + y)dx$ (2) $\int_c (2x^2 - y)dy$ (3) $\int_c x^2 dx + xydy$

解：

(1) $\displaystyle\int_c (x + y)dx = \int_0^1 (t + t^2)dt = \left. \frac{t^2}{2} + \frac{t^3}{3} \right|_0^1 = \frac{5}{6}$

(2) $\displaystyle\int_c (2x^2 - y)dy = \int_0^1 (2t^2 - t^2)dt^2 = \int_0^1 t^2 \cdot 2t\,dt = \left. \frac{2}{4}t^4 \right|_0^1 = \frac{1}{2}$

(3) $\displaystyle\int_c x^2 dx + xydy = \int_0^1 t^2 dt + (t \cdot t^2)2t\,dt = \int_0^1 t^2 + 2t^4\,dt$

$$= \left. \frac{1}{3}t^3 + \frac{2}{5}t^5 \right|_0^1 = \frac{11}{15}$$

例 4   求 $\int_c y\sin x\,dx - \cos x\,dy$，其中 c 為由 $\left(\dfrac{\pi}{2}, 0\right)$ 至 $(\pi, 1)$ 線段。

解：

過 $\left(\dfrac{\pi}{2},0\right)$ 及 $(\pi,1)$ 之直線方程式為 $y=\dfrac{2}{\pi}x-1$

取 $x=t$，$y=\dfrac{2}{\pi}t-1$，$dx=dt$，$dy=\dfrac{2}{\pi}dt$，$\dfrac{\pi}{2}\leqq t\leqq\pi$

$\therefore$ 原式 $=\displaystyle\int_{\frac{\pi}{2}}^{\pi}\left[\left(\dfrac{2}{\pi}t-1\right)\sin t-\cos t\left(\dfrac{2}{\pi}\right)\right]dt$

$=\displaystyle\int_{\frac{\pi}{2}}^{\pi}\left(\dfrac{2}{\pi}(t\sin t-\cos t)-\sin t\right)dt$

$=\dfrac{-2}{\pi}t\cos t+\cos t\Big|_{\frac{\pi}{2}}^{\pi}=\dfrac{2}{\pi}\cdot\pi-1=1$

例 5　$\displaystyle\int_c\dfrac{-ydx+xdy}{x^2+y^2}$，$c:x^2+y^2=4$ 上自 $(\sqrt{2},\sqrt{2})$ 至 $(-2,0)$

之圓弧

解：

取 $x=2\cos t$，$y=2\sin t$，

$\dfrac{\pi}{4}\leqq t\leqq\pi$

則 $dx=-2\sin tdt$；$dy=2\cos tdt$

$\therefore$ 原式 $=\displaystyle\int_{\frac{\pi}{4}}^{\pi}\dfrac{(-2\sin t)^2dt+(2\cos t)^2dt}{(2\cos t)^2+(2\sin t)^2}$

$=\displaystyle\int_{\frac{\pi}{4}}^{\pi}\dfrac{4}{4}dt=\dfrac{3}{4}\pi$

隨堂練習

驗證 $\int_c y^2 dx - x dy = \dfrac{4}{3}$，$c$ 為沿 $y^2 = 4x$ 自 $(0, 0)$ 至 $(1, 2)$。

在解線積分問題時需注意到起訖點。

若曲線 C 的軌跡是沿著某方向，則沿同樣曲線相反方向的線積分為

$$- \int_C f(x,y) dx + g(x,y) dy$$

若平滑曲線 C 可分段成有限條平滑曲線 C_1，C_2，$\cdots$，C_n 則

$$\int_C = \int_{C_1} + \int_{C_2} + \cdots + \int_{C_n}$$

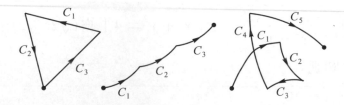

若曲線 C 為封閉且為正向時之線積分特用 $\oint_C$ 表示，爾後之面積分亦然。

例 6　　C 之軌跡如右圖，求 $\oint_c [xy dx + e^x dy]$

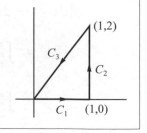

解：

我們分別就 C_1，C_2，C_3 來積分，然後加總。

$C_1 : y = 0 : x = t$，$y = 0$，$1 \geq t \geq 0$，$dx = dt$，$dy = 0$

$\therefore \int_c xy\,dx + e^x\,dy = \int_0^1 t(0)dt + e^t \cdot 0\,dt = 0$

$C_2 : x = 1 : y = t$，$2 \geq t \geq 0$，$dx = 0$，$dy = dt$

$\therefore \int_c xy\,dx + e^x\,dy = \int_0^2 1 \cdot t \cdot 0\,dt + e\,dt = \int_0^2 e\,dt = 2e$

$C_3 : y = 2x$，$x = t$，$y = 2t$，$1 \geq t \geq 0$，$dy = 2dt$，$dx = dt$

$\therefore \int_c xy\,dx + e^x\,dy = -\int_0^1 t(2t) + e^t 2\,dt = -2\int_0^1 t^2 + e^t\,dt$

$$= -\frac{2}{3} - 2(e - 1) = \frac{4}{3} - 2e$$

故 $\oint_c xy\,dx + e^x\,dy = 0 + 2e + \left(\frac{4}{3} - 2e\right) = \frac{4}{3}$

隨堂練習

驗證 $\oint_c y\,dx - x\,dy = -2$，$c$ 之圖形如下

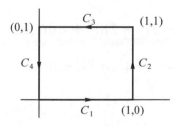

型式 C：線積分之向量表示

$$\int_c f(x,y)dx + g(x,y)dy = \int_c [f(x,y), g(x,y)] \cdot [dx, dy]$$

$$= \int_c F(x,y)dr = \int_c F \cdot dr$$

上式

$$F(x,y) = f(x,y)i + g(x,y)j$$

因此，計算以向量表示之線積分時，利用 $dr = dxi + dyj$(或 $dr = dxi + dyj + dzk$)之關係，化成線積分標準式，以利計算。

例 7 求 $\int_c F \cdot dr$，$F = (3x^2 - 6y)i - 14yzj + 20xz^2k$；

$c : x = t$，$y = t^2$，$z = t^3$，$(0, 0, 0) \to (1, 1, 1)$

解：

$$\int_c F \cdot dr = \int_c [3x^2 - 6y, -14yz, 20xz^2] \cdot [dx, dy, dz]$$

$$= \int_c (3x^2 - 6y)dx - 14yzdy + 20xz^2dz$$

$$= \int_0^1 (3t^2 - 6t^2)dt - 14t^2 \cdot t^3(2tdt) + 20t(t^3)^2(3t^2dt)$$

$$= \int_0^1 (-3t^2 - 28t^6 + 60t^9)dt$$

$$= -t^3 - 4t^7 + 6t^{10}\Big|_0^1 = 1$$

例 8　設 $F = \dfrac{2i + j}{x^2 + y^2}$，其積分如下圖，求 $\int_c F \cdot dr$

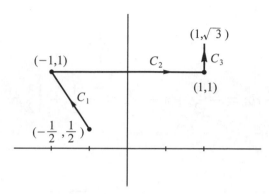

解：

$$\int_c F \cdot dr = \int_c \left[\frac{2}{x^2 + y^2}, \frac{1}{x^2 + y^2} \right] \cdot [dx,\, dy]$$

$$= \int_c \frac{2dx}{x^2 + y^2} + \frac{dy}{x^2 + y^2}$$

$c_1 : y = -x$，$x = t$，$y = -t$，$\dfrac{-1}{2} \geqq t \geqq -1$，

$dx = dt$，$dy = -dt$

$$\therefore \int_{c_1} \frac{2dt}{t^2 + (-t)^2} + \frac{-dt}{t^2 + (-t)^2} = -\int_{-1}^{-1/2} \frac{dt}{2t^2} = \frac{1}{2t} \Big|_{-1}^{-1/2} = \frac{-1}{2}$$

$c_2 : y = 1$，$x = t$，$y = 1$，$1 \geqq t \geqq -1$，$dx = dt$，$dy = 0$

$$\therefore \int_{c_2} \frac{2dt}{t^2 + 1^2} + \frac{0}{t^2 + 1^2} = -\int_{-1}^{1} \frac{2dt}{t^2 + 1} = 4\int_0^1 \frac{dt}{t^2 + 1}$$

$$= 4 \cdot \tan^{-1} t \Big|_0^1 = 4 \cdot \frac{\pi}{4} = \pi$$

$c_3 : x = 1$，$x = 1$，$y = t$，$\sqrt{3} \geqq t \geqq 1$，$dx = 0$，$dy = dt$

$$\therefore \int_{c_3} \frac{2 \cdot 0}{1^2 + t^2} + \frac{dt}{1^2 + t^2} = -\int_1^{\sqrt{3}} \frac{dt}{1 + t^2} = \tan^{-1} t \Big|_1^{\sqrt{3}}$$

$$= \frac{\pi}{3} - \frac{\pi}{4} = \frac{\pi}{12}$$

故 $\int_c F \cdot dr = -\frac{1}{2} + \pi + \frac{\pi}{12} = -\frac{1}{2} + \frac{13}{12}\pi$

◆ 作　業

1. $\int_c 2xy dx + (x^2 + y^2) dy$，$c : x = \cos t$，$y = \sin t$，$0 \leq t \leq \frac{\pi}{2}$

Ans：$\frac{1}{3}$

2. $\oint_c xy dx + x dy$，c：如圖 a

Ans：$\frac{1}{3}$

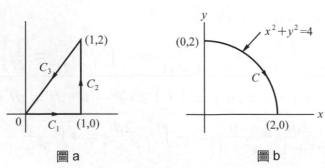

圖 a　　　　圖 b

3. $\int_c (x^2 - y^2) dx + dxy$，$c$：如圖 b

Ans：$-\frac{8}{3} - \pi$

4. $\int_c (y - x^2)dx + 2yzdy - x^2dz$ ；$c : x = t$，$y = t^2$，$z = x^3$，

$1 \geq t \geq 0$

Ans：$\dfrac{-1}{35}$

5. 若 $F = yzi + xzj + xyk$，$r(t) = ti + t^2j + t^3k$，$2 \geq t \geq 0$，求

$\int_c F \cdot dr$

Ans：32

6. $\int_c F \cdot dr$，$F = yi + 2xj$，c：如右圖

Ans：$\dfrac{\pi}{4}$

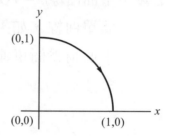

7. $A = (3x^2 + 6y)i - 14yzj + 20xz^2k$，$r = xi + yj + zk$

求 $\int_c A \cdot dr$，起點$(0, 0, 0)$，終點$(1, 1, 1)$，$c : x = t$，$y = t^2$，

$z = t^3$

Ans：5

8. 根據下列曲線計算 $\oint_c ydx - xdy$

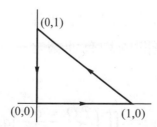

Ans：-1

◆ 6-5 平面上的格林定理與散度定理

平面上的格林定理

格林定理(Green Theorem)主要是討論沿著某種閉曲線c之重積分。

定義：平面曲線$r = r(t)$，$a \leq t \leq b$，若r之兩個端點間不相交者稱為簡單曲線，如果一簡單曲線圍成一封閉之平面區域，則此平面稱為簡單連通區域。

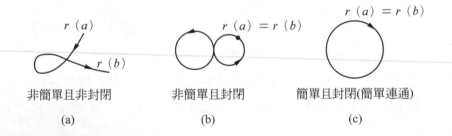

非簡單且非封閉	非簡單且封閉	簡單且封閉(簡單連通)
(a)	(b)	(c)

定理(Green 定理)

R為簡單連通區域，其邊界c為以逆時針方向通過之簡單封閉分段之平滑曲線，P，Q為包含R之某開區間內均有連續之一階偏導函數則

$$\oint_c (Pdx + Qdy) = \iint_R \left(\frac{\partial Q}{\partial x} - \frac{\partial P}{\partial y} \right) dxdy$$

證明：我們只需證明：

(1) $\int_c P(x,y)dx = -\iint\limits_R \dfrac{\partial P}{\partial y}dxdy$ 及

(2) $\int_c Q(x,y)dy = \iint\limits_R \dfrac{\partial Q}{\partial x}dxdy$：

$\because -\iint\limits_R \dfrac{\partial P}{\partial y}dxdy = -\int_a^b \left[\int_{g_1(x)}^{g_2(x)} \dfrac{\partial P}{\partial y}dy \right]dx$

$= -\int_a^b \left[P(x,y)\Big|_{g_1(x)}^{g_2(x)} \right]dx$

$= -\int_a^b [P(x,g_2(x)) - P(x,g_1(x))]dx$

$= \int_a^b [P(x,g_1(x)) - P(x,g_2(x))]dx$

$= \int_a^b P(x,g_1(x))dx - \int_a^b P(x,g_2(x))dx$

$= \int_{c_1} P(x,y)dx - \int_{c_2} P(x,y)dx$

$= \int_{c_1} P(x,y)dx + \int_{-c_2} P(x,y)dx = \int_c P(x,y)dx$

同法

$\iint\limits_R \dfrac{\partial Q}{\partial x}dxdy = \int_d^e \left[\int_{v_1(y)}^{v_2(y)} \dfrac{\partial}{\partial x}Q\,dx \right]dy$

$= \int_d^e \left[Q(x,\,y)\Big|_{v_1(y)}^{v_2(y)} \right]dy$

$= \int_d^e Q(v_2(y),\,y) - Q(v_1(y),\,y)dy$

$= \int_d^e Q(v_2(y),\,y)dy - \int_d^e Q(v_1(y),\,y)dy$

$= \int_{c_2} Q(x,\,y)dy - \int_{c_1} Q(x,\,y)dy$

$= \int_c Q(x,\,y)dy$

故 $\oint_c (Pdx + Qdy) = \iint\limits_R \left(\dfrac{\partial Q}{\partial x} - \dfrac{\partial P}{\partial y} \right)dxdy$

例 **1**　求 $\oint_c (2y - e^{\cos x})dx + (3x + e^{\sin y})dy$，$c : x^2 + y^2 = 4$

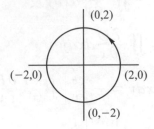

解：

$$\begin{cases} P = 2y - e^{\cos x} & , \ \dfrac{\partial P}{\partial y} = 2 \\[2mm] Q = 3x + e^{\sin y} & , \ \dfrac{\partial Q}{\partial x} = 3 \end{cases}$$

$$\therefore \int_c (2y - e^{\cos x})dx + (3x + e^{\sin y})dy$$

$$= \iint_S \left(\frac{\partial Q}{\partial x} - \frac{\partial P}{\partial y} \right)dxdy = \iint_{x^2 + y^2 = 4} (3 - 2)dxdy$$

$$= \iint_{x^2 + y^2 = 4} dA = A(S) = 4\pi$$

例 **2**　求 $\oint_c x^2 dx + xy \, dy$，$c$：由 $(1, 0)$，

$(0, 0)$，$(0, 1)$ 所圍成之三角形區域

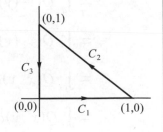

解 :

方法一：用線積分

$(1)c_1 : x = t，1 > t > 0，y = 0$

$\therefore \int_{c_1} x^2 dx + xy dy = \int_0^1 t^2 dt = \dfrac{1}{3}$

$(2)c_2 : x = 1 - t，y = t，1 > t > 0，$

$\therefore \int_c x^2 dx + xy dy = \int_0^1 (1 - t)^2 (- dt) + (1 - t) t dt$

$\qquad\qquad = \int_0^1 - 1 + 3t - 2t^2 dt = -\dfrac{1}{6}$

$(3)c_3 : x = 0，y = t，1 > t > 0$

$\therefore \int_c x^2 dx + xy dy = 0$

由(1)、(2)及(3)

$\int_c x^2 dx + xy dy$

$= \int_{c_1} x^2 dx + xy dy + \int_{c_2} x^2 dx + xy dy + \int_{c_3} x^2 dx + xy dy$

$= \dfrac{1}{3} - \dfrac{1}{6} + 0 = \dfrac{1}{6}$

方法二：用格林定理：

$\begin{cases} P = x^2 \\ Q = xy \end{cases}$

$\therefore \iint_s \left(\dfrac{\partial Q}{\partial x} - \dfrac{\partial P}{\partial y} \right) dx dy = \iint_s (y - 0) dA$

$\qquad\qquad\qquad\qquad = \int_0^1 \int_0^{1 - y} y dx dy$

$$= \int_0^1 xy \Big|_0^{1-y} dy$$

$$= \int_0^1 (1-y)y\,dy$$

$$= \frac{y^2}{2} - \frac{y^3}{3}\Big|_0^1 = \frac{1}{6}$$

例 3 求 $\oint_c y\,dx + x\,dy$，$c : \dfrac{x^2}{16} + \dfrac{y^2}{9} = 1$

解：

$P = y$，$Q = x$

$$\oint_c y\,dx + x\,dy = \iint_A \left(\frac{\partial Q}{\partial x} - \frac{\partial P}{\partial y}\right)dx\,dy = \iint_A \left(\frac{\partial}{\partial x}x - \frac{\partial y}{\partial y}\right)dx\,dy$$

$$= \iint_A 0\,dx\,dy = 0$$

例 4 $\oint_c (5x + y)dx + (y + 3x)dy$; $c : (x-1)^2 + (y-2)^2 = 4$

解：

$P = 5x + y$，$Q = y + 3x$

$$\therefore \iint_s \left(\frac{\partial Q}{\partial x} - \frac{\partial P}{\partial y}\right)dx\,dy = \iint_s (3-1)dA$$

$$= 2\iint_{(x-1)^2+(y-2)^2=4} dA$$

$$= 2(4\pi) = 8\pi$$

隨堂練習

驗證 $\oint_c (x^3 + y^3)dx + (2y^3 - x^3)dy$，$c : x^2 + y^2 = 1$，為 $-\dfrac{3}{2}\pi$。

路徑獨立

c 為連結兩端點 $(x_0, y_0)(x_1, y_1)$ 之任意分段平滑曲線，若 $\int_c P(x, y)dx + Q(x, y)dy$ 之值不因路徑 c 而不同，則我們稱此線積分與路徑 c 無關。

定理：c 為區域 R 中之路徑，則

$$\int_c Pdx + Qdy$$

為路徑 c 獨立(即無關)之充要條件為 $\dfrac{\partial P}{\partial y} = \dfrac{\partial Q}{\partial x}$(假定 $\dfrac{\partial P}{\partial y}$，$\dfrac{\partial Q}{\partial x}$ 為連續)

在第一章之正合方程式中，我們說一階微分方程式 $Pdx + Qdy = 0$ 為正合之充要條件為 $\dfrac{\partial P}{\partial y} = \dfrac{\partial Q}{\partial x}$，若滿足此條件，我們便可找到一個函數 ϕ，使得 $Pdx + Qdy = d\phi$，如此

$$\int_{(x_0, y_0)}^{(x_1, y_1)} Pdx + Qdy = \int_{(x_0, y_0)}^{(x_1, y_1)} d\phi = \phi \Big|_{(x_0, y_0)}^{(x_1, y_1)}$$

$$= \phi(x_1, y_1) - \phi(x_0, y_0)$$

推論：c 為封閉曲線且 $\dfrac{\partial P}{\partial y} = \dfrac{\partial Q}{\partial x}$ 則 $\oint_c Pdx + Qdy = 0$

因 c 為封閉曲線，故其始點與終點合而為一，即 $x_0 = x_1$，$y_0 = y_1$，由上述定理即可得到此結果。

例 5 求 $\int_c 2xy\,dx + x^2\,dy$，c 為連結$(-1, 1)$，$(0, 2)$之曲線。

解：

$\int_c 2xy\,dx + x^2\,dy$ 中 $P = 2xy$，$\dfrac{\partial P}{\partial y} = 2x$，$Q = x^2$，$\dfrac{\partial Q}{\partial x} = 2x$

$\therefore \dfrac{\partial P}{\partial y} = \dfrac{\partial Q}{\partial x}$ 為路徑獨立

$\therefore$ 我們可用第一章所學的，求出 $\phi = x^2 y$

$\int_c 2xy\,dx + x^2\,dy = x^2 y \Big|_{(-1,1)}^{(0,2)} = -1$

例 6 求 $\int_c (y^2\,dx + 2xy\,dy)$，$c$：沿 $y = x^2$，$(0, 0)$到$(1, 1)$。

解：

$\because P = y^2$，$Q = 2xy$，$\dfrac{\partial P}{\partial y} = \dfrac{\partial Q}{\partial x} = 2y$，為路徑獨立。

由 $y^2\,dx + 2xy\,dy$，可找出一個 $\phi(x, y) = xy^2$

$\therefore \int_c (y^2\,dx + 2xy\,dy) = xy^2 \Big]_{(0, 0)}^{(1, 1)} = 1$

隨堂練習

驗證 $\int_c (yz\,dx + xz\,dy + xy\,dz) = 2$，其中，$c$：連接$(2, 0, -1) \rightarrow$ $(1, 1, 2)$之線段。

保守與位函數

$\int_c P(x,y)dx + Q(x,y)dy$ 之向量積分形成爲 $\int_c F \cdot dr$，若 $F(x,y)$ 在某一開區域爲函數 $\phi(x, y)$ 之梯度，則稱 F 在該區域爲保守(conservative) ϕ 爲 F 之位函數，換言之，F 爲保守之條件爲 $\dfrac{\partial P}{\partial y} = \dfrac{\partial Q}{\partial x}$，$F$ 爲保守時，便有位函數 $\phi(x, y)$。

例 7　(承例 5)若 $F(x,y) = 2xyi + x^2j$ 是否爲保守？若是，求其位函數。

解：

$$M = 2xy，\frac{\partial M}{\partial y} = 2x$$

$$N = x^2，\frac{\partial N}{\partial x} = 2x$$

(1) $\because \dfrac{\partial M}{\partial y} = \dfrac{\partial N}{\partial x} \therefore F$ 爲保守

(2) 由觀察法可知位函數 $\phi = x^2y + c$

線積分在面積求法之應用

定理：c 爲簡單封閉曲線，s 爲 c 所圍成之區域，則區域 s 之面積 $A(s)$ 爲 $A(s) = \dfrac{1}{2} \oint_c xdy - ydx$

證明：$\dfrac{1}{2} \oint_c xdy - ydx = \oint_c \dfrac{1}{2}xdy - \dfrac{1}{2}ydx$

$$\begin{cases} Q = \dfrac{-y}{2} & , \dfrac{\partial Q}{\partial y} = \dfrac{-1}{2} \\[2mm] P = \dfrac{x}{2} & , \dfrac{\partial P}{\partial x} = \dfrac{1}{2} \end{cases}$$

$$\therefore \frac{1}{2} \oint_c x\,dy - y\,dx = \iint_s \left(\frac{\partial N}{\partial x} \right) - \left(\frac{\partial M}{\partial y} \right) dA$$

$$= \iint_s \left(\frac{1}{2} - \left(-\frac{1}{2} \right) \right) dA$$

$$= \iint_s dA = A(s)$$

例 8　求 $x^2 + y^2 = b^2$，$b > 0$ 之面積

解：

取 $x = b\cos\theta$，$y = b\sin\theta$，$2\pi \geq \theta \geq 0$

則 $A(s) = \dfrac{1}{2} \oint_c x\,dy - y\,dx$

$$= \frac{1}{2} \int_0^{2\pi} b\cos\theta(b\cos\theta)d\theta - (b\sin\theta)(-b\sin\theta)d\theta$$

$$= \frac{1}{2} \int_0^{2\pi} b^2(\cos^2\theta + \sin^2\theta)d\theta = \frac{1}{2} 2\pi \cdot b^2 = \pi b^2$$

隨堂練習

驗證參數方程 $\begin{cases} x = 2\cos\theta \\ y = 3\sin\theta \end{cases}$，$2\pi \geqq \theta \geqq 0$ 所圍成之面積為 6π

★散度定理

設S是閉曲面，其包覆之立體體積為V，則$\iiint\limits_{D} \text{div.} F dV = \iint\limits_{S} F \cdot m ds$

例 9　用散度定理求$\oiint\limits_{s} F \cdot n ds$，其中$s : x^2 + y^2 + z^2 = 1$，$z \geq 0$，

$F = xi + yj + zk$。

解：

G為s所圍成之球體

$$\nabla F = \frac{\partial}{\partial x} x + \frac{\partial}{\partial y} y + \frac{\partial}{\partial z} z = 3$$

則$\iint\limits_{s} F \cdot n ds = \iiint\limits_{G} \nabla F dV = \iiint\limits_{G} 3 dV$

$$= 3 \text{ 倍} G \text{之體積} = 3 \left(\frac{4}{3} \pi (1)^3 \right) = 4\pi$$

例 10　用散度定理求$\oiint\limits_{s} F \cdot n ds$，其中

$F(x, y, z) = y^2 zi - \sin e^z j + x \ln|y|$，$s : x^3 + y^3 + z^3 = 1$

解：

$$\because \nabla F = \frac{\partial}{\partial x} (y^2 z) + \frac{\partial}{\partial y} (-\sin e^z) + \frac{\partial}{\partial z} (x \ln|y|) = 0$$

$$\therefore \oint_s F \cdot n ds = \iiint\limits_{G} \nabla F dV = \iiint\limits_{G} 0 dV = 0$$

例 11　求 $\displaystyle\oiint_s F \cdot nds$，$F = xi + (3y + 2z)j + (6x - z)k$，

$s : 4 \le x^2 + y^2 + z^2 \le 9$

解：

$$\iint_s F \cdot nds = \iiint_G divFdv$$

$$= \iiint_G (1 + 3 - 1)dv = 3\iiint_G dv$$

$= 3$[兩個半徑分別爲 2，3 之同心球所夾之體積]

$$= 3\left[\frac{4}{3}\pi(3)^3 - \frac{4}{3}\pi(2)^3\right] = 76\pi$$

隨堂練習

驗證 $\displaystyle\oiint_s F \cdot nds = 36\pi$，此處 $F = xi + yj + zk$，s爲圓柱體 $x^2 + y^2$

≤ 4，$0 \le z \le 3$ 之表面。

例 12　求證 $\displaystyle\oiint_s r \cdot nds = 3v$，$s$爲閉曲面，$v$是由 s 所圍成區域之體

積，其中 $r = xi + yj + zk$。

解：

由散度定理

$$\oiint_s r \cdot n ds = \oiiint_v \nabla \cdot r dv$$

$$= \oiiint_v \left(\frac{\partial}{\partial x}i + \frac{\partial}{\partial y}j + \frac{\partial}{\partial z}k \right) \cdot (xi + yj + zk) dv$$

$$= \oiiint_v \left(\frac{\partial}{\partial x}x + \frac{\partial}{\partial y}y + \frac{\partial}{\partial z}z \right) dv$$

$$= \oiiint_v 3 dv = 3 \oiiint_v dv = 3v$$

◆ 作　業

1.　區分下列曲線

(1)   (2)   (3)

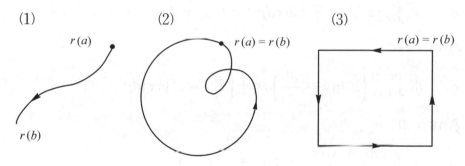

Ans：(1)簡單但非封閉　(2)非簡單但封閉　(3)簡單且封閉

2.　求 $\oint_c \dfrac{-y}{x^2+y^2}dx + \dfrac{x}{x^2+y^2}dy$

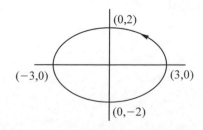

Ans：2π

3. 下列何者爲保守？若是求其位函數

   (1) $F_1(x,y) = xe^y i + \frac{1}{2}x^2 e^y j$

   (2) $F_2(x,y) = xi + yj$

   (3) $F_3(x,y) = x^2 i + y^2 j$

Ans： (1)F_1保守，位函數爲$\frac{1}{2}x^2 e^y + c$

   (2)F_2保守，位函數爲$\frac{x^2}{2} + \frac{y^2}{2} + c$

   (3)F_3不保守

4. 求 $\oint_c y\tan^2 x\,dx + \tan x\,dy$ ； $c : (x + 2)^2 + (y - 1)^2 = 4$

Ans：4π

5. 求 $\int_{(1,1)}^{(2,2)} \left(e^x \ln y - \frac{e^y}{x}\right)dx + \left(\frac{e^y}{y} - e^y \ln x\right)dy$

Ans：0

6. 求 $\oint_c \frac{ydx + xdy}{x^2 + y^2}$ ； $c : x^2 + y^2 = 25$

Ans：0

7. 求 $\int_c (e^x \cos y\,dx - e^x \sin y\,dy)$ ； $c :$ 頂點爲$(0, 0)$，$(1, 0)$，

   $(0, 1)$；$(1, 1)$之正方形

Ans：0

8. 求 $\oint_c x\cos y\,dx - y\sin x\,dx$，$c$：頂點為$(0, 0)$，$(1, 0)$，$(0, 1)$，

    $(1, 1)$形成之正方形

Ans：0

9. 求 $\oint_c \ln(1 + y)^2\,dx - \dfrac{2xy}{1 + y}\,dx$，$c$：頂點為$(0, 0)$，$(1, 0)$，

    $(0, 1)$，$(1, 1)$形成之正方形

Ans：-2

10. 求 $\oint_c (6y + x)\,dx + (y + 2x)\,dy$，$c$：$(x - 2)^2 + (y - 3)^2 = 4$

Ans：-16π

11. 求 $\int_c (e^x \cos y\,dx - e^x \sin y\,dy)$，$c$：$x = \cos t$，

    $y = \sin t$，$0 \le t \le 2\pi$

Ans：0

12. $\oint_c (2xy - x^2)\,dx + (x + y^2)\,dy$

Ans：$\dfrac{1}{30}$

13. 求 $\oint_c 2xy\,dx + x^2\,dy$；$c$：$x^2 + y^2 = 4$

Ans：0

複變數分析

◆ 7-1　複數系

　　任一個複數(Complex Numbers)z均可寫成$z = a + bi$之形式，其中a，b為實數，$i = \sqrt{-1}$，在此a為複數z之實部(Real Parts)，b為虛部(Imaginary Parts)。規定$z = a + bi$絕對值$|z| = |a + bi| = \sqrt{a^2 + b^2}$且$a + bi = c + di \Leftrightarrow a = c$，$b = d$

複數之四則運算

　　加法：$(a + bi) + (c + di) = (a + c) + (b + d)i$

　　減法：$(a + bi) - (c + di) = (a - c) + (b - d)i$

　　乘法：$(a + bi)(c + di) = ac + adi + bci + bdi^2$
　　　　　　　　　　　$= ac + adi + bci - bd = (ac - bd) + (ad + bc)i$

除法：$\dfrac{a+bi}{c+di}=\dfrac{a+bi}{c+di}\cdot\dfrac{c-di}{c-di}=\dfrac{(ac+bd)+(bc-ad)i}{c^2-d^2i^2}$

$\qquad\qquad =\dfrac{(ac+bd)+(bc-ad)i}{c^2+d^2}$

$z=x+iy$，$|z|=\sqrt{x^2+y^2}\geq|x|\geq x=Re(z)$，

同理$|z|\geq\mathrm{Im}(z)$，一些複數不等式可由此獲得。

複數之極式

對任一複數$z=x_0+y_0i$而言，都可在直角座標系統中找到一點(x_0,y_0)與之對應。這種圖稱為阿岡圖(Argand Diagram)或複數平面(Complex Plane)。

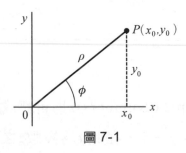

圖 7-1

(x_0,y_0)可用極座標表示即$x=\rho\cos\phi$，$y=\rho\sin\phi$，其中$\rho=\sqrt{x^2+y^2}$；$\overrightarrow{OP}$與x軸正向之夾角ϕ稱為幅角(Argument)，通常以 $\arg(z)$表示。取$-\pi<\phi\leq\pi$時將稱為主幅角(Principal Argument)，以$\mathrm{Arg}(z)$表之，換言之，$-\pi<\mathrm{Arg}(z)\leq\pi$，$\therefore\arg(z)=\mathrm{Arg}(z)\pm2k\pi$，$k=0$, 1, 2, 3…。

任一個複數$z=a+bi$均可寫成下列形式：

$$z=a+bi=\rho(\cos\phi+i\sin\phi)$$

上式亦稱爲複數 z 之極式(Polar Form)。

例 1　求(1)$z = 1 + \sqrt{3}i$　(2)$z = 2i$　(3)$z = 1 - \sqrt{3}i$之極式及幅角

解：

(1)$\rho = |1 + \sqrt{3}i| = \sqrt{1^2 + (\sqrt{3})^2} = \sqrt{4} = 2$

$\therefore z = 2\left(\dfrac{1}{2} + \dfrac{\sqrt{3}}{2}i\right)$

$= 2\left(\cos\dfrac{\pi}{3} + i\sin\dfrac{\pi}{3}\right)$

$\arg(z) = \dfrac{\pi}{3} \pm 2n\pi$，$n = 0,\ 1,\ 2,\ 3\cdots$

(2)$\rho = \sqrt{0^2 + 2^2} = 2$

$\therefore z = 2(0 + i)$

$= 2\left(\cos\dfrac{\pi}{2} + i\sin\dfrac{\pi}{2}\right)$

$\arg(z) = \dfrac{\pi}{2} \pm 2n\pi$，$n = 0,\ 1,\ 2,\ 3\cdots$

(3)$\rho = \sqrt{1^2 + (-\sqrt{3})^2} = 2$

$\therefore z = 2\left(\dfrac{1}{2} - \dfrac{\sqrt{3}}{2}i\right)$

$= 2\left(\cos\dfrac{-1}{3}\pi + i\sin\dfrac{-\pi}{3}\right)$

$\arg(z) = \dfrac{-1}{3}\pi \pm 2n\pi$，$n = 0,\ 1,\ 2,\ 3\cdots$

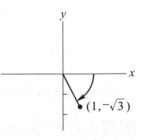

隨堂練習

驗證 $z = -1 + \sqrt{3}\,i$ 之極式為 $2\left(\cos\dfrac{2\pi}{3} + i\sin\dfrac{2\pi}{3}\right)$

隸莫弗定理(De Moivre 定理)

定理：設 $z_1 = \rho_1(\cos\phi_1 + i\sin\phi_1)$，$z_2 = \rho_2(\cos\phi_2 + i\sin\phi_2)$ 則

$$z_1 z_2 = \rho_1 \rho_2 (\cos(\phi_1 + \phi_2) + i\sin(\phi_1 + \phi_2))$$

$$z_1/z_2 = \rho_1/\rho_2 (\cos(\phi_1 - \phi_2) + i\sin(\phi_1 - \phi_2))$$

證明：
$$z_1 z_2 = \rho_1(\cos\phi_1 + i\sin\phi_1) \cdot \rho_2(\cos\phi_2 + i\sin\phi_2)$$

$$= \rho_1\rho_2[\cos\phi_1\cos\phi_2 + i(\cos\phi_1\sin\phi_2 + \sin\phi_1\cos\phi_2)$$

$$+ i^2\sin\phi_1\sin\phi_2]$$

$$= \rho_1\rho_2[\underbrace{(\cos\phi_1\cos\phi_2 - \sin\phi_1\sin\phi_2)}_{= \cos(\phi_1 + \phi_2)}$$

$$+ i\underbrace{(\cos\phi_1\sin\phi_2 + \sin\phi_1\cos\phi_2)}_{= \sin(\phi_1 + \phi_2)}$$

$$= \rho_1\rho_2(\cos(\phi_1 + \phi_2) + i\sin(\phi_1 + \phi_2))$$

讀者可自行證明(見本節作業第 *6* 題)

$$z_1/z_2 = \rho_1/\rho_2[\cos(\phi_1 - \phi_2) + i\sin(\phi_1 - \phi_2)]$$

定理：若 $z = \rho(\cos\phi + i\sin\phi)$ 則 $z^n = \rho^n(\cos n\phi + i\sin n\phi)$

此即有名之隸莫弗定理

讀者可用數學歸納法證明之

由上述定理可知：

$$\arg(z_1 z_2) = \phi_1 + \phi_2 = \arg(z_1) + \arg(z_2) \text{ ,}$$

$$\arg\left(\frac{z_1}{z_2}\right) = \phi_1 - \phi_2 = \arg(z_1) - \arg(z_2)$$

$$\arg(z^n) = n\phi = n\arg(z)$$

例 2　若 $z_1 = \rho_1(\cos\phi_1 + i\sin\phi_1)$，$z_2 = \rho_2(\cos\phi_2 + i\sin\phi_2)$，

$z_3 = \rho_3(\cos\phi_3 + i\sin\phi_3)$，求 $\dfrac{z_1^2 z_3}{z_2}$

解：

$$\frac{z_1^2 z_3}{z_2} = \frac{\rho_1^2(\cos 2\phi_1 + i\sin 2\phi_1)\rho_3(\cos\phi_3 + i\sin\phi_3)}{\rho_2(\cos\phi_2 + i\sin\phi_2)}$$

$$= \frac{\rho_1^2 \rho_3 (\cos(2\phi_1 + \phi_3) + i\sin(2\phi_1 + \phi_3))}{\rho_2(\cos\phi_2 + i\sin\phi_2)}$$

$$= \frac{\rho_1^2 \rho_3}{\rho_2}(\cos(2\phi_1 + \phi_3 - \phi_2) + i\sin(2\phi_1 + \phi_3 - \phi_2))$$

例 3　求 $z = (1 + \sqrt{3}i)^{12}$

解：

$$1 + \sqrt{3}i = 2\left(\frac{1}{2} + \frac{\sqrt{3}}{2}i\right) = 2\left(\cos\frac{\pi}{3} + i\sin\frac{\pi}{3}\right)$$

$$\therefore (1 + \sqrt{3})^{12} = 2^{12}\left(\cos\frac{12}{3}\pi + i\sin\frac{12\pi}{3}\right)$$

$$= 2^{12}(\cos 4\pi + i\sin 4\pi)$$

$$= 2^{12}$$

例 4　求 $z = (-1 + i)^{10}$

解：

$$-1 + i = \sqrt{2}\left(\frac{-1}{\sqrt{2}} + \frac{i}{\sqrt{2}}\right)$$

$$= \sqrt{2}\left(\cos\frac{3}{4}\pi + i\sin\frac{3}{4}\pi\right)$$

$$\therefore (-1 + i)^{10} = (\sqrt{2})^{10}\left(\cos\frac{30}{4}\pi + i\sin\frac{30}{4}\pi\right)$$

$$= 32\left(\cos\left(\frac{6}{4}\pi + 6\pi\right) + i\sin\left(\frac{6}{4}\pi + 6\pi\right)\right)$$

$$= 32\left(\cos\frac{3}{2}\pi + i\sin\frac{3}{2}\pi\right) = -32i$$

隨堂練習

驗證 $\left(\dfrac{\sqrt{3}}{2} + \dfrac{i}{2}\right)^{12} = 1$

求根

若 $\omega^n = z$ 則 ω 爲 z 之 n 次方根，若 $z = \rho(\cos\phi + i\sin\phi)$ 利用隸莫弗定理，

$$\omega = z^{\frac{1}{n}} = \rho(\cos\phi + i\sin\phi)^{\frac{1}{n}}$$

$$= \rho^{\frac{1}{n}}\left(\cos\frac{\phi + 2k\pi}{n} + i\sin\frac{\phi + 2k\pi}{n}\right),$$

$k = 0，1，2\cdots，n-1$

例 5　　求 $z = (-1 + i)^{\frac{1}{3}}$

解：

$$z = -1 + i = \sqrt{2}\left(\cos\frac{3}{4}\pi + i\sin\frac{3}{4}\pi\right)$$

$$\therefore z^{\frac{1}{3}} = (-1 + i)^{\frac{1}{3}} = \sqrt{2}^{\frac{1}{3}}\left(\cos\frac{\frac{3}{4}\pi + 2k\pi}{3} + i\sin\frac{\frac{3}{4}\pi + 2k\pi}{3}\right)$$

$$= 2^{\frac{1}{6}}\left(\cos\frac{\frac{3\pi}{4} + 2k\pi}{3} + i\sin\frac{\frac{3}{4}\pi + 2k\pi}{3}\right)\ k = 0,\ 1,\ 2$$

$$\therefore k = 0 \text{時，} z^{\frac{1}{3}} = 2^{\frac{1}{6}}\left(\cos\frac{\pi}{4} + i\sin\frac{\pi}{4}\right)$$

$$k = 1 \text{時，} z^{\frac{1}{3}} = 2^{\frac{1}{6}}\left(\cos\frac{\frac{3}{4}\pi + 2\pi}{3} + i\sin\frac{\frac{3}{4}\pi + 2\pi}{3}\right)$$

$$= 2^{\frac{1}{6}}\left(\cos\frac{11}{12}\pi + i\sin\frac{11}{12}\pi\right)$$

$$k = 2 \text{時，} z^{\frac{1}{3}} = 2^{\frac{1}{6}}\left(\cos\frac{\frac{3}{4}\pi + 4\pi}{3} + i\sin\frac{\frac{3}{4}\pi + 4\pi}{3}\right)$$

$$= 2^{\frac{1}{6}}\left(\cos\frac{19}{12}\pi + i\sin\frac{19}{12}\pi\right)$$

例 6   若 $z^4 = -16$，求 z

解：

$$z^4 = -16 = 16(-1+0i) = 16(\cos\pi + i\sin\pi)$$

$$\therefore z = 2\left(\cos\frac{\pi+2k\pi}{4} + i\sin\frac{\pi+2k\pi}{4}\right)$$

$$= 2\left(\cos\frac{(2k+1)\pi}{4} + i\sin\frac{(2k+1)\pi}{4}\right)，k = 0,1,2,3$$

$k = 0$ 時，$z = 2\left(\cos\dfrac{\pi}{4} + i\sin\dfrac{\pi}{4}\right) = \sqrt{2} + \sqrt{2}i$

$k = 1$ 時，$z = 2\left(\cos\dfrac{3\pi}{4} + i\sin\dfrac{3\pi}{4}\right) = -\sqrt{2} + \sqrt{2}i$

$k = 2$ 時，$z = 2\left(\cos\dfrac{5\pi}{4} + i\sin\dfrac{5\pi}{4}\right) = -\sqrt{2} - \sqrt{2}i$

$k = 3$ 時，$z = 2\left(\cos\dfrac{7\pi}{4} + i\sin\dfrac{7\pi}{4}\right) = \sqrt{2} - \sqrt{2}i$

如果將上面四個根描繪下來，將會發現它們落在以 $\rho = 2$ 為半徑之圓內接正方形的四個頂點上。

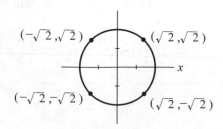

隨堂練習

驗證 $\sqrt[3]{1}$ 之解為 1，$\cos\left(\dfrac{2}{3}\pi + i\sin\dfrac{2}{3}\pi\right)$，$\cos\left(\dfrac{4}{3}\pi + i\sin\dfrac{4}{3}\pi\right)$

共軛複數

若 $z = x + yi$ 則 z 之共軛複數 $\bar{z}$，定義為 $\bar{z} = \overline{x + yi} = x - yi$，由定義易知

1. $\bar{\bar{z}} = z$

2. $|\bar{z}| = |z|$

3. $z \cdot \bar{z} = |z|^2$

4. $\overline{z_1 \pm z_2} = \overline{z_1} \pm \overline{z_2}$

5. $\overline{z_1 \cdot z_2} = \overline{z_1} \cdot \overline{z_2}$

6. $\left(\overline{\dfrac{z_1}{z_2}}\right) = \dfrac{\overline{z_1}}{\overline{z_2}}$，$z_2 \neq 0$

證明：(1) 令 $z = a + bi$，則 $\bar{z} = a - bi$，$\bar{\bar{z}} = \overline{a - bi} = a + bi = z$

(2) 令 $z = a + bi$ 則 $|z| = \sqrt{a^2 + b^2}$，$|\bar{z}| = |a - bi| =$

$\sqrt{a^2 + (-b)^2} = \sqrt{a^2 + b^2} = |z|$

(3) 令 $z = a + bi$ 則 $z \cdot \bar{z} = (a + bi)(a - bi) = a^2 + b^2 =$

$(\sqrt{a^2 + b^2})^2 = |z|^2$

(4) 令 $z_1 = a_1 + b_1 i$，$z_2 = a_2 + b_2 i$ 則

$\overline{z_1 + z_2} = \overline{(a_1 + b_1 i) + (a_2 + b_2 i)}$

$= \overline{(a_1 + a_2) + (b_1 + b_2)i}$

$$= (a_1 + a_2) - (b_1 + b_2)i$$

$$= (a_1 - b_1 i) + (a_2 - b_2 i) = \overline{z_1} + \overline{z_2}$$

同法可證 $\overline{z_1 - z_2} = \overline{z_1} - \overline{z_2}$

(5) 令 $z_1 = a_1 + b_1 i$，$z_2 = a_2 + b_2 i$

$$\overline{z_1 \cdot z_2} = \overline{(a_1 + b_1 i)(a_2 + b_2 i)}$$

$$= \overline{(a_1 a_2 - b_1 b_2) + (a_1 b_2 + a_2 b_1)i}$$

$$= (a_1 a_2 - b_1 b_2) - (a_1 b_2 + a_2 b_1)i \quad\cdots\cdots\cdots\cdots\cdots \text{①}$$

$$\overline{z_1} \cdot \overline{z_2} = (a_1 - b_1 i)(a_2 - b_2 i)$$

$$= (a_1 a_2 - b_1 b_2) - (a_1 b_2 + a_2 b_1)i \quad\cdots\cdots\cdots\cdots\cdots \text{②}$$

比較①、②得 $\quad \overline{z_1 \cdot z_2} = \overline{z_1} \cdot \overline{z_2}$

(6) 令 $z_1 = a_1 + b_1 i$，$z_2 = a_2 + b_2 i$

$$\overline{\frac{z_1}{z_2}} = \overline{\frac{a_1 + b_1 i}{a_2 + b_2 i}} = \overline{\frac{(a_1 + b_1 i)(a_2 - b_2 i)}{(a_2 + b_2 i)(a_2 - b_2 i)}}$$

$$= \overline{\frac{(a_1 a_2 + b_1 b_2) + (a_2 b_1 - a_1 b_2)i}{(a_2 + b_2 i)(a_2 - b_2 i)}}$$

$$= \frac{(a_1 a_2 + b_1 b_2) - (a_2 b_1 - a_1 b_2)i}{(a_2 + b_2 i)(a_2 - b_2 i)}$$

$$= \frac{(a_1 - b_1 i)(a_2 + b_2 i)}{(a_2 + b_2 i)(a_2 - b_2 i)} = \frac{a_1 - b_1 i}{a_2 - b_2 i} = \frac{\overline{z_1}}{\overline{z_2}}$$

例 7 　求證$|z - 1| = |\bar{z} - 1|$

解：

$$z = a + bi \text{，} \bar{z} = \overline{a + bi} = a - bi$$

$$\therefore |z - 1| = |a + bi - 1| = \sqrt{(a-1)^2 + b^2}$$

$$|\bar{z} - 1| = |a - bi - 1|$$

$$= \sqrt{(a-1)^2 + (-b)^2}$$

$$= \sqrt{(a-1)^2 + b^2}$$

$$\therefore |z - 1| = |\bar{z} - 1|$$

隨堂練習

利用 $\cos^2 \theta + i \sin^2 \theta = (\cos \theta + i \sin \theta)^2$ 導出 $\cos 2\theta = \cos^2 \theta - \sin^2 \theta$，$\sin 2\theta = 2 \sin \theta \cos \theta$

複數之向量

複數 $z = x + iy$ 可視為起點為原點，終點為 $P(x, y)$ 之向量 $\overrightarrow{OP}$，$\overrightarrow{OP} = x + iy$ 稱為 P 之位置向量 (Position Vector)，若 $\overrightarrow{AB}$ 平行 $\overrightarrow{OP}$，且 $\overrightarrow{AB}$ 與 $\overrightarrow{OP}$ 有相同長度則 $\overrightarrow{OP} = \overrightarrow{AB} = x + iy$，習慣上，$\overrightarrow{OP} = x + iy$ 以 z 表示。

如同向量加法，若 z_1，z_2 之向量表示分別為 $\overrightarrow{OA}$，$\overrightarrow{OC}$，則依向量之平行四邊形法則 $\overrightarrow{OD} = z_1 + z_2$，在本節 z 有二個角色，是複數也是向量。

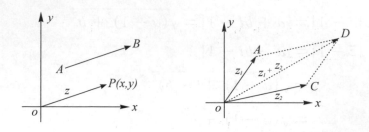

例 8　試證 $|z_1 + z_2| \leq |z_1| + |z_2|$

解：

方法一：(代數法)

$z_1 = x_1 + iy_1$，$z_2 = x_2 + iy_2$，x_1，x_2，y_1，y_2 為實數。

$$|z_1 + z_2| = \sqrt{(x_1 + x_2)^2 + (y_1 + y_2)^2}$$

現在我們要證的是

$$\sqrt{(x_1 + x_2)^2 + (y_1 + y_2)^2} \leq \sqrt{x_1^2 + y_1^2} + \sqrt{x_2^2 + y_2^2}$$

$$\because (x_1 + x_2)^2 + (y_1 + y_2)^2 - \left(\sqrt{x_1^2 + y_1^2} + \sqrt{x_2^2 + y_2^2}\right)^2$$

$$= 2\left[(x_1 x_2 + y_1 y_2) - \sqrt{(x_1^2 + y_1^2)(x_2^2 + y_2^2)}\right]$$

由 Cauchy $-$ Schwartz 不等式

$$(x_1^2 + y_1^2)(x_2^2 + y_2^2) \geq (x_1 x_2 + y_1 y_2)^2$$

$$\therefore (x_1 + x_2)^2 + (y_1 + y_2)^2 \leq \left(\sqrt{x_1^2 + y_1^2} + \sqrt{x_2^2 + y_2^2}\right)^2$$

即 $\sqrt{(x_1 + x_2)^2 + (y_1 + y_2)^2} \le \sqrt{x_1{}^2 + y_1{}^2} + \sqrt{x_2{}^2 + y_2{}^2}$

亦即 $|z_1 + z_2| \le |z_1| + |z_2|$

方法二：(向量法)

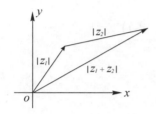

$|z_1|$，$|z_2|$，$|z_1 + z_2|$ 代表三角形三個

邊，由三角形兩邊和大於第三邊

$\therefore |z_1| + |z_2| \ge |z_1 + z_2|$

◆ 作 業 ─────────────────────

1.　求 $(1)\left(\dfrac{1}{2} + \dfrac{\sqrt{3}}{2}i\right)^8$　$(2)(1 + i)^5$　$(3)(-1 + i)^{10}$

Ans：$(1) -\dfrac{1}{2} + \dfrac{\sqrt{3}}{2}i$　$(2) -4(1 + i)$　$(3) -32i$

2.　求滿足下列方程式之所有 z 值 $(1)z^5 = -32$　$(2)z^4 = i$

Ans：$(1)z = 2\left\{\cos\left(\dfrac{(2k+1)\pi}{5}\right) + i\sin\left(\dfrac{(2k+1)\pi}{5}\right)\right\}$，

　　　$k = 0,1,2,3,4,5$

　　　$(2)\cos\left(\dfrac{\frac{\pi}{2} + 2k\pi}{4}\right) + i\sin\left(\dfrac{(\frac{\pi}{2} + 2k\pi)}{4}\right)$，$k = 0,1,2,3$

3.　若 $(a + bi)^2 = x + yi$，求 x 與 y

Ans：$x = a^2 - b^2$，$y = 2ab$

4. 若 $z = x + yi$，試證 $\dfrac{1}{\sqrt{2}}(|x| + |y|) \leqq |z| \leqq |x| + |y|$

5. 若 $\text{Im}\, z > 0$，試證 $\text{Im}\, \dfrac{1}{z} < 0$

6. 設 $z_1 = \rho_1(\cos\theta_1 + i\sin\theta_1)$，$z_2 = \rho_2(\cos\theta_2 + i\sin\theta_2)$，試證

$$\frac{z_1}{z_2} = \frac{\rho_1}{\rho_2}(\cos(\theta_1 - \theta_2) + i\sin(\theta_1 - \theta_2))$$

7. 若 $\dfrac{6 - 5i}{6 + 5i} = a + bi$，求 $a^2 + b^2$

Ans：1(提示：兩邊取絕對值)

8. 若 $z = \rho(\cos\theta + i\sin\theta)$，試證 $z^n = \rho^n(\cos n\theta + i\sin n\theta)$，$n$ 為正整數

9. 若 $|z| = 1$，但 $z \neq 1$，求 $\text{Re}\left\{\dfrac{1}{1 - z}\right\}$

Ans：$\dfrac{1}{2}$

10. 若 $|a| = |b| = 1$，求 $\left|\dfrac{a - b}{1 - ab}\right|$

Ans：1 (提示：利用 $|a| = 1$ $\therefore a \cdot \bar{a} = 1$)

11. 若 $z = \dfrac{2i - 1}{(1 + i)^2(3 + 4i)^3}$，求 $|z|$

Ans：$\dfrac{1}{10}$

12. 解 $z\bar{z} - 2|z| + 1 = 0$，問此方程式有多少組解？

Ans：$|z| = 1$，故有無限多組解。

◆ 7-2 複變數函數

複變數函數

若 $z = x + yi$，且 u，v 均為 x，y 之函數則

$$\omega = f(z) = u(x,y) + iv(x,y)$$

稱為複變數函數。

例 1 試用 $u(x,y) + iv(x,y)$ 表示 $\bar{z}^2$

解：

$$\omega = \bar{z}^2 = (x - yi)^2 = (x^2 - y^2) + (-2xyi)，則$$

$$u = x^2 - y^2，v = -2xy$$

例 2 試用 $u(x,y) + iv(x,y)$ 表示 $\dfrac{1}{z}$

解：

$$\omega = \frac{1}{z} = \frac{1}{x + yi} = \frac{x - yi}{x^2 + y^2}$$

$$\therefore u = \frac{x}{x^2 + y^2}$$

$$v = \frac{-y}{x^2 + y^2}$$

隨堂練習

驗證 $f(z) = \dfrac{\bar{z}}{z}$ 之 $u(x, y) = \dfrac{x^2 - y^2}{x^2 + y^2}$，$v(x, y) = -\dfrac{2xy}{x^2 + y^2}$

$z = x + yi$，則函數 $\omega = f(z)$ 可表成 $u(x,y) + iv(x,y)$ 之形式，反之，若已知 $f(x,y) = u(x,y) + iv(x,y)$，則我們可用 $x = \dfrac{1}{2}(z + \bar{z})$，$y = \dfrac{1}{2i}(z - \bar{z})$ 來把它化成 $\omega = f(z)$ 之形式。

例 3　將 $f(x,y) = (x^2 - y^2) + 2ixy$ 表成 $\omega = f(z)$ 之形式

解：

令 $x = \dfrac{1}{2}(z + \bar{z})$，$y = \dfrac{1}{2i}(z - \bar{z})$ 則

$$\omega = f(z)$$

$$= \left[\frac{1}{2}(z + \bar{z})\right]^2 - \left[\frac{1}{2i}(z - \bar{z})\right]^2 + 2i\left[\frac{1}{2}(z + \bar{z})\right]\left[\frac{1}{2i}(z - \bar{z})\right]$$

$$= \frac{1}{4}(z^2 + 2z\bar{z} + \bar{z}^2) + \frac{1}{4}(z^2 - 2z\bar{z} + \bar{z}^2) + \frac{1}{2}(z^2 - \bar{z}^2)$$

$$= z^2$$

例 4　(a)將 $f(x,y) = \dfrac{x}{x^2 + y^2} + \dfrac{-y}{x^2 + y^2}i$ 表 $f(z)$

(b) $f(z) = \dfrac{1}{z}$ 求 $f(1)$ 及 $f(1 + i)$

解：

(a)$x = \dfrac{1}{2}(z + \bar{z})$，$y = \dfrac{1}{2i}(z - \bar{z})$

則$\omega = f(z) = \dfrac{\dfrac{1}{2}(z + \bar{z})}{\left[\dfrac{1}{2}(z + \bar{z})\right]^2 + \left[\dfrac{1}{2i}(z - \bar{z})\right]^2}$

$\qquad + \dfrac{-\dfrac{1}{2i}(z - \bar{z})}{\left[\dfrac{1}{2}(z + \bar{z})\right]^2 + \left[\dfrac{1}{2i}(z - \bar{z})\right]^2} i$

$\qquad = \dfrac{(z + \bar{z})}{2z\bar{z}} - \dfrac{(z - \bar{z})}{2z\bar{z}} = \dfrac{(2\bar{z})}{2z\bar{z}} = \dfrac{1}{z}$

(b)$f(1) = \dfrac{1}{1} = 1$或

$f(1) = f(1 + 0i) = \dfrac{x}{x^2 + y^2} + \dfrac{-y}{x^2 + y^2}i\bigg|_{x=1,\,y=0} = 1$

$f(1 + i) = \dfrac{1}{1 + i} = \dfrac{1 - i}{2}$或

$f(1 + i) = f(1 + i) = \dfrac{x}{x^2 + y^2} + \dfrac{-y}{x^2 + y^2}i\bigg|_{x=1,\,y=1} = \dfrac{1}{2} - \dfrac{1}{2}i$

複數平面

　　對於任一複數$z = a + bi$而言，在$x - y$平面上均有一對一的關係，如此形成之$x - y$平面稱為複數平面。

例 5 試繪出 $-1 \leq \mathrm{Im}\, z \leq 1$

解：

令 $z = x + yi$，則 $-1 \leq \mathrm{Im}\, z \leq 1$

$\Rightarrow -1 \leq y \leq 1$

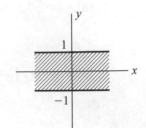

例 6 若點 z 滿足 $|z+3| = |z-2|$，求點 z 所成之軌跡

解：

令 $z = x + yi$

$|z+3| = |z-2| \Rightarrow |x + yi + 3| = |x + yi - 2|$

$\Rightarrow |(x+3) + yi| = |(x-2) + yi|$

$\Rightarrow \sqrt{(x+3)^2 + y^2} = \sqrt{(x-2)^2 + y^2}$

$\Rightarrow (x+3)^2 + y^2 = (x-2)^2 + y^2$

$\Rightarrow 10x = -5 \quad \therefore x = -\dfrac{1}{2}$

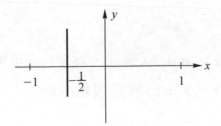

例 7　若點 z 滿足 $|z - i| = (\operatorname{Im} z) - 2$，求點 z 所形成之軌跡

解：

$z = x + yi$

$|z - i| = (\operatorname{Im} z) - 2$

$\Rightarrow |x + yi - i| = y - 2$

$\Rightarrow \sqrt{x^2 + (y - 1)^2} = (y - 2)$

$\Rightarrow x^2 + (y - 1)^2 = y^2 - 4y + 4$

$\Rightarrow x^2 = -2y + 3 \quad \therefore$ 為一拋物線

隨堂練習

驗證 $|z - 1 + 3i| = 2$ 之軌跡為以 $(1, -3)$ 為圓心，2 為半徑之圓周。

例 8　若 z 滿足 $\operatorname{Re}(z) \geq 1$，$0 \leq \arg z \leq \dfrac{\pi}{4}$，求 z 之軌跡

解：

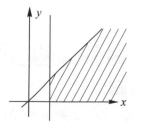

$\operatorname{Re}(z) \geq 1$

$\therefore x \geq 1$，

又 $0 \leq \arg z \leq \dfrac{\pi}{4}$，得 $0 \leq \dfrac{y}{x} \leq 1$

$\therefore y \leq x$，$y = 0$，即 $x \geq 1$，$y \leq x$，$y = 0$ 所圍成之區域

例 9　試繪 $\dfrac{\pi}{2} \geq \arg z \geq \dfrac{\pi}{4}$

解：

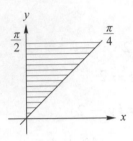

隨堂練習

說明 $|\arg z| \leq \dfrac{\pi}{4}$ 之圖形

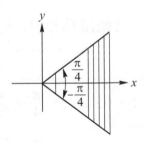

例 10　z 為任一複數，試說明 $(\cos\theta + i\sin\theta)z$ 之幾何意義。

解：

$$z = a + bi = \rho(\cos\phi + i\sin\phi)$$

則由隸莫弗定理

$$(\cos\theta + i\sin\theta)z = (\cos\theta + i\sin\theta)\rho(\cos\phi + i\sin\phi)$$

$$= \rho(\cos(\phi + \theta) + \sin(\phi + \theta))$$

即相當旋轉了 θ 個角度

複變數平面之轉換入門

解析函數 $\omega = f(z) = u(x, y) + iv(x, y)$ 定義出轉換 $u = u(x, y)$ 及 $v = v(x, y)$，如此便建立了 xy 平面與 uv 平面之對應關係。在這種轉換關係下，考慮 xy 平面上二條曲線 Γ_1，Γ_2，交於 (x_0, y_0) 點，現在將 Γ_1，Γ_2，映射至 uv 平面，而得到為二條曲線 $\Gamma_1{}'$，$\Gamma_2{}'$，若 Γ_1，Γ_2 之交角與 $\Gamma_2{}'$，$\Gamma_2{}'$ 之交角相同則稱此種轉換為在 (x_0, y_0) 為保角(Conformal $at(x_0, y_0)$)

保角映射在物理及工程上均有重要之應用。下面是一個重要而基本的定理：

定理：在某個區域 R 中，若 $f(z)$ 為可解析且 $f'(z) \neq 0$ 則映射 $\omega = f(z)$ 對 R 中所有點均為保角。

(Riemann 映射定理，Riemann's Mapping Theorem)更進一步保證上述映射存在而且為一對一。

保角映射定理論較難，本書以就其中較易之幾種映射作一簡介。

例 11 求圓 $|z - 1| = 1$ 透過 $\omega = 3z$ 之線性轉換後之像。

解：

$$\omega = 3z \quad \therefore z = \frac{\omega}{3}$$

$$|z - 1| = |\frac{\omega}{3} - 1| = 1 \quad \therefore |\omega - 3| = 3 \text{，仍是一個圓}$$

例 12 求水平線 $y = 1$ 透過 $\omega = z^2$ 之轉換後之像。

解：

$\because z = x + iy$

$\therefore z^2 = (x + iy)^2 = \underbrace{(x^2 - y^2)}_{u} + i\underbrace{2xy}_{v}$ .... (1)

代 $y = 1$ 入(1)得 $y = 1$ 映至 $u = x^2 - 1$，與 $v = 2x$，由 $v = 2x$，我們有 $x = \frac{v}{2}$

$\therefore u = x^2 - 1 = (\frac{v}{2})^2 - 1 = \frac{v^2}{4} - 1$ 是為所求。

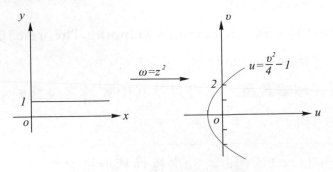

例 13　求 $xy = 1$ 透過 $\omega = z^2$ 之轉換後之像。

解：

$xy = 1$，$y = \dfrac{1}{x}$

$z = x + iy = x + i\dfrac{1}{x}$

$z^2 = (x + i\dfrac{1}{x})^2 = x^2 - \dfrac{1}{x^2} + 2i$ 取 $u = x^2 - \dfrac{1}{x^2} \in R$，$v = 2$，

即 $v = 2$，$u \in R$ 之直線即 $v = 2$ 之直線

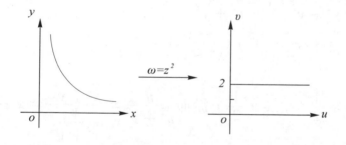

例 14　若 $\text{lm}(z) = 2$ 求 $\omega = \dfrac{1}{z}$ 轉換後之像。

解：

$\because \text{lm}(z) = 2$　$\therefore$ 令 $z = x + 2i$

得 $\omega = \dfrac{1}{z} = \dfrac{1}{x + 2i} = \dfrac{x - 2i}{x^2 + 4}$，取 $u = \dfrac{x}{x^2 + 4}$，$v = \dfrac{-2}{x^2 + 4}$

則 $u^2 + v^2 = (\dfrac{x}{x^2 + 4})^2 + (\dfrac{-2}{x^2 + 4})^2 = \dfrac{1}{x^2 + 4} = -\dfrac{v}{2}$

移項：

$$u^2 + (v + \frac{1}{4})^2 = \frac{1}{16}$$

例 15　若 $\mathrm{Re}(z) \geq \frac{1}{2}$，求 $\omega = \frac{1}{z}$ 轉換後之像。

解：

$$\omega = \frac{1}{z} = \frac{1}{x + yi} = \frac{x - yi}{x^2 + y^2}$$

取　$u = \frac{x}{x^2 + y^2}$，$v = \frac{-y}{x^2 + y^2}$

則 $u^2 + v^2 = (\frac{x}{x^2 + y^2})^2 + (\frac{-y}{x^2 + y^2})^2 = \frac{1}{x^2 + y^2}$

$\because \mathrm{Re}(z) \geq \frac{1}{2}$　$\therefore x \geq \frac{1}{2}$，從而 $\dfrac{u}{u^2 + v^2} = \dfrac{\dfrac{x}{x^2 + y^2}}{\dfrac{1}{x^2 + y^2}} = x \geq \frac{1}{2}$

$$u^2 + v^2 \leq 2u$$

$(u - 1)^2 + v^2 \leq 1$ (即以(1, 0)為圓心，1 為半徑之圓內部)

複變數函數之導函數

複變數函數之極限、連續性之定義與初等微積分中之極限。連續性定義相同，因此我們直接研究複變數函數之導函數。以此為基礎，我們便可研究本節最重要的部份——可解析性。

複變數函數之極限

複變數函數極限之定義與微積分所述相似

定義：若給定任一個正數 ε，都存在一個 δ，$\delta > 0$ 無論何時只要 $0 < |z - z_0| < \delta$ 均能滿足 $|f(z) - l| < \varepsilon$ 則稱 $f(z)$ 之極限為 l，以 $\lim\limits_{z \to z_0} f(z) = l$ 表之。

複變數函數之極限求法大致與二變數函數極限之求法類似。

例 16　求 $\lim\limits_{z \to 0} \dfrac{\bar{z}}{z}$

解：

$$\lim_{z \to 0} \frac{\bar{z}}{z} = \lim_{\substack{x \to 0 \\ y \to 0}} \frac{x - iy}{x + iy}$$

$$(1) \lim_{x \to 0} \left(\lim_{y \to 0} \frac{x - iy}{x + iy} \right) = \lim_{x \to 0} \frac{x}{x} = 1$$

$$(2) \lim_{y \to 0} \left(\lim_{x \to 0} \frac{x - iy}{x + iy} \right) = \lim_{y \to 0} \frac{-iy}{iy} = -1$$

$(1) \neq (2)$　$\therefore \lim\limits_{z \to 0} \dfrac{\bar{z}}{z}$ 不存在。

例 17　求 $f(z) = \dfrac{z^2}{|z|^2}$，試依 $y = x$ 之路徑求 $\lim\limits_{z \to 0} f(z)$

解：

$$\lim_{z \to 0} \frac{z^2}{|z|^2} = \lim_{\substack{x \to 0 \\ y \to 0}} \frac{(x^2 - y^2) + 2xyi}{x^2 + y^2} \quad\cdots\cdots\cdots\cdots\cdots\cdots\cdots \quad (1)$$

依 $y = x$ 之路徑，取 $y = x = t$

$$\therefore \lim_{t \to 0} \frac{(t^2 - t^2) + 2t \cdot ti}{t^2 + t^2} = i$$

例 18　計算 (a) $\lim_{z \to i} (z^2 + z - 1)$　(b) $\lim_{z \to 1 + i} = \frac{z^2 - 1}{z - 1}$

解：

(a) $\lim_{z \to i} (z^2 + z - 1) = (\lim_{z \to i} z^2) + (\lim_{z \to i} z) + (\lim_{z \to i}(-1))$
$$= -1 + i - 1 = i - 2$$

(b) $\lim_{z \to 1 + i} \frac{z^2 - 1}{z - 1} = \lim_{z \to 1 + i}(z + 1) = 2 + i$

隨堂練習

驗證：$\lim_{z \to i} \frac{z^3 + i}{z - i} = -3$

定義：若 $f(z)$ 滿足下列條件則稱 $f(z)$ 在 $z = z_0$ 處為連續。

(1) $\lim_{z \to z_0} f(z)$ 存在

(2) $f(z_0)$ 存在

(3) $\lim_{z \to z_0} f(z) = f(z_0)$

複變數函數之微分法

定義：$f(z)$ 之導函數記做 $f'(z)$ 定義為

$$f'(z) = \lim_{\Delta z \to 0} \frac{f(z + \Delta z) - f(z)}{\Delta z}$$

初等微積分之結果 "若 $f(z)$ 在 $z = z_0$ 可微分則 $f(z)$ 在 $z = z_0$ 必為連續。" 在複變函數中依然成立。

例 19　$f(z) = \bar{z}$，問 $f'(z)$ 是否存在？

解：

$$f'(z) = \lim_{\Delta z \to 0} \frac{f(z + \Delta z) - f(z)}{\Delta z} = \lim_{\Delta z \to 0} \frac{\overline{z + \Delta z} - \bar{z}}{\Delta z}$$

$$= \lim_{\substack{\Delta x \to 0 \\ \Delta y \to 0}} \frac{\overline{(x + yi) + (\Delta x + \Delta yi)} - \overline{(x + yi)}}{\Delta x + \Delta yi}$$

$$= \lim_{\substack{\Delta x \to 0 \\ \Delta y \to 0}} \frac{\Delta x - \Delta yi}{\Delta x + \Delta yi}$$

(1) $\displaystyle \lim_{\Delta x \to 0} \left(\lim_{\Delta y \to 0} \frac{\Delta x - \Delta yi}{\Delta x + \Delta yi} \right) = \lim_{\Delta x \to 0} \frac{\Delta x}{\Delta x} = 1$

(2) $\displaystyle \lim_{\Delta y \to 0} \left(\lim_{\Delta x \to 0} \frac{\Delta x - \Delta yi}{\Delta x + \Delta yi} \right) = \lim_{\Delta y \to 0} \frac{-\Delta y}{\Delta y} = -1$　$\because (1) \neq (2)$

例 20　$f(z) = \mathrm{Re}(z)$，試證 $f'(z)$ 不存在。

解：

$$z = x + iy，\mathrm{Re}(z) = x$$

$$f'(z) = \lim_{\Delta z \to 0} \frac{f(z + \Delta z) - f(z)}{\Delta z}$$

$$= \lim_{\substack{\Delta x \to 0 \\ \Delta y \to 0}} \frac{\mathrm{Re}(x + iy + \Delta x + i\Delta y) - \mathrm{Re}(x + iy)}{\Delta x + \Delta y}$$

$$= \lim_{\substack{\Delta x \to 0 \\ \Delta y \to 0}} \frac{(x + \Delta x) - x}{\Delta x + \Delta y}$$

$$= \lim_{\substack{\Delta x \to 0 \\ \Delta y \to 0}} \frac{\Delta x}{\Delta x + \Delta y} \quad \cdots\cdots\cdots\cdots\cdots\cdots\cdots\cdots\cdots\cdots * $$

$$\because (1) \lim_{\Delta x \to 0} \left(\lim_{\Delta y \to 0} \frac{\Delta x}{\Delta x + \Delta y} \right) = \lim_{\Delta x \to 0} \frac{\Delta x}{\Delta x} = 1$$

$$(2) \lim_{\Delta y \to 0} \left(\lim_{\Delta x \to 0} \frac{\Delta x}{\Delta x + \Delta y} \right) = \lim_{\Delta y \to 0} 0 = 0$$

$$(1) \neq (2)$$

$$\therefore f'(z) \text{不存在}$$

隨堂練習

驗證：若 $f(z) = I_m(z)$ 則 $f'(z)$ 不存在

例 21 若 $f(z) = z^2$，求 $f'(z)$

解：

$$f'(z) = \lim_{\Delta z \to 0} \frac{f(z + \Delta z) - f(z)}{\Delta z} = \lim_{\Delta z \to 0} \frac{(z + \Delta z)^2 - z^2}{\Delta z}$$

$$= \lim_{\Delta z \to 0} \frac{2z\Delta z + (\Delta z)^2}{\Delta z}$$

$$= \lim_{\Delta z \to 0} (2z + \Delta z) = 2z$$

　　如同實變數函數之微分公式，複變數函數亦有以下之微分公式：

定理：f，g為二個可微分複函數，則

$(1)(f+g)'=f'+g'$

$(2)(fg)'=f'g+fg'$

$(3)(kf)'=kf'$，k為任一常數

$(4)\left(\dfrac{f}{g}\right)'=\dfrac{gf'-fg'}{g^2}$，但$g\neq0$

$(5)\dfrac{d}{dz}f(g)=f'(g)g'$

$(6)\dfrac{d}{dz}z^n=nz^{n-1}$

其證明方式大抵與實變函數微分法相似，故從略。

例 22　若$f(z)=z^2+1$，$g(z)=z^3+iz+2i$

則$\dfrac{d}{dz}(f(z)+g(z))=f'(z)+g'(z)=2z+3z^2+i$

$\dfrac{d}{dz}(f(z)g(z))=\dfrac{d}{dz}(z^2+1)(z^3+iz+2i)$

$=2z(z^3+iz+2i)+(z^2+1)(3z^2+i)$

$=5z^4+(3i+3)z^2+4iz+i$

定理：$f(z)$，$g(z)$在$z=z_0$可微分，若$\lim\limits_{z\to z_0}f(z)=\lim\limits_{z\to z_0}g(z)=0$ 或∞則

$\lim\limits_{z\to z_0}\dfrac{f(z)}{g(z)}=\dfrac{f'(z_0)}{g'(z_0)}$。

證明：$\lim_{z \to z_0} \dfrac{f(z)}{g(z)} = \lim_{z \to z_0} \dfrac{\dfrac{f(z) - g(z_0)}{z - z_0}}{\dfrac{g(z) - g(z_0)}{z - z_0}} = \dfrac{\lim_{z \to z_0} \dfrac{f(z) - f(z_0)}{z - z_0}}{\lim_{z \to z_0} \dfrac{g(z) - g(z_0)}{z - z_0}} = \dfrac{f'(z)}{g'(z)}$

此即複變數函數下之 L'Hospital 法則。

例 23 求 $\lim_{z \to 1} \dfrac{z^3 - 1}{z^2 - 1}$

解：

$$\lim_{z \to 1} \frac{z^3 - 1}{z^2 - 1} = \lim_{z \to 1} \frac{3z^2}{2z} = \frac{3}{2}$$

隨堂練習

驗證 $\lim_{z \to 1} \dfrac{z^2 + 2z - 3}{z^3 - 1} = \dfrac{4}{3}$

可解析函數與歌西——黎曼方程式(Cauchy-Riemann 方程式)

定理：$\omega = f(z) = u(x,y) + iv(x,y)$，在區域$R$中，$\dfrac{\partial u}{\partial x}$，$\dfrac{\partial u}{\partial y}$，$\dfrac{\partial v}{\partial x}$，$\dfrac{\partial v}{\partial y}$ 均爲連續。若且惟若u，v滿足 Cauchy-Riemann 方程式

$$\frac{\partial u}{\partial x} = \frac{\partial v}{\partial y} \, , \, \frac{\partial u}{\partial y} = -\frac{\partial v}{\partial x}$$

則$f(z)$在R中爲可解析。

這個定理是說，某個區域R內如果$f(z) = u(x, y) + iv(x, y)$($\dfrac{\partial u}{\partial x}$，

$\dfrac{\partial u}{\partial y}$，$\dfrac{\partial v}{\partial x}$，及$\dfrac{\partial v}{\partial y}$在$R$中為連續函數)滿足$\dfrac{\partial u}{\partial x} = \dfrac{\partial v}{\partial y}$，$\dfrac{\partial u}{\partial y} = -\dfrac{\partial v}{\partial x}$這

個條件那麼$f(z)$在R中是可解析的，如果有任何一個條件不滿足，

則$f(z)$在R中便不可解析。反之，若$f(z)$在R中為可解析，且$\dfrac{\partial u}{\partial x}$，

$\dfrac{\partial v}{\partial y}$，$\dfrac{\partial u}{\partial y}$，$\dfrac{\partial v}{\partial x}$，在$R$中為連續函數，那麼$\dfrac{\partial u}{\partial x} = \dfrac{\partial v}{\partial y}$，$\dfrac{\partial u}{\partial y} = -\dfrac{\partial v}{\partial x}$。

在此我們只證明：若$f(z)$為可解析則$\dfrac{\partial u}{\partial x} = \dfrac{\partial v}{\partial y}$且$\dfrac{\partial u}{\partial y} = -\dfrac{\partial v}{\partial x}$。

$f(z) = u(x, y) + iv(x, y)$

$$f'(z) = \lim_{\Delta z \to 0} \frac{f(z + \Delta z) - f(z)}{\Delta z}$$

$$= \lim_{\Delta z \to 0} \{ u(x + \Delta x, y + \Delta y) + iv(x + \Delta x, y + \Delta y)$$

$$- [u(x, y) + iv(x, y)] \} \big/ (\Delta x + i \Delta y) \cdots\cdots\cdots *$$

1. $\displaystyle \lim_{\Delta y \to 0} \left(\lim_{\Delta x \to 0} (*式) \right)$

$$\lim_{\Delta y \to 0} \frac{u(x, y + \Delta y) + iv(x, y + \Delta y) - [u(x, y) + iv(x, y)]}{i \Delta y}$$

$$= \lim_{\Delta y \to 0} \frac{[u(x, y + \Delta y) - u(x, y)] + i[v(x, y + \Delta y) - v(x, y)]}{i \Delta y}$$

$$= \frac{1}{i} \lim_{\Delta y \to 0} \frac{u(x, y + \Delta y) - u(x, y)}{\Delta y} + \lim_{\Delta y \to 0} \frac{v(x, y + \Delta y) - v(x, y)}{\Delta y}$$

$$= \frac{1}{i} \frac{\partial u}{\partial y} + \frac{\partial v}{\partial y} = -i \frac{\partial u}{\partial y} + \frac{\partial v}{\partial y}$$

2.　同法可證 $\lim\limits_{\Delta x \to 0} \left(\lim\limits_{\Delta y \to 0} (*式) \right) \dfrac{\partial u}{\partial x} + i \dfrac{\partial v}{\partial x}$

　　∴若*存在勢必需滿足

$$-i\frac{\partial u}{\partial y} + \frac{\partial v}{\partial y} = \frac{\partial u}{\partial x} + i\frac{\partial v}{\partial x}$$

亦即必須同時滿足 $\dfrac{\partial u}{\partial x} = \dfrac{\partial v}{\partial y}$ 及 $-\dfrac{\partial u}{\partial y} = \dfrac{\partial v}{\partial x}$ 兩個條件。

　　若 $f'(z)$ 在 $z = z_0$ 處存在，則稱 $f(z)$ 在 $z = z_0$ 爲可微分，又若 $f'(z)$ 在區域 R 均存在則稱 $f(z)$ 在 R 中爲可解析(Analytic)，由定義我們可確定的是 $f(z)$ 在 R 中爲可解析則它在 R 中之一點 $z = z_0$ 必爲可微分，但 $f(z)$ 在 R 中一點 $z = z_0$ 可微分未必在 R 中可解析。這好比是一籃橘子都是好的，那你從籃中任挑一個橘子必保證它是好的，但是你從一籃橘子中挑一個是好的，你必未能保證其它的橘子是好的。

例 24　$f(z) = e^x(\cos y - i\sin y)$ 在複平面 z 上是否可解析？

解：

　　由 Cauchy-Riemann 方程式

　　$u = e^x \cos y$，$v = -e^x \sin y$

　　∴ $\dfrac{\partial u}{\partial x} = e^x \cos y$，$\dfrac{\partial v}{\partial y} = -e^x \cos y$，$\dfrac{\partial u}{\partial x} \neq \dfrac{\partial v}{\partial y}$

　　∴ $f(z)$ 在平面 z 上不可解析

例 25　判斷$f(z) = z^2$是否可解析？

解：

設$z = x + yi$，則$f(z) = z^2 = (x + yi)^2 = (x^2 - y^2) + 2xyi$

取$u = x^2 - y^2$，$v = 2xy$

$\therefore \begin{cases} \dfrac{\partial u}{\partial x} = 2x \quad, \quad \dfrac{\partial v}{\partial y} = 2x \quad, \quad \dfrac{\partial u}{\partial x} = \dfrac{\partial v}{\partial y} \\[3mm] \dfrac{\partial u}{\partial y} = -2y \quad, \quad \dfrac{\partial v}{\partial x} = 2y \quad, \quad \dfrac{\partial u}{\partial y} = -\dfrac{\partial v}{\partial x} \end{cases}$

$\therefore f(z) = z^2$為可解析

隨堂練習

驗證 $f(z) = z|\bar{z}|$ 是不可解析。

例 26　若函數$f(y)$在區域D中為可解析，若$f(z) \in R$，試證$f(z)$為常數函數

解：

令$f(z) = u + vi$，因$f(z)$在D中為實數　$\therefore v = 0$

又$f(z)$在D中為可解析　$\therefore u_x = v_y$且$u_y = -v_x$

從而$u_x = 0$且$u_y = 0$，即$du = 0$

故u在D中為常數，得$f(z) = u + vi$為一常數函數

要證 $f(z) = u + vi$ 為常數，常要用到 $u_x = u_y = 0 \Rightarrow u =$ 常數之手法。

隨堂練習

驗證 $f(z) = iz$ 為可解析。

在 $f(z) = \phi_1(x,y) + \phi_2(x,y)i$ 為可解析函數之假設下，一旦我們知道了 $f(z)$ 之實部，便能導出虛部；同樣地，我們知道了 $f(z)$ 之虛部，也能導出它的實部。

例 27 若 $f(z)$ 為可解析函數，已知其實部為 $e^x \cos y$ 且定義
$e^z = e^x(\cos y + i\sin y)$ 求 $f(z)$。

解：

$f(z) = u(x,y) + iv(x,y)$，$u(x,y) = e^x \cos y$，

由 Cauchy-Riemann 方程式

$$\begin{cases} \dfrac{\partial u}{\partial x} = e^x \cos y = \dfrac{\partial v}{\partial y} & \therefore v = \int e^x \cos y \, dy = e^x \sin y + F(x) \quad \cdots(1) \\[4mm] \dfrac{\partial u}{\partial y} = -e^x \sin y = \dfrac{-\partial v}{\partial x} & \therefore v = \int e^x \sin y \, dx = e^x \sin y + G(y) \quad \cdots(2) \end{cases}$$

由(1)，(2)，$F(x) = G(y) = c$

即 $v = e^x \sin y + c$，

$f(z) = e^x \cos y + i(e^x \sin y + c) = e^{x+yi} + c' = e^z + c'$

例 28　若$f(z)$為可解析函數，且已知虛部為$2xy$，求$f(z)$

解：

$f(z) = u(x,y) + iv(x,y)$，$v(x,y) = 2xy$，

由 Cauchy-Riemann 方程式

$$\begin{cases} \dfrac{\partial u}{\partial x} = \dfrac{\partial v}{\partial y} = \dfrac{\partial}{\partial y}(2xy) = 2x \qquad \therefore u = \int 2x\, dx = x^2 + F(y) \qquad \cdots(1) \\[3mm] \dfrac{\partial u}{\partial y} = \dfrac{-\partial v}{\partial x} = \dfrac{-\partial}{\partial x}(2xy) = -2y \quad \therefore u = \int -2y\, dy = -y^2 + G(x) \quad \cdots(2) \end{cases}$$

比較(1)，(2)

$F(y) = -y^2 + c$，$G(x) = x^2 + c$

$\therefore u = x^2 - y^2 + c$

即 $f(z) = (x^2 - x^2 + c) + (2xy)i$

$\qquad = (x^2 + 2xyi - y^2) + c$

$\qquad = (x + yi)^2 + c = z^2 + c$

隨堂練習

若$f(z) = u(x, y) + iv(x, y)$為可解析，$u = x^2 - y^2 + y$，

驗證 $v = 2xy - x$。

★調和函數

定義：$\phi(x, y)$為二實變數x, y之函數，若$\phi(x, y)$滿足 Laplace 方程

式$\phi_{xx} + \phi_{yy} = 0$

則$\phi(x,y)$為調和函數(Harmonic Function)

定理：若$u(x, y)$在含(x_0, y_0)之某個鄰域爲調和，則在同一鄰域中存在一個共軛調和函數(Conjugate Harmonic Function)$v(x, y)$使得$f(z) = u(x, y) + iv(x, y)$爲可解析

例 29 試證 $u(x, y) = x^2 - y^2$爲和諧函數，試求一個共軛調和函數$v(x, y)$使得 $f(z) = u(x, y) + iv(x, y)$爲可解析

解：

(a)$u_x = 2x$，$u_{xx} = 2$，$u_y = -2y$，$u_{yy} = -2$

$\because u_{xx} + u_{yy} = 2 - 2 = 0$ $\quad \therefore u(x, y)$爲和諧函數

(b)取$v(x, y) = \int u_x(x, y)dy + g(x)$

$\qquad = \int 2xdy + g(x) = 2xy + g(x)$

利用 Cauchy-Riemann 方程式

$v_x = -u_y \Rightarrow 2y + g'(x) = 2y$ $\quad \therefore g'(x) = 0$，得$g(x) = c$

即$v(x, y) = 2xy + c$

例 30 問$u(x, y) = e^x \cos y$是否爲和諧函數，若是，請求一個共軛調和函數$v(x, y)$使得$f(z) = u(x, y) + iv(x, y)$爲可解析

解：

(a)$u_x = e^x \cos y$，$u_{xx} = e^x \cos y$，$u_y = -e^x \sin y$，

$u_{yy} = -e^x \cos y$

$u_{xx} + u_{yy} = 0$

$\therefore u(x, y)$為和諧函數

(b)取$v(x, y) = \displaystyle\int u_x(x, y)dy + g(x)$

$= \displaystyle\int e^x \cos y\, dy + g(x) = e^x \sin y + g(x)$

利用 Cauchy-Riemann 方程式

$v_x = -u_y \Rightarrow e^x \sin y + g'(x) = -(-e^x \sin y)$

$\therefore g'(x) = 0$，得$g(x) = c$

即$v(x, y) = e^x \sin y + c$是爲所求。

◆ **作　業**

1. $f(z) = (x + y) + i2xy$是否爲可解析？

Ans：否

2. $f(z) = (x^2 + y^2) + i(x^2 - y^2)$是否爲可解析？

Ans：否

3. $f(z) = (x^3 - 3xy^2) + i(3x^2y - y^3)$是否爲可解析？

Ans：是

4. $f(z) = z|z|$是否爲可解析？

Ans：否

5. $f(z) = \bar{z}$是否可微分？是否可解析？

Ans：不可微分，當然也就不可解析

6. 若$f(z) = u + iv$爲可解析，且$v = u^2$，試證$f(z)$爲常數函數。

7. 若$|f(z)|$在區域R內爲常數，試證$f(z)$在R內亦爲常數函數。

8. $f(z) = \dfrac{1}{z+1}$是否爲可解析？

Ans：是

9. 若$ay^3 + bx^2y + i(x^3 + cxy^2)$爲一解析函數，求$a$、$b$、$c$？

Ans：$a = 1$，$b = -3$，$c = -3$

10. 求滿足(1)$\operatorname{Re} z = \operatorname{Im} z$　(2)$\left|\dfrac{z-i}{z+i}\right| = 1$　(3)$|z-1| = \operatorname{Re}(z) + 1$

　　(4)$\operatorname{Re}(z)^3$之點的軌跡

Ans：(1)直線$y = x$　(2)x軸　(3)拋物線$y^2 = 4x$　(4)$y = \pm x$

◆ 7-3　基本解析函數

本節主要介紹一些基本的解析函數，包括指數函數、三角函數與對數函數。

指數函數 e^z

$e^z = e^{x+iy} = e^x \cdot e^{iy}$，$e^{iy}$之 Maclaurine 展開爲：

$$e^{iy} = 1 + (iy) + \frac{(iy)^2}{2!} + \frac{(iy)^3}{3!} + \frac{(iy)^4}{4!} + \cdots + \frac{(iy)^n}{n!} + \cdots$$

$$= 1 + iy - \frac{y^2}{2!} - i\frac{y^3}{3!} + \frac{y^4}{4!} + \cdots$$

$$= \left(1 - \frac{y^2}{2!} + \frac{y^4}{4!} \cdots\right) + i\left(y - \frac{y^3}{3!} + \frac{y^5}{5!} + \cdots\right)$$

$$= \cos y + i\sin y$$

所以我們可定義 $e^z = e^x(\cos y + i\sin y)$，同時由定義不難推知，任何複數 z 均可寫成 $z = \rho e^{i\phi}$ 之型式。

定理：e^z 為可解析。

證明：設 $z = x + yi$，則 $f(z) = e^z = e^{(x+yi)} = e^x(\cos y + i\sin y)$

取 $u = e^x\cos y$，$v = e^x\sin y$

$$\therefore \begin{cases} \dfrac{\partial u}{\partial x} = e^x\cos y & , \dfrac{\partial v}{\partial y} = e^x\cos y & , \dfrac{\partial u}{\partial x} = \dfrac{\partial v}{\partial y} \\[3mm] \dfrac{\partial u}{\partial y} = -e^x\sin y & , \dfrac{\partial v}{\partial x} = e^x\sin y & , \dfrac{\partial u}{\partial y} = -\dfrac{\partial v}{\partial x} \end{cases}$$

$\therefore f(z) = e^z$ 為可解析

e^z 有許多我們熟悉之性質如：

1. $e^{z_1 + z_2} = e^{z_1} \cdot e^{z_2}$

2. $e^{z_1 - z_2} = e^{z_1}/e^{z_2}$

3. $(e^z)^n = e^{nz}$

4. $\dfrac{d}{dz}e^z = e^z$

但 e^z 有一些特殊之性質：

1. $|e^z| = e^x$

證明：$|e^z| = |e^x(\cos y + i\sin y)| = |e^x||\cos y + i\sin y| = e^x$

2. 若且唯若 $e^z = 1$ 則 $z = 2k\pi i$，$k \in I$

證明：$(\Rightarrow)$

$|e^z| = e^x = 1 \therefore x = 0$

$$\Rightarrow e^z = e^{iy} = \cos y + i\sin y = 1$$

$$\Rightarrow \cos y = 1 \text{，} \sin y = 0$$

$$\Rightarrow y = 2k\pi$$

$$\therefore z = x + iy = 0 + i \cdot 2k\pi = 2k\pi i$$

$$(\Leftarrow)$$

$$e^z = e^{2k\pi i} = \cos 2k\pi + i\sin 2k\pi = 1$$

因此，此與實數系若且唯若 $e^x = 1$ 則 $x = 0$ 之結果不同。

3.　若且唯若 $e^{z_1} = e^{z_2}$ 則 $z_1 = z_2 + 2k\pi i$

證明：$e^{z_1} = e^{z_2}$ 之充要條件為 $e^{z_1 - z_2} = 1$

$$\therefore z_1 - z_2 = 2k\pi i$$

上一性質說明了 e^z 為週期 $T = 2\pi$ 之週期函數，這個性質在解指數方程式時很有用。

隨堂練習

證明：若 $|e^z| = 1$，則 z 為純虛數。

例 1　　求 $e^{2 + \frac{\pi}{2}i}$

解：

$$e^{2 + \frac{\pi}{2}i} = e^2\left(\cos\frac{\pi}{2} + i\sin\frac{\pi}{2}\right) = e^2 i$$

例 2　求 $\mathrm{Re}\{e^{z^2}\}$

解：

$$\mathrm{Re}\{e^{z^2}\} = \mathrm{Re}\{e^{(x+iy)^2}\} = \mathrm{Re}\{e^{(x^2-y^2)+i(2xy)}\}$$
$$= \mathrm{Re}\{e^{x^2-y^2}(\cos 2xy + i\sin 2xy)\}$$
$$= e^{x^2-y^2}\cos 2xy$$

例 3　驗證 $e^{\bar{z}} = \overline{e^z}$

解：

$$e^{\bar{z}} = e^{x-iy} = e^x\{(\cos(-y) + i\sin(-y))\}$$
$$= e^z\{\cos y - i\sin y\} = \overline{e^x\{\cos y + i\sin y\}} = \overline{e^z}$$

隨堂練習

求 e^z，$z = 3 + \dfrac{\pi}{2}i$

Ans：$e^z = ie^3$

對數函數

因為 $e^z = e^{(x+yi)} = e^x(\cos y + \sin y)$，$e^{yi} = \cos y + i\sin y$，$\therefore e^{2k\pi i} = \cos 2k\pi + i\sin 2k\pi = 1$，因此，$e^{i\phi} = 1e^{i\phi} = e^{2k\pi i}e^{i\phi} = e^{(2k\pi+\phi)i}$，從而定義 $\ln z = \ln r + i\theta$，其中 $z = e^{i\theta}$，$\theta = \Theta + 2n\pi$，$n = 0, \pm 1, \pm 2\cdots$，$\Theta$ 為主幅角，$-\pi < \Theta < \pi$。

指數方程式

例 4　解 $e^{4z} = 1$

解：

$$e^{4z} = 1 = e^{2k\pi i}$$

兩邊取對數

$$4z = 2k\pi i$$

$$z = \frac{k\pi}{2}i，k = 0，\pm 1，\pm 2\cdots$$

例 5　解 $e^{4z} = 1 - \sqrt{3}i$

解：

$$1 - \sqrt{3}i = 2\left(\frac{1}{2} - \frac{\sqrt{3}}{2}i\right)$$

$$= 2\left(\cos\frac{-\pi}{3} + i\sin\frac{-\pi}{3}\right) = 2e^{-i\frac{\pi}{3}}$$

$$\therefore e^{4z} = 1 - \sqrt{3}i = 2\left(\frac{1}{2} - \frac{\sqrt{3}}{2}i\right) = 2e^{-i\frac{\pi}{3}}$$

兩邊取對數

$$4z = \ln 2 + i\left(\frac{-\pi}{3} + 2k\pi\right)$$

$$\therefore z = \frac{1}{4}\ln 2 + i\left(\frac{-\pi}{12} + \frac{n}{2}\pi\right)，n = 0，\pm 1，\pm 2\cdots$$

隨堂練習

驗證 $e^{4z} = -1$ 之解為 $z = \dfrac{(2k+1)}{4}\pi i$，$k = 0$，$\pm 1$，$\pm 2 \cdots$

三角函數

在上節，我們知

$$e^{iy} = \cos y + i\sin y \quad \cdots\cdots\cdots\cdots\cdots\cdots\cdots\cdots\cdots\cdots\cdots \quad (1)$$

$$\therefore e^{-iy} = \cos(-y) + i\sin(-y) = \cos y - i\sin y \quad \cdots\cdots\cdots \quad (2)$$

解上述方程式(1)、(2)易知

$$\sin y = \frac{e^{iy} - e^{-iy}}{2i} \text{，} \cos y = \frac{e^{iy} + e^{-iy}}{2}$$

因此，我們可將上述成果應用到複變數函數，得

$$\sin z = \frac{e^{iz} - e^{-iz}}{2i} \text{，} \cos z = \frac{e^{iz} + e^{-iz}}{2}$$

如同實三角函數，我們定義：

$$\tan z = \frac{\sin z}{\cos z} \text{，} \cot z = \frac{\cos z}{\sin z} \text{，} \sec z = \frac{1}{\cos z} \text{，} \csc z = \frac{1}{\sin z}$$

$\sin z$，$\cos z$ 保有 $\sin x$，$\cos x$ 之部份性質，但複三角函數亦有些性質與實三角函數不同：

下表綜述一些複三角函數的性質：

1. 基本恆等式：

$$\cos^2 z + \sin^2 z = 1$$

2. 微分公式

$$(\sin z)' = \cos z \qquad\qquad (\cos z)' = -\sin z$$

$$(\tan z)' = \sec^2 z \qquad\qquad (\cot z)' = -\csc^2 z$$

$$(\sec z)' = \sec z \tan z \qquad\qquad (\csc z)' = -\csc z \cot z$$

3. 和差化積

$$\cos(z_1 \pm z_2) = \cos z_1 \cos z_2 \mp \sin z_1 \sin z_2$$

$$\sin(z_1 \pm z_2) = \sin z_1 \cos z_2 \pm \cos z_1 \sin z_2$$

4. 倍角

$$\sin 2z = 2\sin z \cos z$$

$$\cos 2z = \cos^2 z - \sin^2 z$$

例 6　試證 $\dfrac{d}{dz}\cos z = -\sin z$

解：

$$\frac{d}{dz}\cos z = \frac{d}{dz}\left(\frac{e^{iz} + e^{-iz}}{2}\right) = \frac{ie^{iz} - ie^{-iz}}{2} = \frac{i(ie^{iz} - ie^{-iz})}{2i}$$

$$= -\frac{e^{iz} - e^{-iz}}{2i} = -\sin z$$

例 7　試證 $\cos(z + 2\pi) = \cos z$

解：

$\cos(z + 2\pi)$

$= \dfrac{e^{i(z + 2\pi)} + e^{-i(z + 2\pi)}}{2}$

$= \dfrac{e^{iz}e^{2\pi i} + e^{-iz}e^{-2\pi i}}{2}$

$= \dfrac{e^{iz}(\cos 2\pi + i\sin 2\pi) + e^{-iz}(\cos(-2\pi) + i\sin(-2\pi))}{2}$

$= \dfrac{e^{iz} + e^{-iz}}{2} = \cos z$

因此，$\cos z$ 是一個週期 $T = 2\pi$ 之週期函數

例 8　若且唯若 $z = k\pi$，則 $\sin z = 0$

解：

"⇒" $z = k\pi$ 則 $\sin z = 0$：

$\sin z = \dfrac{e^{ik\pi} - e^{-ik\pi}}{2i}$

$= \dfrac{(\cos k\pi + i\sin k\pi) - (\cos(-k\pi) - i\sin(-k\pi))}{2i}$

$= \dfrac{(\cos k\pi + i\sin k\pi) - (\cos k\pi + i\sin k\pi)}{2i} = 0$

"⇐" $\sin z = 0$ 則 $z = k\pi$：

$$\sin z = \frac{e^{iz} - e^{-iz}}{2i} = 0 \Rightarrow e^{iz} = e^{-iz}$$

$$\therefore iz = -iz + 2k\pi i$$

化簡得$z = k\pi$

例 9 求$\cos(1 + 2i)$

解：

$$\cos(1 + 2i) = \frac{1}{2}(e^{i(1+2i)} + e^{-i(1+2i)})$$

$$= \frac{1}{2}(e^{-2} \cdot e^{i} + e^{2} \cdot e^{-i})$$

$$= \frac{1}{2}[e^{-2}(\cos 1 + i\sin 1) + e^{2}(\cos(-1) + i\sin(-1))]$$

$$= \frac{1}{2}[e^{-2}(\cos 1 + i\sin 1) + e^{2}(\cos 1 - i\sin 1)]$$

◆ 作 業

1. 試證$\cos^2 z + \sin^2 z = 1$

2. 試證$\sin(2\pi + z) = \sin z$

3. 試證$\dfrac{d}{dz}\sin z = \cos z$

4. $\cosh(z) = \dfrac{1}{2}(e^{z} + e^{-z})$，試證$\cosh(iz) = \cos z$

5. 求$|e^{z^2}|$

Ans：$e^{x^2 - y^2}$

6.　試證 $\cos(-z) = \cos z$

7.　求 $e^{3 + \frac{\pi}{2}i}$

Ans： $e^3 \cdot i$

8.　求 3^{1+i}

Ans： $3(\cos(\ln 3) + i\sin(\ln 3))$

9.　解 $e^{2z} = 1$

Ans： $z = k\pi i$ ， $i = 0$ ， ± 1 ， ± 2

10.　$z = \frac{\pi}{2} + k\pi$ ，試證 $\cos z = 0$ ，且其逆亦成立。

11.　試舉一反例說明 $|\cos z| \leqq 1$ 不成立。

12.　解 $e^z = 1 + \sqrt{3}i$

Ans： $z = \ln 2 + i\left(\frac{\pi}{3} + 2k\pi\right)$ ， $k = 0$ ， ± 1 ， ± 2 ， $\cdots$

13.　解 $e^z = \frac{\sqrt{2}}{2} + \frac{\sqrt{2}}{2}i$

Ans： $z = \frac{1}{4}(1 + 8k)\pi i$ ， $k = 0$ ， ± 1 ， $\pm 2 \cdots$

14.　若 $y'' + ay' + by = 0$ 之特徵方程式之二個根 $\lambda_1 = p + qi$ ，
　　　$\lambda_2 = p - qi$ ，試證它的解 $y = e^{px}(c_1 \cos qx + c_2 \sin qx)$

◆ 7-4　複變函數積分

　　若 $f(z) = u(x,y) + iv(x,y)$ 在區域 R 中為一個單位的連續函數，曲線 C 屬於區域 R 則 $f(z)$ 沿 C 之線積分為：

$$\oint_c f(z)dz = \oint_c (u + iv)(dx + idy)$$

$$= \oint_c (udx - vdy) + i(vdx + udy)$$

因此，複變函數之積分保有線積分之性質，如：

1. $\oint_c kf(z)dz = k\oint_c f(z)dz$

2. $\oint_c (f_1(z) + f_2(z))dz = \oint_c f_1(z)dz + \oint_c f_2(z)dz$

3. $\oint_{c_1 + c_2} f_1(z)dz = \oint_{c_1} f_1(z)dz + \oint_{c_2} f_1(z)dz$

例 1　求 $\int_{1+i}^{2+4i} zdz$：

(1)一般定義法

(2)沿拋物線 $x = t$，$y = t^2$

解：

(1) $\displaystyle\int_{1+i}^{2+4i} zdz = \frac{z^2}{2}\bigg|_{1+i}^{2+4i}$

$$= \frac{1}{2}[(2 + 4i)^2 - (1 + i)^2]$$

$$= -6 + 7i$$

(2) $\displaystyle\int_{1+i}^{2+4i} (x + yi)(dx + idy)$

$$= \int_{1+i}^{2+4i} xdx - ydy + i\int_{1+i}^{2+4i} xdy + ydx$$

$$= \int_1^2 (tdt - t^2(2tdt)) + i\int_1^2 (t(2t)dt + t^2 dt)$$

$$= \int_1^2 (t - 2t^3)dt + i\int_1^2 3t^2 dt = -6 + 7i$$

例 2　求 $\int_0^{1+i}(z+1)dz$，$c:y=x^2$

解：

$$\int_0^{1+i}(z+1)dz$$

$$=\int_0^{1+i}(x+yi+1)d(x+iy)$$

$$=\int_{(0,0)}^{(1,1)}(x+1)dx-ydy+i\int_{(0,0)}^{(1,1)}ydx+(x+1)dy\cdots\cdots*$$

利用參數法：令$x=t$，$y=t^2$，$1\geq t\geq 0$則

$$*=\int_0^1(t+1)dt-t^2(2tdt)+i\int_0^1 t^2dt+(1+t)(2tdt)$$

$$=\int_0^1(-2t^3+t+1)dt+i\int_0^1(3t^2+2t)dt$$

$$=1+2i$$

例 3　求 $\int_c z^2 dz$，$c:y=x^2$，$1\leq x\leq 2$

解：

$$\int_c z^2 dz=\int_c(x+yi)^2 d(x+yi)$$

$$=\int_c(x^2-y^2)dx-2xydy+i\int 2xydx+(x^2-y^2)dy\cdots*$$

利用參數法，取$x=t$，$y=t^2$，$1\leq t\leq 2$

$$*=\int_1^2(t^2-t^4)dt-2t(t^2)(2tdt)+i\int_1^2 2t(t^2)dt+(t^2-t^4)(2tdt)$$

$$=\int_1^2(t^2-5t^4)dt+i\int_1^2(4t^3-2t^5)dt$$

$$=\frac{-86}{3}-6i$$

例 4　求 $\int_i^1 \bar{z}\,dz$，$c : y = (x-1)^2$

解：

$$\int_i^1 \bar{z}\,dz = \int_{(0,\,1)}^{(1,\,0)} \overline{(x+iy)}\,d(x+iy)$$

$$= \int_{(0,\,1)}^{(1,\,0)} x\,dx + y\,dy + i\int_{(0,\,1)}^{(1,\,0)} x\,dy - y\,dx \cdots\cdots\cdots\cdots\cdots *$$

利用參數法，取 $x=t$，$y=(t-1)^2$，$1 \geq t \geq 0$

$$* = \int_0^1 t\,dt + (t-1)^2(2(t-1)\,dt) + i\int_0^1 t(2(t-1)\,dt) - (t-1)^2\,dt$$

$$= \int_0^1 t + 2(t-1)^3\,dt + i\int_0^1 (t^2-1)\,dt$$

$$= -\frac{2}{3}i$$

例 5　求 $\oint_c e^z\,dz$，c 之路徑如下圖

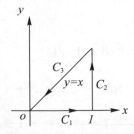

解：

$$\oint_c e^z\,dz = \oint_c e^{x+iy}\,d(x+iy) = \oint_c e^x(\cos y + i\sin y)(dx + i\,dy)$$

$$= \oint_c e^x\cos y\,dx - e^x\sin y\,dy + i\oint_c e^x\sin y\,dx + e^x\cos y\,dy \cdots *$$

方法一

c_1：取 $x = t$，$y = 0$，$1 \geq t \geq 0$

$\int_{c_1} e^x \cos y dx - e^x \sin y dy + i \int_{c_1} e^x \sin y dx + e^x \cos y dy$

$\quad = \int_0^1 e^t dt + 0 = e - 1$

c_2：取 $x = 1$，$y = t$，$1 \geq t \geq 0$ $(dx = 0)$

$\int_{c_2} e^x \cos y dx - e^x \sin y dy + i \int_{c_2} e^x \sin y dx + e^x \cos y dy$

$\quad = - \int_0^1 e \sin t dt + i \int_0^1 e \cos t dt = e[\cos 1 + i \sin 1 - 1]$

c_3：取 $x = t$，$y = t$

$\int_{c_3} e^x \cos y dx - e^x \sin y dy + i \int_{c_3} e^x \sin y dx + e^x \cos y dy$

$\quad = \int_1^0 e^t \cos t dt - e^t \sin t dt + i \int_1^0 (e^t \sin t + e^t \cos t) dt$

$\quad = 1 - e \cos 1 - i e \sin 1 (自證之)$

$\int_{c_1} + \int_{c_2} + \int_{c_3} = 0'$

方法二：

$\oint_c \underbrace{e^x \cos y}_{P} dx - \underbrace{e^x \sin y}_{Q} dy = \iint_R \left(\frac{\partial Q}{\partial x} - \frac{\partial P}{\partial y} \right) dx dy$

$= \iint_R (- e^x \sin y - (- e^x \sin y)) dx dy = 0$

$\oint_c \underbrace{e^x \sin y}_{P} dx + \underbrace{e^x \cos y}_{Q} dy = \iint_R \left(\frac{\partial Q}{\partial x} - \frac{\partial P}{\partial y} \right) dx dy$

$= \iint_R (e^x \cos y - e^x \cos y) dx dy = 0$

$\therefore \oint_c e^z dz = 0$

例 6 　求 $\int_2^i \bar{z}\,dz$，沿 $C: \dfrac{x^2}{4} + y^2 = 1$ 之第一象限

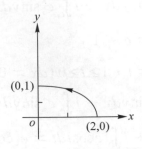

解：

$$取\ x = 2\cos t\ ,\ y = \sin t\ ,\ \frac{\pi}{2} \geq t \geq 0$$

$$則\ \int_2^i \bar{z}\,dz = \int_{(2,\,0)}^{(0,\,1)} (x\,dx + y\,dy) + i \int_{(2,\,0)}^{(0,\,1)} (x\,dy - y\,dx)$$

$$= \int_0^{\frac{\pi}{2}} 2\cos t(-2\sin t)dt + \sin t(\cos t\,dt)$$

$$+ i \int_0^{\frac{\pi}{2}} (2\cos t \cos t\,dt) - \sin t(-2\sin t\,dt)$$

$$= -\frac{3}{2} + \pi i$$

◆ 作 業 ─────────────────────

1. $\int_c \bar{z}dz$ ；$c{:}y = x^2$，由 0 到 $i + 1$

Ans：$1 + \dfrac{i}{3}$

2. $\int_c xdz$ ；$c{:}|z| = 4$上半平面順時鐘方向

Ans：$-8\pi i$

3. $\int_c |z|dz$ ；(a)$c : |z| = 1$之右半平面；(b)$c : -i$到i之直線；
   (c)$c : 0$到$1 + i$之直線

Ans：(a)$2i$　(b)i　(c)$\dfrac{1}{\sqrt{2}}(1 + i)$

4. $\int_c Re(z)dz$ ；$c : 0$到$1 + i$之直線

Ans：$\dfrac{1}{2}(1 + i)$

5. $\int_c e^z dz$ ；$c : 1$到$1 + i$之直線

Ans：$-2e$

6. $\int_c z^2 dz$ ；$c : 1$到$1 + i$之直線

Ans：$-1 + \dfrac{2}{3}i$

7. $\int_c \dfrac{dz}{z}$ ；$c : |z| = 1$

Ans：$2\pi i$

8. $\int_c Re(z^2)dz$ ；$c :$ 頂點為0，1，$1 + i$，i(順時鐘方向)之正方
   形邊界

Ans：$-(1 + i)$

9.　$\int_c (z^{-5} + z^3)dz$；(a)c：單位圓之上半平面 1 到 − 1　(b)c：單位圓下半平面 1 到 − 1

Ans：(a)0　(b)0

◆ 7-5　Cauchy 積分公式

Cauchy 積分定理

定理：若c為簡單之封閉曲線，$f(z)$在c上或c之內部區域為可解析，則$\oint_c f(z) = 0$

證明：$\oint_c f(z)dz = \oint_c (u + iv)(dx + idy)$

$= \oint_c (udx - vdy) + i\oint (vdx + udy)$

由 Green 定理：

$$\oint_c (udx - vdy) = \iint_R \left(-\frac{\partial v}{\partial x} - \frac{\partial u}{\partial y}\right)dxdy \quad\cdots\cdots\cdots\cdots\cdots\cdots (1)$$

$$\oint_c (vdx + udy) = \iint_R \left(\frac{\partial u}{\partial x} - \frac{\partial v}{\partial y}\right)dxdy \quad\cdots\cdots\cdots\cdots\cdots\cdots (2)$$

但 $f(z)$在c為可解析，由 Riemann-Cauchy 方程式，

$\frac{\partial u}{\partial x} = \frac{\partial v}{\partial y}$，$\frac{\partial v}{\partial x} = -\frac{\partial u}{\partial y}$代之入(1)，(2)，可得(1)= 0，(2)= 0

$\therefore \oint_c f(z) = 0$

推論：若c爲一簡單封閉曲線，$z = a$在c之內部，則

$$\oint_c \frac{dz}{(z-a)^n} = \begin{cases} 2\pi i & ，n = 1 \\ 0 & ，n = 2,\ 3,\ 4,\ \cdots \end{cases}$$

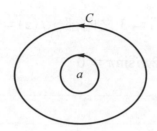

Cauchy 積分公式

定理：c爲一簡單的封閉曲線，$z = a$爲c之內部任一點，若$f(z)$在曲線c上或在曲線c內部均爲可解析，則

$$f(a) = \frac{1}{2\pi i} \oint_c \frac{f(z)}{z-a} dz$$

$$f^{(n)}(a) = \frac{n!}{2\pi i} \oint_c \frac{f(z)}{(z-a)^{n+1}} dz$$

（本定理之證明超過本書，故證明從略）

我們在應用Cauchy積分公式時，不妨改寫成下列形式，以便運算：

$$\oint_c \frac{f(z)}{z-a} dz = 2\pi i f(a)$$

$$\oint_c \frac{f(z)}{(z-a)^n} dz = \frac{2\pi i}{(n-1)!} f^{(n-1)}(a)$$

例 1 求 $\oint_c \dfrac{\sin z}{z - \pi} dz$，$c : |z - 1| = 3$

解：

$z = \pi$ 落在 $|z - 1| = 3$ 之內部，$f(z) = \sin z$ 在 c 上為可解析，

$\therefore \oint_c \dfrac{\sin z}{z - \pi} dz = 2\pi i \sin \pi = 0$

例 2 求 $\oint_c \dfrac{e^{2z}}{z(z - 1)} dz$，$c : |z| = 2$

解：

$$\oint_c \frac{e^{2z}}{z(z - 1)} dz = \oint_c e^{2z} \left(\frac{1}{z - 1} - \frac{1}{z} \right) dz$$

$$= \oint_c \frac{e^{2z}}{z - 1} dz - \oint_c \frac{e^{2z}}{z} dz$$

$f(z) = e^{2z}$ 在 c 為可解析，且 $z = 0$，$z = 1$ 均落在 c 之內部

$$\therefore \oint_c \frac{e^{2z}}{z - 1} dz = 2\pi i \cdot f(1) = 2\pi i \cdot e^{2(1)} = 2\pi i \cdot e^2$$

$$\oint_c \frac{e^{2z}}{z} dz = 2\pi i \cdot f(0) = 2\pi i \cdot e^{2(0)} = 2\pi i \cdot 1 = 2\pi i$$

故 $\oint_c \dfrac{e^{2z}}{z(z - 1)} dz = 2\pi i e^2 - 2\pi i = 2\pi i (e^2 - 1)$

例3　求 $\oint_c \dfrac{e^z}{z^2}dz$，$c:|z|=2$

解：

$z=0$在c之內部，$f(z)=e^z$在c中為可解析

$$\therefore \oint_c \frac{e^z}{z^2}dz = \frac{2\pi i}{1!}f'(0) = 2\pi i e^z \Big|_{z=0} = 2\pi i$$

例4　求 $\oint_c \dfrac{z^2 e^z}{2z+1}dz$，$c:|z|=2$

解：

$$\oint_c \frac{z^2 e^z}{2z+1}dz = \frac{1}{2}\oint_c \frac{z^2 e^z}{z+\dfrac{1}{2}}dz \quad\cdots\cdots\cdots\cdots\cdots\cdots\cdots\cdots\cdots\cdots\cdots\cdots\cdots \quad (1)$$

其中$f(z)=z^2 e^z$在c中為可解析，同時$z=-\dfrac{1}{2}$落在c內

$$\therefore \oint_c \frac{z^2 e^z}{2z+1}dz = \frac{1}{2}(2\pi i)f\left(-\frac{1}{2}\right) = \pi i\left(\frac{1}{4}e^{-\frac{1}{2}}\right) = \frac{1}{4}\pi i e^{-\frac{1}{2}}$$

本例雖然並不複雜，但許多同學常忽略(1)之步驟而發生錯誤。

隨堂練習

1. 驗證 $\oint_c \dfrac{\sin z}{z - \dfrac{\pi}{2}} dz$，$c : |z| = 2$ 之結果爲 $2\pi i$

2. 驗證 $\oint_c \dfrac{e^{2z}}{z - 2} dz$，$c : |z| = 3$ 之結果爲 $2\pi e^4 i$

例 5　求 $\oint_c \dfrac{e^{2z}}{z^2(z - 1)} dz$，$c : |z| = 2$

解：

$f(z) = e^{2z}$ 在 c 中爲可解析，又 $z = 0$，$z = 1$ 均在 c 之內部

$$\frac{1}{z^2(z - 1)} = \frac{1}{z - 1} - \frac{1}{z} - \frac{1}{z^2}$$

$$\therefore \oint_c \frac{e^{2z}}{z^2(z - 1)} dz = \oint_c \frac{e^{2z}}{z - 1} dz - \oint_c \frac{e^{2z}}{z} dz - \oint_c \frac{e^{2z}}{z^2} dz \cdots \quad ①$$

$$\begin{cases} \oint \dfrac{e^{2z}}{z - 1} dz = 2\pi i f(1) = 2\pi i e^2 \\[3mm] \oint \dfrac{e^{2z}}{z} dz = 2\pi i f(0) = 2\pi i \cdot 1 = 2\pi i \\[3mm] \oint \dfrac{e^{2z}}{z^2} dz = \dfrac{2\pi i}{1!} f'(0) = 2\pi i \cdot 2 = 4\pi i \end{cases}$$

將上述積分值代入①得

$$\oint_c \frac{e^{2z}}{z^2(z - 1)} dz = 2\pi i e^2 - 2\pi i - 4\pi i = 2\pi i(e^2 - 3)$$

例 6 　　求 $\oint_c \dfrac{e^{3z}}{(z+1)^3}dz$，$c : |z| = 2$

解：

$f(z) = e^{3z}$ 在 c 中爲可解析且 $z = -1$ 落在 c 之內部

$\therefore \oint_c \dfrac{e^{3z}}{(z+1)^3}dz = \dfrac{2\pi i}{2!}f''(-1) = \pi i 9 e^{3(-1)} = 9\pi i e^{-3}$

隨堂練習

驗證 $\oint_c \dfrac{e^z}{(z+1)^4}dz$，$c : |z| = 3$ 之值爲 $\dfrac{\pi i}{3e}$

◆ 作　業

1. 求 $\oint_c \dfrac{ze^z}{z+1}dz$，$c : |z-1| = 3$

Ans：$-2\pi i e^{-1}$

2. 求 $\oint_c \dfrac{e^z}{(z+1)^2}dz$，$c : |z-1| = 3$

Ans：$2\pi i e^{-1}$

3. z_0 爲封閉區域 c 中之一點，求 (a) $\oint_c \dfrac{dz}{z-z_0}$ 及 (b) $\oint_c \dfrac{dz}{(z-z_0)^n}$，$n \geq 2$

Ans：(a) $2\pi i$　　(b) 0

4. 求 $\oint_c \dfrac{e^z}{z^3} dz$，$c : |z| = 2$

Ans：πi

5. 求 $\oint_c \dfrac{z+1}{z^2-4} dz$

(1)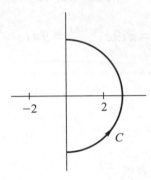

(2)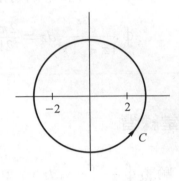

Ans：(1)$\dfrac{3}{2}\pi i$　(2)$2\pi i$

$$\left(\text{提示}：(1)\oint_c \dfrac{z+1}{z^2-4}\,dz = \oint_c \dfrac{\dfrac{z+1}{z+2}}{z-2}\,dz\right)$$

6. 求 $\oint_c \dfrac{e^{iz}}{z^3} dz$，$c : |z| = 3$

Ans：$-i\pi$

7. 求 $\oint_c \dfrac{5z^2+z-3}{(z-1)^3} dz$，$c : |z| = 2$

Ans：$10\pi i$

◆7-6 羅倫展開式

在微積分課程內已學過泰勒級數(Taylor Series)，在複數系也有一類似之結果，這就是羅倫級數(Laurent's Series)。

泰勒定理

若$f(z)$在以$z = 0$爲中心，r爲半徑的圓c及其內部區域具有解析性，則

$$\forall |z - a| < r$$

$$f(z) = f(a) + f'(a)(z - a) + \frac{f''(a)}{2!}(z - a)^2 + \cdots$$

有關泰勒級之進一步意義及其求算，請參閱拙著"微積分"。

奇異點或極點

函數$f(z)$若在$z = a$處不可解析，則$z = a$爲$f(z)$的奇異點(Singular Point)。例如$f(z) = \frac{z}{z + 2}$則$z = -2$爲$f(z)$的奇異點。

若$z = a$爲$f(z)$的奇異點且$f(z) = \frac{\phi(z)}{(z - a)^n}$，$\phi(a) \neq 0$，$\phi(z)$於包含$z = a$在內的區域具解析性，則$z = a$爲$f(z)$的$n$階極點(Pole of Order n)，例如$f(z) = \frac{z^2 + 4}{(z - 2)^5}$，則$z = 2$爲$f(z)$的5階極點。

若$f(z)$在$z = a$處爲一無限多階極點則稱$z = a$爲$f(z)$的本性奇異點(Essential Singularity)。$f(z) = e^{\frac{1}{z}} = 1 + \frac{1}{z} + \frac{1}{2! \, z^2} + \frac{1}{3! \, z^3} + \cdots$則$z = 0$便爲$f(z)$的本性奇異點。

羅倫級數

有了泰勒級數、奇異點、極點之觀念，我們便可步入本節之核心──羅倫級數。

若函數$f(z)$在$z = a$有一n階極點，且在圓心爲a之圓c所圍區域內(包括圓周及其圓形區域)(即$|z - a| \leq r$，但a除外)之所有點均爲可解析，則

$$f(z) = \frac{a_{-n}}{(z-a)^n} + \frac{a_{-(n-1)}}{(z-a)^{n-1}} + \cdots + \frac{a_{-1}}{z-a} + a_0 + a_1(z-a)$$

$$+ a_2(z-a)^2 \quad \cdots\cdots\cdots\cdots\cdots\cdots\cdots\cdots *$$

*便爲$f(z)$之羅倫級數

羅倫級數中之a_{-1}非常重要，它是$f(z)$在極點$z = a$之留數(Residue)。留數在複數積分中扮演極其關鍵之角色。

複函數$f(z)$羅倫級數之求法大致可歸納以下：

1.　$|z| < 1$時，$f(z)$利用$\dfrac{1}{1-z} = \sum\limits_{n=0}^{\infty} z^n$表示。

2.　$|z| > k$時，利用$\zeta = \dfrac{k}{z}$行變數變換來求$f(z)$。

例 1　$f(z) = \dfrac{1}{z-1}$，分別求$|z| < 1$與$|z| > 1$之羅倫級數

解：

(1) $|z| < 1$：

$$f(z) = \frac{1}{z-1} = -\frac{1}{1-z} = -(1 + z + z^2 + \cdots)$$

$$= -1 - z - z^2 - \cdots$$

(2) $|z| > 1 \Rightarrow \left| \dfrac{1}{z} \right| < 1$：

$$f(z) = \frac{1}{z-1} = \frac{1}{z} \cdot \frac{1}{1 - \dfrac{1}{z}} = \frac{1}{z}\left(1 + \frac{1}{z} + \frac{1}{z^2} + \frac{1}{z^3} + \cdots\right)$$

$$= \frac{1}{z} + \frac{1}{z^2} + \frac{1}{z^3} + \frac{1}{z^4} + \cdots$$

例 2　求 $f(z) = \dfrac{1}{z-2}$，$|z-1| > 1$ 之羅倫級數

解：

$$|z-1| > 1 \quad \therefore \left| \frac{1}{z-1} \right| < 1$$

因此

$$f(z) = \frac{1}{z-2} = \frac{1}{(z-1)-1} = \frac{1}{z-1} \cdot \frac{1}{1 - \dfrac{1}{z-1}}$$

$$= \frac{1}{z-1}\left(1 + \frac{1}{z-1} + \frac{1}{(z-1)^2} + \frac{1}{(z-1)^3} + \cdots\right)$$

$$= \frac{1}{z-1} + \frac{1}{(z-1)^2} + \frac{1}{(z-1)^3} + \frac{1}{(z-1)^4} + \cdots$$

在上例中，若 $|z-1| < 1$，則

$$f(z) = \frac{1}{z-2} = -\frac{1}{2-z} = -\frac{1}{(1-z)+1} =$$

$$-(1 - (1-z) + (1-z)^2 - (1-z)^3 + \cdots)$$

$$= -1 + (1-z) - (1-z)^2 + (1-z)^3 - \cdots$$

例 **3** $f(z)=\dfrac{1}{z^2+1}$ 分別求 $|z|>1$ 及 $|z-i|>2$ 之羅倫級數

解：

(1) $|z|>1$ 時 $\left|\dfrac{1}{z}\right|<1$，從而 $\left|\dfrac{1}{z^2}\right|<1$

$$\therefore f(z)=\frac{1}{1+z^2}=\frac{1}{z^2}\cdot\frac{1}{1+\dfrac{1}{z^2}}$$

$$=\frac{1}{z^2}\left(1-\frac{1}{z^2}+\frac{1}{z^4}-\frac{1}{z^6}+\cdots\right)$$

$$=\frac{1}{z^2}-\frac{1}{z^4}+\frac{1}{z^6}-\frac{1}{z^8}+\cdots$$

(2) $|z-i|>2$　$\therefore\left|\dfrac{2i}{z-i}\right|<1$

$$f(z)=\frac{1}{1+z^2}=\frac{1}{z-i}\cdot\frac{1}{z+i}=\frac{1}{z-i}\cdot\frac{1}{z-i}\cdot\frac{1}{\dfrac{z+i}{z-i}}$$

$$=\frac{1}{z-i}\cdot\frac{1}{z-i}\cdot\frac{1}{1+\dfrac{2i}{z-i}}$$

$$=\frac{1}{(z-i)^2}\left[1-\left(\frac{2i}{z-i}\right)+\left(\frac{2i}{z-i}\right)^2-\left(\frac{2i}{z-i}\right)^3+\cdots\right]$$

$$=\frac{1}{(z-i)^2}-\frac{2i}{(z-i)^3}-\frac{4}{(z-i)^4}+\frac{8i}{(z-i)^5}-\cdots$$

在例 3 之 2. 中，有部份讀者可能會有下列想法：

$$\because |z - i| > 2 \therefore \left| \frac{2}{z - i} \right| < 1$$

$f(z) = \dfrac{1}{1 + z^2}$ 便無法表成 $\Sigma a_n(z - i)^{-n}$ 之形式。

隨堂練習

驗證 $|z| < 1$ 時 $f(z) = \dfrac{1}{z - 2}$ 之羅倫級數為 $-\dfrac{1}{2} - \dfrac{z}{4} - \dfrac{z^3}{8} \cdots$，在

$|z - 1| < 1$ 時 $f(z) = \dfrac{1}{z - 2}$ 之羅倫級數為 $-z - (z - 1) - (z - 1)^2 - \cdots$

我們再看下列較複雜的例子：

例 4　求 $f(z) = \dfrac{1}{z^2 - 3z + 2}$ 在 $2 > |z| > 1$ 之羅倫級數

解：

$$f(z) = \frac{1}{z^2 - 3z + 2} = \frac{1}{(z - 1)(z - 2)} = \frac{1}{z - 2} - \frac{1}{z - 1}$$

(1) $|z| > 1$ 時 $\left| \dfrac{1}{z} \right| < 1$

$$\frac{1}{z - 1} = \frac{1}{z} \cdot \frac{1}{1 - \frac{1}{z}} = \frac{1}{z}\left(1 + \frac{1}{z} + \frac{1}{z^2} + \frac{1}{z^3} + \cdots \right)$$

$$= \frac{1}{z} + \frac{1}{z^2} + \frac{1}{z^3} + \cdots$$

(2) $2 > |z|$ 時 $\left|\dfrac{z}{2}\right| < 1$

$$\frac{1}{z-2} = -\frac{1}{2}\frac{1}{1-\dfrac{z}{2}} = \frac{-1}{2}\left(1 + \frac{z}{2} + \frac{z^2}{4} + \frac{z^3}{8} + \cdots\right)$$

由(1)(2)知 $2 > |z| > 1$ 下，$f(z) = \dfrac{1}{z^2 - 3z + 2}$ 之羅倫級數為

$$f(z) = \frac{-1}{2} - \frac{z}{4} - \frac{z^2}{8} - \cdots - \frac{1}{z} - \frac{1}{z^2} - \frac{1}{z^3}\cdots$$

或 $\cdots \dfrac{-1}{z^3} - \dfrac{1}{z^2} - \dfrac{1}{z} - \dfrac{1}{2} - \dfrac{z}{4} - \dfrac{z^2}{8}\cdots$

例 5　(承上例)求 $f(z)$ 在 $|z| > 2$ 之羅倫級數

解：

$|z| > 2$ 時 $\left|\dfrac{2}{z}\right| < 1$，自然 $\left|\dfrac{1}{z}\right| < 1$

(1) $\dfrac{1}{z-1} = \dfrac{1}{z}\dfrac{1}{1-\dfrac{1}{z}} = \dfrac{1}{z}\left(1 + \dfrac{1}{z} + \dfrac{1}{z^2} + \cdots\right) = \dfrac{1}{z}\sum_{n=0}^{\infty}\left(\dfrac{1}{z}\right)^n$

(2) $\dfrac{1}{z-2} = \dfrac{1}{z}\dfrac{1}{1-\dfrac{2}{z}} = \dfrac{1}{z}\left(1 + \dfrac{2}{z} + \dfrac{4}{z^2} + \cdots\right) = \dfrac{1}{z}\sum_{n=0}^{\infty}\left(\dfrac{2}{z}\right)^n$

由(1)(2)知 $|z| > 2$ 時，$f(z) = \dfrac{1}{z^2 - 3z + 2}$ 之羅倫級數為

$$f(z) = \frac{1}{z}\sum_{n=0}^{\infty}\frac{2^n - 1}{z^n} = \sum_{n=0}^{\infty}\frac{2^n - 1}{z^{n+1}}$$

隨堂練習

驗證 $f(z) = \dfrac{1}{(z-1)(z-3)}$，$3 > |z| > 1$ 之羅倫級數為

$$f(z) = \frac{-1}{2z}\left(1 + \frac{1}{z} + \frac{1}{z^2} + \frac{1}{z^3} + \cdots\right) - \frac{1}{6}\left(1 + \frac{z}{3} + \frac{z^2}{9} + \frac{z^3}{27} + \cdots\right)$$

又 $|z| > 3$ 時之羅倫級數

$$f(z) = \frac{-1}{2z}\left(1 + \frac{1}{z} + \frac{1}{z^2} + \cdots\right) + \frac{1}{2z}\left(1 + \frac{3}{z} + \frac{9}{z^2} + \cdots\right)$$

◆ 作　業

1.　$f(z) = \dfrac{1}{z^2}$ 分別求 (1) $|z - i| < 1$ 與 (2) $|z - i| > 1$ 之羅倫級數

Ans： (1) $-1 - 2i(z - i) - 3(z - i)^2 - \cdots$

(2) $\dfrac{1}{(z - i)^2} - \dfrac{2i}{(z - i)^3} - \dfrac{3}{(z - i)^4} - \cdots$

2.　$f(z) = \dfrac{1}{1 + z^2}$ 求 $|z - i| < 2$ 之羅倫級數

Ans： $-\dfrac{1}{2}\left[\dfrac{1}{z - i} + \dfrac{i}{2} - \dfrac{1}{4}(z - i) - \cdots\right]$

3.　$f(z) = \dfrac{1}{z(1 + z)}$，分別求 (1) $|z| > 1$ 及 (2) $|z + 1| > 1$ 之羅倫級數

Ans： (1) $\dfrac{1}{z^2} - \dfrac{1}{z^3} + \dfrac{1}{z^4} - \dfrac{1}{z^5} + \dfrac{1}{z^6}\cdots$

(2) $\dfrac{1}{(z + 1)^2} + \dfrac{1}{(z + 1)^3} + \dfrac{1}{(z + 1)^4} + \cdots$

4.　$f(z) = \dfrac{z-2}{z^2-4z+3}$，分別求

(1) $|z| < 1$　(2) $1 < |z| < 3$　(3) $|z| > 3$ 之羅倫級數

Ans：(1) $-\dfrac{2}{3} - \dfrac{5}{9}z - \dfrac{14}{27}z^2 - \cdots$

(2) $\cdots \dfrac{1}{2z^3} + \dfrac{1}{2z^2} + \dfrac{1}{2z} - \dfrac{1}{6} - \dfrac{z}{18} - \dfrac{z^2}{54} - \cdots$

(3) $\dfrac{1}{z} + \dfrac{2}{z^2} + \dfrac{5}{z^3} + \cdots$

5.　$f(z) = \dfrac{1}{z(z+1)(z-1)}$，求 $1 < |z-1| < 2$ 之羅倫級數

Ans：$\dfrac{1}{4} - \dfrac{1}{z-1} + \dfrac{2}{(z-1)^2} - \dfrac{3}{(z-1)^3} + \dfrac{5}{(z-1)^4} - \cdots$

6.　試依下列 z 之定義域分別求 $f(z) = \dfrac{1}{(z+1)(z+3)}$ 之羅倫級數

(1) $1 < |z| < 3$　(2) $|z| < 1$

Ans：$f(z) = \dfrac{1}{(z+1)(z+3)} = \dfrac{1}{2}\left(\dfrac{1}{z+1} - \dfrac{1}{z+3}\right)$

(1) $\dfrac{1}{2z}\left(1 - \dfrac{1}{z} + \dfrac{1}{z^2} - \dfrac{1}{z^3} + \cdots\right) - \dfrac{1}{6}\left(1 - \dfrac{z}{3} + \dfrac{z^2}{9} - \dfrac{z^3}{27} + \cdots\right)$

(2) $\dfrac{1}{2}(1 - z + z^2 - z^3 + \cdots) - \dfrac{1}{6}\left(1 - \dfrac{z}{3} + \dfrac{z^2}{9} - \dfrac{z^3}{27} + \cdots\right)$

◆7-7　留數定理

$f(z)$之羅倫級數為

$$f(z) = \frac{a_{-n}}{(z-a)^n} + \frac{a_{-(n-1)}}{(z-a)^{n-1}} + \cdots + \frac{a_{-1}}{(z-a)} + a_0$$
$$+ a_1(z-a) + a_2(z-a)^2 + \cdots$$

上式中之a_{-1}特稱為極點$z=a$之留數。若

1.　極點$z=a$之階數為 1，即簡單極點時，

$$a_{-1} \text{或} \operatorname{Res}(a) = \lim_{z \to a}(z-a)f(z)$$

2.　極點$z=a$之階數為n時，$n \geq 2$

$$a_{-1} \text{或} \operatorname{Res}(a) = \lim_{z \to a}\frac{1}{(n-1)!}\frac{d^{n-1}}{dz^{n-1}}\{(z-a)^n f(z)\}$$

例 1　求$f(z) = \dfrac{z+3}{z-1}$極點之留數

解：

$z=1$為$f(z) = \dfrac{z+3}{z-1}$之簡單極點：

$$\therefore \operatorname{Res}(1) = \lim_{z \to 1}(z-1) \cdot \frac{z+3}{z-1} = \lim_{z \to 1} z + 3 = 4$$

例 2　求 $f(z) = \dfrac{z}{(z-1)(z^2+1)}$ 極點之留數

解：

由觀察法可知，$z = 1$，$\pm i$ 均為 $f(z)$ 之簡單極點：

$$\therefore \operatorname{Res}(1) = \lim_{z \to 1}(z-1) \cdot \frac{z}{(z-1)(z^2+1)}$$

$$= \lim_{z \to 1}\frac{z}{z^2+1} = \frac{1}{2}$$

$$\operatorname{Res}(i) = \lim_{z \to i}(z-i) \cdot \frac{z}{(z-1)(z^2+1)}$$

$$= \lim_{z \to i}(z-i) \cdot \frac{z}{(z-1)(z+i)(z-i)}$$

$$= \lim_{z \to i}\frac{z}{(z-1)(z+i)}$$

$$= \frac{i}{2i(i-1)} = \frac{-1-i}{4}$$

$$\operatorname{Res}(-i) = \lim_{z \to -i}(z+i) \cdot \frac{z}{(z-i)(z^2+1)}$$

$$= \lim_{z \to -i}(z+i) \cdot \frac{z}{(z-1)(z+i)(z-i)}$$

$$= \lim_{z \to -i}\frac{z}{(z-1)(z-i)} = \frac{-1+i}{4}$$

例 3　求 $f(z) = \dfrac{1}{z^3(z+1)}$ 極點之留數

解：

由觀察法知 $f(z)$ 有二個極點 $z = 0$(3 階)，$z = -1$(單階)

$$\therefore \operatorname{Res}(0) = \lim_{z \to 0} \frac{1}{2!} \cdot \frac{d^2}{dz^2} \left\{ z^3 \cdot \frac{1}{z^3(z+1)} \right\}$$

$$= \frac{1}{2} \lim_{z \to 0} \frac{d^2}{dz^2} \frac{1}{1+z} = \frac{1}{2} \lim_{z \to 0} \frac{d^2}{dz^2} (1+z)^{-1}$$

$$= \frac{1}{2} \lim_{z \to 0} \frac{d}{dz} (-(1+z)^{-2})$$

$$= \frac{1}{2} \lim_{z \to 0} 2(1+z)^{-3} = 1$$

$$\operatorname{Res}(-1) = \lim_{z \to -1} (z+1) \cdot \frac{1}{z^3(z+1)} = \lim_{z \to -1} \frac{1}{z^3} = -1$$

例 4　求 $f(z) = \cot z$，$z = \pi$ 之留數

解：

$$z = \pi \text{為} f(z) = \cot z = \frac{\cos z}{\sin z} \text{之單階極點}$$

$$\therefore \operatorname{Res}(\pi) = \lim_{z \to \pi} (z - \pi) \cot z = \lim_{z \to \pi} (z - \pi) \frac{\cos z}{\sin z}$$

$$= \lim_{z \to \pi} \frac{z - \pi}{\sin z} \cdot \lim_{z \to \pi} \cos z = \lim_{z \to \pi} \frac{1}{\cos z} \cdot (-1)$$

$$= (-1)(-1) = 1$$

隨堂練習

$$\text{驗證} f(z) = \frac{1}{z(z^2+1)} \text{極點之留數為}$$

$$\operatorname{Res}(0) = 1 \text{，} \operatorname{Res}(i) = -\frac{1}{2} \text{，} \operatorname{Res}(-i) = \frac{1}{2}$$

下面之例 5，例 6 是 2 個較為複雜留數之求法

例 5 求 $f(z) = \dfrac{1}{1 - e^z}$ 奇異點之留數

解：

由羅倫級數

$$f(z) = \frac{1}{1 - e^z} = \frac{1}{1 - \left(1 + z + \dfrac{z^2}{2!} + \dfrac{z^3}{3!} + \cdots\right)}$$

$$= \frac{1}{-z - \dfrac{z^2}{2} - \dfrac{z^3}{6} - \cdots}$$

$$= \underset{\underset{a_{-1}}{\uparrow}}{-1}\left(\frac{1}{z}\right) + \frac{1}{2} - \frac{z}{12} + \cdots , \quad 0 < |z| < \infty \quad \cdots\cdots\cdots\cdots\cdots *$$

$$\therefore \mathrm{Res}(0) = -1$$

*之計算如下：

$$
-z - \frac{z^2}{2} - \frac{z^3}{2} \cdots \overline{\smash{\big)}\,
\begin{array}{l}
\dfrac{-1}{z} \\[2mm]
1 \\
1 + \dfrac{z}{2} + \dfrac{z^2}{6} \cdots \\
\hline
-\dfrac{z}{2} - \dfrac{z^2}{6} \cdots
\end{array}}
$$

例 6　求 $f(z) = \dfrac{1}{z - \sin z}$ 在 $z = 0$ 處之留數

解：

$$f(z) = \frac{1}{z - \sin z} = \frac{1}{z - \left(z - \dfrac{z^3}{3!} + \dfrac{z^5}{5!} \cdots\right)} = \frac{1}{\dfrac{z^3}{6} - \dfrac{z^5}{120} - \cdots} \quad \cdots \text{ *}$$

$$= \frac{6}{z^3} + \underset{\underset{a_{-1}}{\uparrow}}{\frac{6}{20}} \frac{1}{z} + \cdots$$

$$\therefore \text{Res}\,(0) = \frac{6}{20} = \frac{3}{10}$$

*之計算如下：

$$
\begin{array}{r}
\dfrac{6}{z^3} + \dfrac{6}{20z} \cdots \\[2mm]
\dfrac{z^3}{6} - \dfrac{z^5}{120} + \dfrac{z^7}{840} \cdots \overline{\big)\; 1 } \\
\underline{1 - \dfrac{z^2}{20} + \dfrac{z^4}{140} \cdots} \\
\dfrac{z^2}{20} - \dfrac{z^4}{140} \cdots \\
\underline{\dfrac{z^2}{20} - \dfrac{z^4}{400} \cdots} \\
\dfrac{-13}{2800}\, z^4 \cdots
\end{array}
$$

隨堂練習

驗證 $f(z) = e^z$ 在 $z = 0$ 處之羅倫級數為

$$f(z) = 1 + \frac{2}{z} + \frac{2^2}{2!\,z^2} + \frac{2^3}{3!\,z^3} + \frac{2^4}{4!\,z^4} + \cdots$$

從而 $\mathrm{Res}(0) = 2$

留數積分

定理：若 $f(z)$ 在簡單曲線 c 及其內部區域，除了 c 內之極點 $z = z_1$，$z_2, \cdots, z_n$ 外均可解析，則

$$\oint_c f(z)dz = 2\pi i(\mathrm{Res}(z_1) + \mathrm{Res}(z_2) + \cdots + \mathrm{Res}(z_n))$$

(路徑 c 之反時針方向)

例 7　根據下列不同曲線 c，分別計算 $\oint_c \dfrac{z^2-1}{z^2+1}dz$

　　　(1) $|z-1| = 1$　　(2) $|z-i| = 1$　　(3) $|z| = 1$

解：

$$f(z) = \frac{z^2-1}{z^2+1} \text{ 有兩個極點 } i \text{ 與} -i$$

$$\mathrm{Res}(i) = \lim_{z\to i}(z-i)\frac{z^2-1}{z^2+1} = \lim_{z\to i}\frac{z^2-1}{z+i} = \frac{-2}{2i} = i$$

$$\mathrm{Res}(-i) = \lim_{z\to -i}(z+i)\frac{z^2-1}{z^2+1} = \lim_{z\to -i}\frac{z^2-1}{z-i} = \frac{-2}{-2i} = -i$$

(1) $|z-1| = 1$(或 $z = i, -i$ 均落在 $|z-1| = 1$ 之外)

$$\therefore \oint_c \frac{z^2-1}{z^2+1}dz = 0$$

(2)c：$|z-i|=1$內只有$z=i$為奇異點

$$\therefore \oint_c \frac{z^2-1}{z^2+1}dz = 2\pi i\mathrm{Res}(i) = 2\pi i \cdot i = -2\pi$$

(3)c：$|z|=1$內$z=\pm i$均為奇異點

$$\therefore \oint_c \frac{z^2-1}{z^2+1}dz = 2\pi i(\mathrm{Res}(i)+\mathrm{Res}(-i))$$
$$= 2\pi i(i-i) = 0$$

例 8 　求 $\oint_c \dfrac{dz}{z^2(z-1)}$，$c$之閉曲線圖如下圖

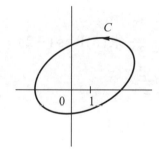

解：

由留數定理：

$$\oint_c \frac{dz}{z^2(z-1)} = 2\pi i\{\mathrm{Res}\,(0)+\mathrm{Res}\,(1)\} \quad\cdots\cdots\cdots\cdots\cdots\cdots\cdots *$$

$$\mathrm{Res}(0) = \frac{1}{1!}\lim_{z\to 0}\frac{d}{dz}z^2 \cdot \frac{1}{z^2(z-1)} = \lim_{z\to 0}\frac{-1}{(z-1)^2} = -1$$

$$\text{Res}(1) = \lim_{z \to 1}(z-1) \cdot \frac{1}{z^2(z-1)} = \lim_{z \to 1}\frac{1}{z^2} = 1$$

代入上述結果*得

$$\therefore \oint_c \frac{dz}{z^2(z-1)} = 2\pi i(-1+1) = 0$$

隨堂練習

求 $\oint_c \dfrac{e^z}{z(z+1)} dz$，$c : |z-1| = 3$

Ans：$2\pi i(1 - e^{-1})$

◆ 作　業

1.　$f(z) = \dfrac{z}{(z+2)(z-3)^2}$ 求(a)Res(-2)，(b)Res(3)

　　Ans：(a)$-\dfrac{2}{25}$，(b)$\dfrac{2}{25}$

2.　$f(z) = e^{-\frac{1}{3}}$，求 Res(0)

　　Ans：-1

3.　$f(z) = \dfrac{1}{(z-1)^2(z-3)}$，求(a)Res$(1)$，(b)Res$(3)$，(c)$\oint_c f(z)dz$，

　　$|z| = 2$

　　Ans：(a)$-\dfrac{1}{4}$，(b)$\dfrac{1}{4}$，(c)$-\dfrac{\pi}{2}i$

4. $f(z) = \dfrac{1}{z^4 + 1}$ 求(a)$\mathrm{Res}\left(\dfrac{\pi}{4}i\right)$，(b)$\mathrm{Res}\left(\dfrac{7}{4}\pi i\right)$

Ans：(a)$\dfrac{1-i}{4\sqrt{2}}$，(b)$\dfrac{1}{4\sqrt{2}}(-1+i)$

5. 求$\displaystyle\oint_c \dfrac{2z+6}{z^2+4}dz$，$C:|z-i|=2$

Ans：$\pi(3+2i)$

6. 求$\displaystyle\oint_c e^{\frac{2}{z}}dz$，$C:|z|=1$

Ans：$4\pi i$

7. $\displaystyle\oint_c \dfrac{dz}{(z+1)(z-1)^3}$，$C:|z|=2$

Ans：0

8. 求$\displaystyle\oint_c \dfrac{\cos\pi z}{z^2(z-1)}dz$，(a)$C:|z|=\dfrac{1}{3}$，(b)$C:|z|=2$，(c)$|z-1|=\dfrac{1}{3}$

Ans：(a)$-2\pi i$，(b)$2\pi(\cos 1 - 1)i$，(c)$2\pi i\cos 1$

9. 求$\displaystyle\oint_c \dfrac{z^2+1}{z^2-1}dz$，$C:|z-1|=1$

Ans：$2\pi i$

◆ 7-8 留數定理在定積分求值上之應用

留數定理一個重要之應用即是計算某些瑕積分，在應用時之基本步驟是選擇適當之 $f(z)$ 及適當之路徑 C，經由留數定理而完成。

定義：f 在 $(-\infty, \infty)$ 中為連續，則 f 在 $(-\infty, \infty)$ 之 Cauchy 主值(Cauchy Principal Value，以 PV 表之)

$$\lim_{R \to \infty} \int_{-R}^{R} f(x) dx$$

以 P.V. $\int_{-\infty}^{\infty} f(x) dx \equiv \lim_{R \to \infty} \int_{-R}^{R} f(x) dx$

我們要記得瑕積分 $\int_{-\infty}^{\infty} f(x) dx$ 存在則它必等於其主值。

我們將以題型導向的方式說明如何應用留數定理選擇適當路徑計算一些特殊函數之瑕積分。

題型 A

$$\int_{-\infty}^{\infty} \frac{p(x)}{q(x)} dx，\deg(g) \geq \deg(p) + 2$$

$p(x)$，$q(x)$ 為實多項式，若 C 為半徑是無窮大的上半圓，z_1，$z_2 \cdots z_n$ 為 $\dfrac{p(x)}{q(x)}$ 在上半平面之極點，$q(x) = 0$ 無實根，

引理：若 $z = Re^{i\theta}$，$|f(z)| \leq \dfrac{M}{R^k}$，$k > 1$，$M$ 為常數則

$$\lim_{R \to \infty} \int_{\Gamma} f(z) dz = 0。$$

Γ為下圓所顯示半徑是 R 的半圓弧。

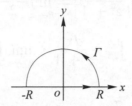

$$\int_{-\infty}^{\infty} f(x)dx = \lim_{R \to \infty} \oint_c f(z)dz = 2\pi i \sum_{i=1}^{n} \text{Res}(z_i)$$

例 1 　 $\int_{-\infty}^{\infty} \dfrac{dx}{1 + x^4}$

解：

$f(z) = \dfrac{1}{1 + z^4}$ ， $1 + z^4 = 0$ 時

得 $z_1 = e^{\pi i/4}$ ， $z_2 = e^{3\pi i/4}$ ， $z_3 = e^{5\pi i/4}$ ，

$z_4 = e^{7\pi i/4}$ 為 4 個極點，其中 $z_1 = e^{\pi i/4}$ ， $z_2 = e^{3\pi i/4}$ 在上半平面

$\text{Res}(z_1) = \lim_{z \to z_1} (z - z_1) \cdot \dfrac{1}{1 + z^4} = \lim_{z \to z_1} (z - z_1) \cdot \dfrac{1}{1 + z^4}$

$\quad = \lim_{z \to z_1} \dfrac{1}{4z^3} (\text{LHospital 法則}) = \dfrac{1}{4} e^{-3\pi i/4}$

$\text{Res}(z_2) = \lim_{z \to z_2} (z - z_2) \cdot \dfrac{1}{1 + z^4} = \lim_{z \to z_2} \dfrac{1}{4z^3} = \dfrac{1}{4} e^{-9\pi i/4}$

$\therefore \oint_c \dfrac{dz}{1 + z^4} = 2\pi i (\text{Res}(z_1) + \text{Res}(z_2))$

$\quad = 2\pi i \left(\dfrac{1}{4} e^{-\frac{3\pi i}{4}} + \dfrac{1}{4} e^{-9\pi i/4} \right)$

$\quad = \dfrac{2\pi i}{4} \left[\left(-\dfrac{\sqrt{2}}{2} - \dfrac{\sqrt{2}}{2} i \right) + \left(\dfrac{\sqrt{2}}{2} - \dfrac{\sqrt{2}}{2} i \right) \right] = \dfrac{\sqrt{2}}{2} \pi$

$$\lim_{R \to \infty} \left[\int_{-R}^{R} \frac{dx}{x^4 + 1} + \int_{\Gamma} \frac{dz}{z^4 + 1} \right] = \lim_{R \to \infty} \frac{\sqrt{2}}{2}\pi = \frac{\sqrt{2}}{2}\pi$$

又 $\lim_{R \to \infty} \int_{-R}^{R} \frac{dx}{x^4 + 1} = \int_{-\infty}^{\infty} \frac{dx}{x^4 + 1}$，$\lim_{R \to \infty} \int_{\Gamma} \frac{dz}{z^4 + 1} = 0$

$$\therefore \int_{-\infty}^{\infty} \frac{dx}{x^4 + 1} = \frac{\sqrt{2}}{2}\pi$$

例 2 $\displaystyle\int_{-\infty}^{\infty} \frac{dx}{(x^2 + 1)^2}$

解：

$f(z) = \dfrac{1}{(z^2 + 1)^2} = \dfrac{1}{(z + i)^2 (z - i)^2}$，有二個極點 $z = \pm i$，其中

僅 $z = i$(二階)位為上半平面

$$\text{Res}\,(i) = \lim_{z \to i} \frac{d}{dz} \left[(z - i)^2 \cdot \frac{1}{(z + i)^2 (z - i)^2} \right]$$

$$= \lim_{z \to i} \frac{-2}{(z + i)^3} = \frac{1}{4i}$$

$$\therefore \oint_c \frac{dz}{1 + z^2} = 2\pi i \left(\frac{1}{4i} \right) = \frac{\pi}{2}$$

$$\lim_{R \to \infty} \left[\int_{-R}^{R} \frac{dx}{(1 + x^2)^2} + \int_{\Gamma} \frac{dz}{(1 + z^2)^2} \right] = \lim_{R \to \infty} \frac{\pi}{2} = \frac{\pi}{2}$$

又 $\lim_{R \to \infty} \int_{-R}^{R} \frac{dx}{(1 + x^2)^2} = \int_{-\infty}^{\infty} \frac{dx}{(1 + x^2)^2}$，$\lim_{R \to \infty} \int_{\Gamma} \frac{dz}{(1 + z^2)^2} = 0$

$$\therefore \int_{-\infty}^{\infty} \frac{dx}{(1 + x^2)^2} = \frac{\pi}{2}$$

例 3　$\displaystyle\int_{-\infty}^{\infty}\frac{x^2}{(x^2+1)(x^2+4)}dx$

解：

$f(z)=\dfrac{z^2}{(z^2+1)(z^2+4)}=\dfrac{z^2}{(z+i)(z-i)(z+2i)(z-2i)}$，有四

個極點，其中僅 $z=i$，$2i$ 在上半平面

$\operatorname{Res}(i)=\lim_{z\to i}(z-i)\cdot\dfrac{z^2}{(z+i)(z-i)(z+2i)(z-2i)}=\dfrac{i}{6}$

$\operatorname{Res}(2i)=\lim_{z\to 2i}(z-2i)\cdot\dfrac{z^2}{(z+i)(z-i)(z+2i)(z-2i)}=\dfrac{-i}{3}$

$\therefore\oint_c\dfrac{z^2}{(z^2+1)(z^2+4)}dz=2\pi i(\operatorname{Res}(i)+\operatorname{Res}(2i))=\dfrac{\pi}{3}$

$\displaystyle\lim_{R\to\infty}\left[\int_{-R}^{R}\frac{x^2}{(x^2+1)(x^2+4)}+\int_{\Gamma}\frac{z^2}{(z^2+1)(z^2+4)}dz\right]=\frac{\pi}{3}$

又 $\displaystyle\lim_{R\to\infty}\int_{-R}^{R}\frac{x^2}{(x^2+1)(x^2+4)}dx=\int_{-\infty}^{\infty}\frac{x^2dx}{(x^2+1)(x^2+4)}$，

$\displaystyle\lim_{R\to\infty}\int_{\Gamma}\frac{dz}{(z^2+1)(z^2+4)}=0$

$\therefore\displaystyle\int_{-\infty}^{\infty}\frac{x^2dx}{(1+x^2)(x^2+4)}=\frac{\pi}{3}$

隨堂練習

驗證 $\int_{-\infty}^{\infty} \dfrac{x^2 dx}{(1+x^2)^2} = \dfrac{\pi}{2}$

題型 B

$$\int_{-\infty}^{\infty} \frac{p(x)}{q(x)} \begin{Bmatrix} \cos mx \\ \sin mx \end{Bmatrix} dx$$

這類積分之 $p(x)$，$q(x)$ 均為 x 之有理多項式，$\deg(q) \ge \deg(p) + 2$，且 $q(x) = 0$ 無實根，則

$$\int_{-\infty}^{\infty} \frac{p(x)}{q(x)} \cos mx \, dx = 2\pi i \mathrm{Re}\{\Sigma \frac{p(z)}{q(z)} e^{imz} \text{在上半平面之留數}\}$$

$$\int_{-\infty}^{\infty} \frac{p(x)}{q(x)} \sin mx \, dx = 2\pi i \mathrm{Im}\{\Sigma \frac{p(z)}{q(z)} e^{imz} \text{在上半平面之留數}\}$$

餘同題型 A

例 4　求 $\int_{-\infty}^{\infty} \dfrac{\cos mx}{1+x^2} dx$

解：

考慮函數 $f(z) = \dfrac{e^{imz}}{1+z^2}$，其在上半平面之極點為 $z = i$

$$\mathrm{Res}(i) = \lim_{z \to i} (z-i) \cdot \frac{e^{imz}}{1+z^2}$$

$$= \lim_{z \to i} \frac{e^{imz}}{z+i} = \frac{e^{-m}}{2i}$$

$$\therefore \oint_c \frac{e^{imz}}{1+z^2}\,dz = \mathrm{Re}\left\{2\pi i\,\frac{e^{-m}}{2i}\right\} = \pi e^{-m}$$

或 $\displaystyle \int_{-R}^{R} \frac{e^{imx}}{x^2+1}\,dx + \int_{\Gamma} \frac{e^{imz}}{z^2+1}\,dz = \pi e^{-m}$

即 $\displaystyle \int_{-R}^{R} \frac{\cos mx}{x^2+1}\,dx + i\underbrace{\int_{-R}^{R} \frac{\sin mx}{x^2+1}\,dx}_{\text{奇函數}} + \int_{\Gamma} \frac{e^{imz}}{z^2+1}\,dz = \pi e^{-m}$

兩邊取 $R \to \infty$ 得

$$2\int_0^{\infty} \frac{\cos mx}{x^2+1}\,dx + \underbrace{\int_{\Gamma} \frac{e^{imz}}{z^2+1}\,dz}_{0} = \pi e^{-m}$$

$$\therefore \int_0^{\infty} \frac{\cos mx}{x^2+1}\,dx = \frac{\pi}{2}\,e^{-m}$$

隨堂練習

驗證 $\displaystyle \int_0^{\infty} \frac{\cos x}{x^2+9}\,dx = \frac{\pi}{3e^3}$

★題型 C：$\displaystyle \int_0^{2\pi} f(\cos\theta,\ \sin\theta)\,d\theta$

許多特殊實函數定積分均可用留數定理獲解，在本節我們將舉三角函數積分為例說明之。

在計算 $\displaystyle \int_0^{2\pi} f(\cos\theta,\ \sin\theta)\,d\theta$ 時，我們可藉 $z = e^{i\theta}$ 將它轉化成解析函數在閉曲線上積分，如此可用留數定理計算出所求之積分。

取 $z = e^{i\theta}$，則 $z = e^{i\theta} = \cos\theta + i\sin\theta$ $\therefore 0 \leqq \theta \leqq 2\pi$ 時 $|z| = 1$，將 z 按逆時針方向繞單位圓一週，便形成一閉曲線。又

$$\cos\theta = \frac{e^{i\theta} + e^{-i\theta}}{2} = \frac{z + \frac{1}{z}}{2}$$

$$\sin\theta = \frac{e^{i\theta} - e^{-i\theta}}{2i} = \frac{z - \frac{1}{z}}{2i}$$

又 $z = e^{i\theta}$ $\therefore \frac{dz}{d\theta} = ie^{i\theta} = iz$

$$\therefore I = \int_0^{2\pi} f(\cos\theta, \sin\theta) d\theta$$

$$= \int_{|z|=1} f\left(\frac{z + \frac{1}{z}}{2}, \frac{z - \frac{1}{z}}{2i}\right) \frac{dz}{iz}$$

透過留數定理

$$I = 2\pi i (\text{所有 } f\left(\frac{z + \frac{1}{z}}{2}, \frac{z - \frac{1}{z}}{2i}\right) \frac{1}{iz} \text{之留數和})$$

例 5 求 $\int_0^{2\pi} \cos^2\theta d\theta$

解：

取 $z = e^{i\theta}$ 則 $\cos\theta = \frac{z + \frac{1}{z}}{2}$，$d\theta = \frac{dz}{iz}$

$$\therefore 原式 = \int_{|z|=1} \left(\frac{z + \dfrac{1}{z}}{2} \right)^2 \frac{dz}{iz}$$

$$= \int_{|z|=1} \frac{z^4 + 2z^2 + 1}{4iz^3} dz \quad \cdots\cdots\cdots\cdots\cdots\cdots\cdots\cdots\cdots * $$

$$f(z) = \frac{z^4 + 2z^2 + 1}{4iz^3} 在 z = 0 處之留數爲：$$

$$\mathrm{Res}(0) = \lim_{z \to 0} \frac{1}{2!} \frac{d^2}{dz^2} \left(z^3 \cdot \frac{z^4 + 2z^2 + 1}{4iz^3} \right)$$

$$= \frac{1}{2} \lim_{z \to 0} \frac{d}{dz} \left(\frac{4z^3 + 4z}{4i} \right) = \frac{1}{2i} \lim_{z \to 0} (3z^2 + 1) = \frac{1}{2i}$$

$$\therefore * = 2\pi i \left(\frac{2}{4i} \right) = \pi$$

例 6　求 $\displaystyle\int_0^{2\pi} \frac{d\theta}{3 + 2\cos\theta}$

解：

$$取 z = e^{i\theta} 則 \cos\theta = \frac{1}{2}\left(z + \frac{1}{z} \right)，d\theta = \frac{dz}{iz}$$

$$\int_0^{\pi} \frac{d\theta}{3 + 2\cos\theta} = \frac{1}{2} \int_0^{2\pi} \frac{d\theta}{3 + 2\cos\theta}$$

$$= \frac{1}{2} \int_{|z|=1} \frac{1}{3 + 2 \cdot \frac{1}{2}\left(z + \frac{1}{z} \right)} \frac{dz}{iz}$$

$$= \frac{1}{2i} \int_{|z|=1} \frac{dz}{z^2 + 3z + 1}$$

$$= \frac{1}{2i} \int_{|z|=1} \frac{dz}{(z-p)(z-q)} \quad \cdots\cdots\cdots\cdots\cdots\cdots\cdots \quad *$$

$$\left(p = \frac{-3+\sqrt{5}}{2} \ , \ q = \frac{-3-\sqrt{5}}{2} \right)$$

由留數定理

$$* = 2\pi i(\mathrm{Res}(p) + \mathrm{Res}(q))$$

(1) $\mathrm{Res}(p) = \lim_{z \to p}(z-p) \cdot \dfrac{1}{(z-p)(z-q)} = \dfrac{1}{p-q} = \dfrac{1}{\sqrt{5}}$

(2) $\mathrm{Res}(q) = 0 (\because z = \dfrac{-3-\sqrt{5}}{2}$ 落在 $|z| = 1$ 外部)

$$\therefore * = \frac{1}{2i}\left(2\pi i \frac{1}{\sqrt{5}} \right) = \frac{\sqrt{5}}{5}\pi$$

隨堂練習

驗證 $\displaystyle\int_0^{2\pi} \frac{dx}{3 + \cos x} = \frac{\pi}{\sqrt{2}}$

◆ 作　業

1.　求 $\displaystyle\int_0^{2\pi} \frac{dx}{2 + \cos x}$

Ans：$\dfrac{2\sqrt{3}}{3}\pi$

2.　用本節方法求 $\displaystyle\int_0^{\infty} \frac{dx}{1 + x^2}$

Ans：$\dfrac{\pi}{2}$

3. 求 $\displaystyle\int_0^{2\pi}\frac{dx}{2-\sin x}$

Ans：$\dfrac{2}{\sqrt{3}}\pi$

4. 試證 $\displaystyle\int_0^{2\pi}\frac{d\theta}{a+\cos\theta}=\frac{2\pi}{\sqrt{a^2-1}}$，$a>1$

5. $\displaystyle\int_{-\infty}^{\infty}\frac{x^2}{(x^2+16)^2}dx$

Ans：$\dfrac{\pi}{8}$

6. $\displaystyle\int_{-\infty}^{\infty}\frac{dx}{(1+x^2)^3}$

Ans：$\dfrac{3}{8}\pi$

7. $\displaystyle\int_{-\infty}^{\infty}\frac{dx}{(x^2+1)^2(x^2+4)}$

Ans：$\dfrac{\pi}{9}$

8. $\displaystyle\int_{-\infty}^{\infty}\frac{dx}{(x^2+4)^2}$

Ans：$\dfrac{\pi}{32}$

9. $\displaystyle\int_{-\infty}^{\infty}\frac{\cos x}{(x^2+1)(x^2+4)}dx$

Ans：$\dfrac{\pi}{3e}\left(1-\dfrac{1}{2e}\right)$

10. $\displaystyle\int_0^{\infty}\frac{\cos x}{(x^2+1)^2}dx$

Ans：$\dfrac{\pi}{2e}$

11. $\int_{-\infty}^{\infty} \dfrac{x^2 dx}{(x^2 + a^2)(x^2 + b^2)}$ ， $a \neq -b$

Ans： $\dfrac{\pi}{a + b}$

12. $\int_{0}^{\infty} \dfrac{x^2}{1 + x^4} dx$

Ans： $\dfrac{\pi}{\sqrt{2}}$

13. $\int_{-\infty}^{\infty} \dfrac{x \sin(3x)}{x^4 + 4} dx$

Ans： $\dfrac{\pi \sin 3}{2 e^3}$

14. $\int_{-\infty}^{\infty} \dfrac{\sin x}{(x^2 + 4)^2 (x^2 + 9)} dx$

Ans： 0 （提示： $f(x) = \dfrac{\sin x}{(x^2 + 4)^2(x^2 + 9)}$ 爲奇函數）

15. $\int_{-\infty}^{\infty} \dfrac{x \sin mx}{(x^2 + a^2)(x^2 + b^2)} dx$

Ans： $\dfrac{\pi}{a^2 - b^2}(e^{-mb} - e^{-ma})$

國家圖書館出版品預行編目資料

基礎工程數學 / 黃學亮編著. -- 六版. -- 新北
　市 : 全華圖書, 2015.06
　　面 ;　　公分
　ISBN 978-957-21-9846-9(平裝)

1. 工程數學

440.11　　　　　　　　　　　　104007190

基礎工程數學

作者 / 黃學亮

發行人 / 陳本源

執行編輯 / 葉家豪

封面設計 / 楊昭琅

出版者 / 全華圖書股份有限公司

郵政帳號 / 0100836-1 號

印刷者 / 宏懋打字印刷股份有限公司

圖書編號 / 0386005

六版一刷 / 2015 年 06 月

定價 / 新台幣 420 元

ISBN / 978-957-21-9846-9(平裝)

全華圖書 / www.chwa.com.tw

全華網路書店 Open Tech / www.opentech.com.tw

若您對書籍內容、排版印刷有任何問題，歡迎來信指導 book@chwa.com.tw

臺北總公司(北區營業處)
地址：23671 新北市土城區忠義路 21 號
電話：(02) 2262-5666
傳真：(02) 6637-3695、6637-3696

中區營業處
地址：40256 臺中市南區樹義一巷 26 號
電話：(04) 2261-8485
傳真：(04) 3600-9806

南區營業處
地址：80769 高雄市三民區應安街 12 號
電話：(07) 381-1377
傳真：(07) 862-5562

歡迎加入 全華會員

● 會員獨享

會員享購書折扣、紅利積點、生日禮金、不定期優惠活動…等。

● 如何加入會員

填妥讀者回函卡直接傳真(02) 2262-0900或寄回,將由專人協助登入會員資料,待收到E-MAIL通知後即可成為會員。

如何購買 全華書籍

1. 網路購書

全華網路書店「http://www.opentech.com.tw」,加入會員購書更便利,並享有紅利積點回饋等各式優惠。

2. 全華門市、全省書局

歡迎至全華門市(新北市土城區忠義路21號)或全省各大書局、連鎖書店選購。

3. 來電訂購

(1) 訂購專線:(02) 2262-5666轉 321-324
(2) 傳真專線:(02) 6637-3696
(3) 郵局劃撥(帳號:0100836-1 戶名:全華圖書股份有限公司)
※ 購書未滿一千元者,酌收運費70元。

OpenTech.com.tw 全華網路書店

全華網路書店 www.opentech.com.tw
E-mail: service@chwa.com.tw

※ 本會員制如有變更則以最新修訂制度為準,造成不便請見諒。